Cによる

アルゴリズムと
データ構造 改訂2版

茨木俊秀 著

Ohmsha

本書の初版は，昭晃堂から発行され，2014 年にオーム社から再刊されています．

本書を発行するにあたって，内容に誤りのないようできる限りの注意を払いましたが，本書の内容を適用した結果生じたこと，また，適用できなかった結果について，著者，出版社とも一切の責任を負いませんのでご了承ください．

本書は，「著作権法」によって，著作権等の権利が保護されている著作物です．本書の複製権・翻訳権・上映権・譲渡権・公衆送信権（送信可能化権を含む）は著作権者が保有しています．本書の全部または一部につき，無断で転載，複写複製，電子的装置への入力等をされると，著作権等の権利侵害となる場合があります．また，代行業者等の第三者によるスキャンやデジタル化は，たとえ個人や家庭内での利用であっても著作権法上認められておりませんので，ご注意ください．

　本書の無断複写は，著作権法上の制限事項を除き，禁じられています．本書の複写複製を希望される場合は，そのつど事前に下記へ連絡して許諾を得てください．

出版者著作権管理機構
（電話 03-5244-5088，FAX 03-5244-5089，e-mail：info@jcopy.or.jp）

JCOPY ＜出版者著作権管理機構 委託出版物＞

まえがき

　うまく作られたコンピュータ・プログラムは, 理解し易く実行効率も高い
が, そうでないものは解読も困難な上にやたら時間や領域をくう. そのような
まずいプログラムには, えてしてプログラムミスや内容的な誤りも隠されて
いるものである. 本書のテーマである "アルゴリズムとデータ構造" は, 良い
プログラムを書くために理解しておかねばならない必須知識のかなめとでも
いうべきものである.

　これは, 以前私が書いた同名の教科書「アルゴリズムとデータ構造」の序の
書き出しである. この内容は本書にもそのまま当てはまる. 実際, 本書は前書
の改訂版とでもいうべきものであるが,

- プログラムの記述言語を Pascal から C に変更した,
- 前書にあった計算可能性や計算の複雑さの理論, さらに分枝限
　　定法などの最適化手法の記述を除き, そのかわり,
- アルゴリズムの実現やアルゴリズム設計の章を充実した,

など, かなり大幅に変更し, さらに新しい話題も相当数加えた. 除かれた部分
は, 別の講義科目として教えられることが多いので, その場合は, 他の適当な
教科書によることになろう.

　本書の内容は, 目次にあるように, まず, アルゴリズムおよびそのプログラ
ム, さらにその評価に関する基本的な説明を第 1 章で行ったのち, 第 2, 3 章
で重要なデータ構造を導入している. とくに, プログラムの時間量と領域量を
きちんと評価することに重点を置いて記述したつもりである. 読者が, 将来新
しいアルゴリズムを自分で開発しそれをプログラムするとき, そのような観
点からきちんと評価する態度を身につけておれば, 他の類似の目的のプログ
ラムとの優劣を客観的に議論することができるからである.

　第 4 章では, 整列の諸アルゴリズムをやや詳しく扱った. 整列アルゴリズ
ムは, 実用上ひんぱんに用いられるだけでなく, 同一の目的であっても多様な

アルゴリズムが可能であり，用いられる状況によって最適なアルゴリズムが変化することを知る格好の題材でもある．第5章では，アルゴリズムの設計によく用いられるテクニックをまとめ，また第6章ではアルゴリズムの実現として，いろいろな分野から代表的なアルゴリズムを選んで説明した．いくつかの最適化問題，グラフ理論から最小木と最短路のアルゴリズム，文字列照合のアルゴリズム，幾何学の話題からボロノイ図，さらに関係データベースの結合操作など，それぞれ実用上の価値も高いものばかりである．

　しかし，本書では，多くの話題を集めるというより，話題を精選して，そのかわり選ばれた話題については，それがうまく動作する理由をていねいに説明した積もりである．正しい理解があって初めて有用な知識になると信じるからである．主要な読者層としては，理工系の学部学生を念頭においている．しかし，数学的予備知識はごく初歩的なものでよいので，工業高専やコンピュータ関係の専門学校，あるいは文科系のやや専門的なコースのテキストとしても利用できるものである．

　本書のほとんどのアルゴリズムについて，Cによるプログラムを与えた．CはUnixの普及とともに広がった言語であって，現在大学や企業で，システム開発や科学技術計算のために最も広く用いられている言語の一つである．Cはある程度慣れると大変使い易いが，しかし一見，記号列のような印象を与え，理解するという観点からは決して容易な言語ではない．そのため，一応の予備知識が得られるよう，巻末にCメモとして，Cの最低限の必須知識をまとめてある．実は(正直に言えば)私自身，Cに熟達しているわけではなく，1～2冊の参考書を読んだだけという初心者である．それだけに，巧妙なプログラムを作るより，本書の内容に沿ったわかり易い記述を心掛けた．稚拙な部分もあると思われるが，アルゴリズムの内容を理解しておれば，プログラムを書くことは決して困難ではない，という風にとらえていただければ幸いである．

　なお，本書のプログラムは，紙数の都合で，多くの場合，一部を省略している．省略された部分は，入出力部分かあるいは容易に書き足せる部分であって，とくに前者は目的に応じて利用者が完成させることが望ましい．ただ，とりあえず試してみたいという読者も多いと思われるので，一応動作するもの

をオーム社のホームページに置いておく．自由にダウンロードして試していただきたい (アクセス方法は次ページに記載)．また，本書の内容に関するご意見やご質問，あるいはプログラムのバグ等は ibaraki@ieee.org 宛 e メールにてお知らせ願いたい．

　最後に，研究室の同僚および学生諸君には，本書の草稿を精読し，誤りや改善についての多くの指摘をいただいた．永持仁，宇野裕之，柳浦睦憲，藤沢克樹，野々部宏司，石井利昌，堀山貴史，梅谷俊治，小野廣隆，趙亮の諸氏である．とくに，柳浦睦憲博士には，C 言語の細部について種々御教示いただき，また資料の収集等にもご協力いただいた．ここに記して謝意を表したい．もちろん，残っているかも知れない誤りは，すべて著者の責任である．昭晃堂の小林孝雄氏には，本書の執筆をお勧めいただくと共に，適切な助言をいただいた．さらに，原稿を LaTeX 入力してくれた妻の瑞子の助力に感謝したい．

1998 年 11 月

京都にて　　茨 木 俊 秀

改訂にあたって

　本書の初版は 1999 年に昭晃堂から出版されたが，その後 2014 年にオーム社による出版に変更され，現在に至っている．幸いこの間，比較的多くの大学などで教科書として採用されてきたようで，その中で，内容の誤り，ミスプリント，誤解を生みやすい表現など数々のご指摘をいただいた．それらをその都度反映して記述の修正に努めた結果，現在のバージョンでは誤りはあまり目につかなくなった．しかし，初版以来かなりの年月が経っているので，本書のテーマであるアルゴリズムとデータ構造の基礎知識自体に大きな変化はないものの，さすがにもう一度見直すのが適当だと考えるようになった．

　そこで，この度，新しく組版を作り直すという機会を利用して，今回の改訂を行った．たしかに，もう一度詳しく吟味してみると，理解を助けるためもう少し説明がほしいところ，新しい文献や情報が必要なところ，などが散見され，

結果として軽度の修正をあちこちに加えた. ただし, そのために新しい誤りが紛れ込むのでは困るので, 変更はできるだけ限られた場所に止めている. 唯一の例外は, 文字列の照合を扱っている 6.3 節で, その中の Boyer-Moore 法を除き, 実用上より重要なデータ構造である接尾辞木について, 新しく説明を加えた.

この改訂版が, 以前と同様あるいはそれ以上に, 読者の皆様のお役に立つことができるよう心から願っている. 最後に, 改訂にあたって大変お世話になったオーム社書籍編集局の方々に厚くお礼申し上げる.

2019 年 4 月

再び京都にて　　茨 木 俊 秀

本書掲載のプログラムについて

本書に掲載しているプログラムコードは, オーム社の Web ページからダウンロードできます.

1. オーム社の Web ページ「https://www.ohmsha.co.jp/」を開きます.
2. 「書籍検索」で『C によるアルゴリズムとデータ構造 (改訂 2 版)』を検索します.
3. 本書のページの「ダウンロード」タブを開き, ダウンロードリンクをクリックします.
4. ダウンロードしたファイルを解凍します.

　※　これらのプログラムコードの内容に係る著作権は, 本書の執筆者である茨木俊秀氏に帰属します.

　※　これらのプログラムコードを利用したことによる直接あるいは間接的な損害に関して, 著作者およびオーム社はいっさいの責任を負いかねます. 利用は利用者個人の責任において行ってください.

目　　次

1　アルゴリズムとその計算量

1.1	計算とアルゴリズム ………………………………………………	1
1.2	アルゴリズムの例 …………………………………………………	5
	ひとやすみ：アルゴリズムの起源 …………………………………	13
1.3	計算量の評価 ………………………………………………………	14
1.4	プログラムの設計をめぐる話題 …………………………………	20
	出　典 ………………………………………………………………	25
	演習問題 ……………………………………………………………	25
	ひとやすみ：計算量の恐さ …………………………………………	26

2　基本的なデータ構造

2.1	リストとその実現 …………………………………………………	29
2.2	スタック, 待ち行列など …………………………………………	35
2.3	グラフ, 木と2分木 ………………………………………………	42
2.4	集合と辞書 …………………………………………………………	53
2.4.1	集　合 ……………………………………………………………	53
2.4.2	辞書とハッシュ表 ………………………………………………	55
2.5	集合族の併合 ………………………………………………………	63
	出　典 ………………………………………………………………	69
	演習問題 ……………………………………………………………	69
	ひとやすみ：図形の再帰構造 − フラクタル ……………………	70

3　順序つき集合の処理

3.1	順序の定義と必要な作業 …………………………………………	71
3.2	優先度つき待ち行列, ヒープ ……………………………………	72
3.3	2分探索木 …………………………………………………………	78
3.4	平衡探索木 …………………………………………………………	84

出　典 ……………………………………………………………………… 90

演習問題 …………………………………………………………………… 90

ひとやすみ：アルゴリズムと特許 ……………………………………… 91

4　整列のアルゴリズム

4.1　整列アルゴリズム概観 ………………………………………………… 93

4.2　バブルソート …………………………………………………………… 94

4.3　バケットソートと基数ソート ………………………………………… 96

　4.3.1　バケットソート …………………………………………………… 97

　4.3.2　基数ソート ………………………………………………………… 98

4.4　ヒープソート …………………………………………………………… 101

4.5　クイックソート ………………………………………………………… 103

4.6　整列アルゴリズムの計算量の下界 …………………………………… 109

4.7　第 p 要素の選択 ……………………………………………………… 111

　4.7.1　QUICKSELECT と SELECT …………………………………… 112

　4.7.2　確率アルゴリズム LAZYSELECT ……………………………… 116

　出　典 …………………………………………………………………… 117

　演習問題 ………………………………………………………………… 118

　ひとやすみ：ハードウェア・アルゴリズム ………………………… 120

5　アルゴリズムの設計

5.1　整列データの処理 ……………………………………………………… 123

　5.1.1　整列配列の併合 …………………………………………………… 123

　5.1.2　2 分探索 …………………………………………………………… 125

　5.1.3　ニュートン法による零点の計算 ………………………………… 129

5.2　分割統治法 ……………………………………………………………… 131

　5.2.1　マージソート ……………………………………………………… 132

　5.2.2　長大数の掛け算 …………………………………………………… 134

　5.2.3　再帰方程式の漸近解 ……………………………………………… 135

5.3　動的計画法 ……………………………………………………………… 135

　5.3.1　SUBSET-SUM 問題 ……………………………………………… 136

　5.3.2　直線上の配達スケジューリング ………………………………… 138

目　次　　ix

出　典 ……………………………………………………………… 142

演習問題 …………………………………………………………… 142

ひとやすみ：確率アルゴリズム …………………………………… 143

6　アルゴリズムの実現

6.1　簡単な最適化問題 ……………………………………………… 145

　6.1.1　資源配分問題 …………………………………………… 145

　6.1.2　ナップサック問題 ……………………………………… 152

6.2　グラフに関するいくつかの問題 ……………………………… 154

　6.2.1　最小木 ……………………………………………………… 157

　6.2.2　最短路問題 ………………………………………………… 163

　6.2.3　深さ優先探索と関節点の計算 ………………………… 171

6.3　文字列の照合 …………………………………………………… 177

6.4　計算幾何の話題から …………………………………………… 182

　6.4.1　初等幾何学の計算 ……………………………………… 182

　6.4.2　ボロノイ図 ……………………………………………… 184

6.5　関係データベースの処理 ……………………………………… 191

　出　典 …………………………………………………………… 197

　演習問題 ………………………………………………………… 198

　ひとやすみ：C から C++へ …………………………………… 200

付記：C メモ ………………………………………………………… 203

演習問題：ヒントと略解 …………………………………………… 217

文　献 ………………………………………………………………… 226

索　引 ………………………………………………………………… 233

1
アルゴリズムとその計算量

　与えられた問題をコンピュータで解くには, そのためのプログラムが必要である. プログラムの元になる計算手続きをアルゴリズムという. 1.1 節から 1.3 節では. アルゴリズムとその計算量について述べ, 計算効率の客観的な評価の基礎を与える. 1.4 節では, ソフトウェア工学の立場からプログラムの設計法について概観し, 関連する話題に言及する.

1.1 計算とアルゴリズム

　アルゴリズム (algorithm) の定義を簡単に述べれば, 「与えられた問題を解くための, 機械的操作からなる有限の手続き」である. 機械的操作としては, コンピュータの加算, 乗算, ジャンプ等の基本命令をあげることができる. これらを組み合わせて得られる複雑な操作を一つの操作として含めてもよい. たとえば, 二つの整数の最大公約数を求める, などである. 有限の手続きとは, これらの操作の有限長の系列であって, その各操作の実行順序があいまい性なく指示されているものである. ただし, その実行が必ず有限ステップで停止 (halt) するものでなければならない. 一般に操作の系列はループを含むので, 実行が有限ステップで停止するとは限らず, そのようなものも含める場合は, 手続き (procedure) と呼び, アルゴリズムと区別する. それでは, 手続きとプログラム (program) はどのように異なるか. 両者の間に明確に線を引くことは難しいが, 通常, そのままコンピュータにかけて実行できるように手続きを詳細に記述したものをプログラムと呼ぶ.
　アルゴリズムの数学的定義については, 1930 年代に, A. Church の λ-定義可能

性 (λ-definability), S. C. Kleene の帰納性 (recursiveness) をはじめ K. Gödel, E. Post, A. A. Markov らによっていろいろな提案がなされた．その後の研究で，これらがすべて同等であることが判明し，きわめて安定した概念であることが明らかとなった．なお，λ-定義可能性は，LISP などの関数型言語の基礎を与えるものとして，また帰納性の概念は帰納的関数の理論としてその後大きく発展した．

コンピュータの理論モデル　やはり 1930 年代に A. M. Turing が提案した**チューリング機械** (Turing machine) は，コンピュータの機能を極限にまで単純化した理論モデルである．図 1.1 に示すように，有限状態をもつ制御部と，無限個のセル (cell) を並べた 1 次元テープからなっている．テープ上の各セルには与えられたアルファベットの 1 文字を書くことができる．制御部はヘッドを通じて一つのセルを読み，その結果と制御部の状態を参照して，同じセル上に書く文字と次に遷移すべき状態を指示するとともに，ヘッドを右あるいは左に 1 セル動かすことができる．Turing はこの機械を有限ステップ働かせて計算できることを**計算可能** (computable) と呼んだが，これも上記のいろいろなアルゴリズムの定義と同等である．

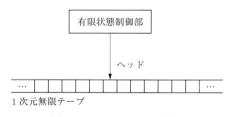

図 1.1　チューリング機械

現在のコンピュータにさらに近い理論モデルに図 1.2 の **RAM** (random access machine) がある．内部の制御カウンタ (control counter) は，現在プログラムのどの命令を実行中かを示す．読み取り (書き込み) 命令では，入力 (出力) テープ上で現在参照しているセルの内容を読んだ後 (セルへ 1 文字出力した後) テープを 1 セル進める．命令には，四則演算，ジャンプ命令など基本的な操作がすべて含まれている．計算は累算器 (accumulator) 上で行われ，その結果を無限個準備された記憶レジスタ (memory registers) の一つに保持すること，また任意の記憶レジスタの内容を累算器に移し参照するという操作が可能である．

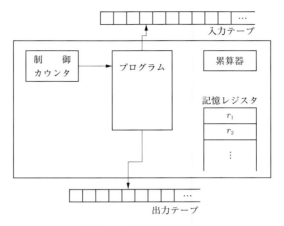

図 1.2 RAM モデル

　RAMでは，通常，入出力テープの1セル，累算器および記憶レジスタのそれぞれに，任意の大きさの整数を格納できるとする．記憶レジスタが無限個あるという仮定と合わせ，これらは実在のコンピュータとは異なる理論的抽象化である．その結果，RAMの計算能力はチューリング機械や他の計算モデルと同等になる．

　アルゴリズムの厳密な議論は，これらの理論モデルの上に組み立てられている．しかし，本書の内容の大部分は，身近にあるパソコンやワークステーションを念頭において読み進めば十分であるので，ここではこれ以上深入りせず，上述の簡単な説明にとどめておく．

　問題と問題例　すべてのアルゴリズムは，ある**問題** (problem) を解くという目的で書かれる．一つの問題は通常無限個の**問題例** (problem instances) からなっている．たとえば，2個の正整数 a_0 と a_1 の**最大公約数** (GCD, greatest common divisor) を求める問題は，a_0 と a_1 を指定することによって定まる無数の問題例の集合である．このことを明確にするために，この問題をつぎのように記す．

GCD
　　入力：　2個の正整数 a_0 と a_1．
　　出力：　a_0 と a_1 の最大公約数．

例として，さらに，**部分和問題** (subset-sum problem) と最小木問題をあげておく．

SUBSET-SUM

入力: $n+1$ 個の正整数 $a_0, a_1, \ldots, a_{n-1}, b$.
出力: つぎの条件をみたす部分集合 $S \subseteq \{0, 1, \ldots, n-1\}$ が存在すれば yes, 存在しなければ no.

$$\sum_{j \in S} a_j = b. \tag{1.1}$$

無向グラフ $G = (V, E)$ において, 各枝 $e \in E$ が長さ $d(e)$ をもつとき, 枝の長さの和 $\sum_{e \in T} d(e)$ を最小にする全域木 $G' = (V, T)$ (ただし, $T \subseteq E$) を最小木 (MST, minimum spanning tree) という. 図 1.3 に最小木の例を示す. 枝 e に付された数字はその長さ $d(e)$ である. なお, グラフ, 枝, 全域木といった用語の定義は 2.3 節と 6.2.1 節で与えるので, ここでは大体の意味がわかればよい. この問題でも, G と d は任意に設定できるので, 最小木問題はつぎのように書かれる.

MST

入力: 無向グラフ $G = (V, E)$, 枝長 $d : E \to R$ (実数集合).
出力: 最小木.

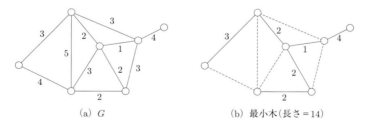

図 1.3 最小木の例

データ構造 手続きあるいはアルゴリズムは, 問題例を記述する入力データに対し, それを加工しつつ正しい出力を求めていくプロセスの記述である. これら計算にともなうデータを, コンピュータの記憶部分にどのように組織化して格納するかを**データ構造** (data structure) と呼ぶ. これも本書の主題の一つである. 与えられたアルゴリズムを自然な形でしかも高い効率をもつプログラムとして実現するには, データ構造を慎重に定めなければならない. ビルト (N.Wirth) の著書

にある

アルゴリズム ＋ データ構造 ＝ プログラム

という図式は，本質をついているといえる．

記述言語　アルゴリズムやプログラムを具体的に書き下すには，いろいろな言語の利用が可能である．たとえば，RAM のプログラムでは，その各ステップは簡単な命令に限られ，いわゆる機械語に近いものになる．しかし，実際のプログラムをこのレベルの言語で書くことは大変わずらわしいので，FORTRAN, PASCAL, C, JAVA, PYTHON などの高級言語が用いられる．

これらの高級言語はそれぞれ特徴があって，固有の支持層をもっている．本書では，研究者や技術者の間で広く用いられている C 言語に基づいてアルゴリズムを記述する．C はオペレーティングシステムなどシステムプログラムの記述言語として用いられているだけでなく，数値計算にも十分対応できる言語である．本書の内容を十分理解するには，C に対する知識が必要であるが，プログラム言語の基本的な知識さえあれば，議論の流れを追うことができる．なお，読者の便宜のため，C の基本的な知識を巻末に C メモとしてまとめてあるので，利用いただきたい．

アルゴリズムやデータ構造の大切さは，実際にプログラムを作りコンピュータ上で走らせて，初めて納得できるものである．その意味で，本書に並行して C に習熟し，自分で計算実験を進めることの重要さをここで改めて強調しておきたい．

1.2　アルゴリズムの例

アルゴリズムとはどのようなものか，その理解を得るため，前記の三つの問題 GCD, SUBSET-SUM および MST について，それらを解くアルゴリズムを具体的に与えてみよう．

最大公約数 GCD　2 個の正整数 a_0 と a_1 の最大公約数を求める．一般性を失うことなく，$a_0 \geq a_1$ と仮定する．a_0 を a_1 で割った商を q_1，余りを a_2 とする．すなわち

$$a_0 = a_1 q_1 + a_2, \quad 0 \leq a_2 < a_1. \tag{1.2}$$

$a_2 \neq 0$ のとき, a_0 と a_1 の公約数を c とすると, $a_0 = a_0'c$, $a_1 = a_1'c$ を用いて, 上式は $a_2 = (a_0' - a_1'q_1)c$ と書け, c は a_2 の約数でもあることがわかる. 同様の議論で, 逆方向, すなわち a_1 と a_2 の任意の公約数は a_0 の約数であることも示せる. したがって, a_0 と a_1 の最大公約数と, a_1 と a_2 の最大公約数は等しい.

この議論を反復すると, つぎの系列が得られる.

$$
\begin{aligned}
a_0 &= a_1 q_1 + a_2, \quad 0 < a_2 < a_1 \\
a_1 &= a_2 q_2 + a_3, \quad 0 < a_3 < a_2 \\
&\vdots \\
a_{k-2} &= a_{k-1} q_{k-1} + a_k, \quad 0 < a_k < a_{k-1} \\
a_{k-1} &= a_k q_k + a_{k+1}, \quad a_{k+1} = 0.
\end{aligned}
\tag{1.3}
$$

最後の条件は, a_{k-1} が a_k で割り切れることを示している. この系列において

$$
a_0 \geq a_1 > a_2 > \ldots > a_k
$$

が成立すること, さらに a_k は a_0 と a_1 の最大公約数であることは, 上の議論から容易に従う (問題 1.2 参照).

【例題 1.1】 $a_0 = 315$ と $a_1 = 189$ に式 (1.3) の手順を適用すると, 以下の a_i が得られる.

$$
a_2 = 126, \quad a_3 = 63, \quad a_4 = 0.
$$

したがって, $a_3 = 63$ が最大公約数である.

なお, 上の議論において, ある k に対し $a_{k+1} = 0$ が必ず成立することがいえるので (問題 1.2), この手続きは有限停止する. すなわちアルゴリズムである. このアルゴリズムは B.C.300 年頃すでにギリシャで知られており, ユークリッドの互除法 (Euclid's algorithm) と呼ばれている.

C による記述を図 1.4 に示す. ところで C では, 実行にあたってプログラム内の改行や連続する空白は無視されるため, 逆にそれを利用して, いろいろな記述ス

1.2 アルゴリズムの例   7

タイルが可能である．本書では理解を容易にするため，C 独特のコンパクトな記法
はなるべく避け (C メモ参照)，各作業ブロックの始まりと終了を示すマーク { と
} を目立つ場所に置いて，階層関係を明示している (このスタイルは PASCAL な
どに近い)．さらに，本書では，プログラムの一部を日本語を交えた大雑把な記述
にとどめることも多い．もちろん，後者の場合，コンピュータ上でそのまま実行す
ることはできないが，一応実行できるプログラムを「まえがき」にあるアドレスに
置いてあるので，適宜ダウンロードして試していただきたい．

　さて，図 1.4 の C プログラムを簡単に説明しよう．[1] 全体は二つの関数 main()
と gcd() から構成されており，main はデータの入出力を行うとともに，最大公約
数の計算の指示を gcd に出す．　関数 gcd はユークリッドの互除法の心臓部分で
ある．

```
#include <stdio.h>
        /* 標準入出力のヘッダファイルの読込み */
/* 関数の宣言 */
int gcd(int a0, int a1);


main()
/* メインプログラム：最大公約数計算のためのデ
ータの入出力 */
{
 int a0, a1, temp;          /* 変数の宣言 */

 printf("Type in the first integer.\n");
                     /* a0 の入力を指示 */
 scanf("%d", &a0);
                   /* キーボードから a0 の入力 */
 printf("a0 = %d\n", a0);    /* a0 の出力 */
 printf("Type in the second integer.\n");
                     /* a1 の入力を指示 */
 scanf("%d", &a1);
                   /* キーボードから a1 の入力 */
 printf("a1 = %d\n", a1);    /* a1 の出力 */
 if(a0<=0 || a1<=0)    /* 正性のチェック */
 {
```

```
   printf("Illegal input number\n");
   exit(1);
 }
 if(a0 < a1)              /* a0>=a1 に正規化 */
 {
   temp = a0; a0 = a1; a1 = temp;
 }
 printf("GCD = %d\n", gcd(a0,a1));
                    /* 最大公約数の計算と出力 */
}


int gcd(int a0, int a1)
/* ユークリッドの互除法：　a0 と a1 の最大公約数の
計算 */
{
 int a, b, temp;             /* 変数の宣言 */

 a = a0; b = a1;            /* 初期設定 */
 while(b != 0)             /* 互除法の反復 */
 {
   temp = a%b; a = b; b = temp;
 }
 return(a);               /* 計算結果を返す */
}
```

図 1.4　ユークリッド互除法の C プログラム

---

[1] 本書を通して，C プログラムの記述やプログラム内の名前などに言及する場合には，タイプラ
イターフォントを用いて，他と区別している．

8 | 第 1 章　アルゴリズムとその計算量

　プログラムでは，まず関数 gcd() を利用すること (およびそれが整数を返すこと) を宣言する．なお，main はプログラムには必ず含まれているので，ここで宣言する必要はない．つぎに，main() に入ると，最初にその中で用いる変数 a0, a1, temp のデータ型が整数であることを宣言する．そのあとキーボードから二つの整数 a0 と a1 を入力し，入力されたデータに対し，確かに正整数であることをチェックした後 (そうでなければ，その旨出力して計算は停止する),*2 a0<a1 の場合には，a0 と a1 を入れ換えて a0≥a1 の仮定が成立するようにしている．そのあと，gcd(a0, a1) を呼ぶことによって得られた最大公約数を出力して終了である．

　関数 gcd(int a0, int a1) は，a0 と a1 の最大公約数の計算手順を示す式 (1.3) をプログラムに書いたものである．ユークリッド互除法の反復手順は

```
while(b != 0) {temp = a%b;   a = b;   b = temp;}
```

の部分に凝縮されている．ただし，temp = a%b は a を b で除したときの剰余を temp という変数に保持するという演算である．これを実行すると，a_i が二つの変数 a と b を用いて

$$a = a_0, b = a_1; \quad a = a_1, b = a_2; \quad a = a_2, b = a_3; \quad \dots$$

という具合に，順次移動しつつ計算されていくのである．

　ユークリッド互除法を他の言語，たとえば PASCAL で記述すると図 1.5 を得る．これは C の関数 gcd に対応する部分であるが，使用用語と文法上の違いはあっても，ブロックの区切りを表す { と **begin**, } と **end**, 代入を意味する = と := (なお，本書の本文中の説明では，代入を ← によって表すことにする)，さらに等しくないことを示す != と <> などの対応に注意すれば，両者の表現が非常に似かよっていることを読みとれよう．なお，PASCAL では "; " を宣言や実行の区切りに用いているが，C では完了を表しているため，使用箇所に微妙な違いがある．

　部分和問題 SUBSET-SUM　　この問題については，5.3.1 節で動的計画法に基づく，より効率的なアルゴリズムを与える．ここでは有限時間で解けることを示すために，直接的な列挙法によるアルゴリズムを考えよう．部分集合 $S \subseteq \{0, 1, \dots, n-1\}$ を 0-1 ベクトル $x = (x_0, x_1, \dots, x_{n-1})$ で表現し，$x_j = 1$ (0)

---

*2 プログラム内の exit(1) はエラーによって終了したことを示す動作である．本書の他のプログラムでも同様である．

1.2 アルゴリズムの例　　9

```
function gcd(a0, a1: integer): integer;
  var a, b, temp: integer
  begin
    a := a0; b := a1;
    while b<>0 do
      begin
        temp := a mod b; a := b; b := temp
      end;
    gcd := a
  end
```

図 1.5 ユークリッド互除法の PASCAL プログラム

のとき $j \in S$ $(j \notin S)$ を表すと約束する．C では，配列の要素番号が（1 ではなく）0 から始まるので，ここでもそれに合わせた記述を行っている．n 個の係数 a_j に対して，

$$\sum_{j \in S} a_j = \sum_{j=0}^{n-1} a_j x_j$$

と書けるので，2^n 個のすべての 0-1 ベクトルについて条件

$$\sum_{j=0}^{n-1} a_j x_j = b \tag{1.4}$$

を調べ，一つでも肯定的であれば yes，さもなければ no を出力すればよい．つぎの図 1.6 のプログラムは，x を 2 進数とみなして，それを 0 から $2^n - 1$ まで生成し，上式 (1.4) が成立すればその時点で yes を出力し停止する．最後の $x = (1, 1, \ldots, 1)$ のテストが終了しても式 (1.4) が成立していなければ，no を出力して停止する．

　図 1.6 のプログラムは，データの入出力と全体の計算の流れをつかさどる main()，さらに上記の列挙法を実行する関数 ssum() と現在の 2 進数 x のつぎの 2 進数を計算する next() から成る．入力データである n, a[0], ..., a[n-1] および b は図 1.6 には含まれていなくて，ファイル ssumdata から読み取る形式をとっている．このために必要な #include <stdio.h>, FILE *file, fopen, fscanf などの機能については C の適当な参考書で理解していただきたい．データ $a_0, \ldots, a_{n-1}$ は配列 a[0], ..., a[N-1] に先頭から順に置かれる．n>N であれば準備された配列

10 　第 1 章　アルゴリズムとその計算量

```c
#include <stdio.h>
/* 標準入出力のヘッダファイルの読込み */
#define N 100            /* 最大配列長 */
enum yn {yes, no};     /* 列挙データ型 yn */
/* 関数の宣言 */
enum yn ssum(int *a, int b, int *x, int n);
void next(int *x, int n);

main()
/* メインプログラム：入出力のテスト */
{
 int a[N], x[N], b;        /* 変数の宣言 */
 int n, j;
 FILE *file;

 file = fopen("ssumdata", "r");
                   /* 入力ファイルを開く */
 fscanf(file, "%d", &n);
        /* ファイルから入力データ n を読込む */
 if(n > N)            /* n の大きさチェック */
 {
  printf("Illegal array size n = %d", n);
  printf(" for N = %d\n", N); exit(1);
 }
 printf("n = %d\na = ", n);
 for(j=0; j<n; j++)     /* データ a の読込み */
  fscanf(file, "%d", &a[j]);
 for(j=0; j<n; j++) printf("%d ", a[j]);
 printf("\n");
 fscanf(file, "%d", &b);    /* b の読込み */
 printf("b = %d\n", b);
 if(ssum(a, b, x, n)==yes)   /* 関数 ssum */
 {
  printf("Yes\nx = ");        /* Yes の出力 */
  for(j=0; j<n; j++) printf("%d", x[j]);
                      /* 解 x の出力 */
  printf("\n");
```

```c
 }
 else printf("No\n");        /* No の出力 */
}

enum yn ssum(int *a, int b, int *x, int n)
/* 列挙法による SUBSET-SUM のアルゴリズム */
/* 入力データは配列 a[ ] と b．変数は n 個．解
は x[ ] に置かれる． */
{
 int j, full, temp;        /* 変数の宣言 */

 for(j=0; j<n; j++) x[j]=0; /* x の初期化 */
 while(1)    /* 0-1 ベクトルの列挙とチェック */
 {
  temp = 0;
  for(j=0; j<n; j++) temp=temp+x[j]*a[j];
  if(temp==b) return(yes);    /* 解を発見 */
  full = 1; j = 0;
  do {full = full*x[j]; j = j+1;}
  while(full==1 && j<=n-1);
  if(full == 1) return(no);    /* 解なし */
  next(x, n);      /* つぎの 2 進数ベクトル */
 }
 return;
}


void next(int *x, int n)
/* 0-1 ベクトル（配列）x[0,...,n-1] をつぎの 2
進数に更新 */
{
 int j;

 j = n-1;
 do {x[j] = 1-x[j]; j = j-1;}
 while(x[j+1] == 0);
 return;
}
```

図 1.6　列挙法による SUBSET-SUM の C プログラム

サイズ N を超えるので，その旨出力して停止する．

　ssum(int *a, int b, int *x, int n) では，配列 a（ポインタで受け取って
いる）と係数 b を main から受け取り，ベクトル x を配列 x[0], x[1], ..., x[n-1]
で表す．x のつぎの 2 進数を表す 0-1 ベクトルを作る関数 next(int *x, int n)
を用いて，ssum 内の while ループで $x = (0, 0, ..., 0)$ から $x = (1, 1, ..., 1)$ まで

1.2 アルゴリズムの例 11

をつぎつぎと生成し，条件 (1.4) の判定を行っている．この条件をみたすベクトル x が見つかるとただちに return(yes) によって yes を返すが，$x = (1,1,\ldots,1)$ になってもそのようなベクトル x が見つからなかった場合は return(no) となる．解が yes のとき，main では式 (1.4) をみたす x も出力するようになっている．なお，このプログラムでは列挙型データ型として yes と no の値をもつ yn をあらかじめ定義しておき，ssum の出力 (return で返す値) のデータ型としている．

【例題 1.2】 具体例としてつぎの問題例を扱う．

$$n = 5, \quad a = (3,7,5,8,2), \quad b = 11.$$

このデータを入力する ssumdata のファイルは，図 1.7(a) のようなものである．計算は表 1.1 のように進行し，$x = (1,0,0,1,0)$ に対し，式 (1.4) が成立するので，この時点で ssum は yes を返し，main に戻って解の x を出力した後，計算終了をむかえる．図 1.6 のプログラムによる出力を図 1.7(b) に示す．

```
5
37582
11
```

```
n = 5
a = 3 7 5 8 2
b = 11
Yes
x = 10010
```

(a) 入力ファイル   (b) 出力例

図 1.7 SUBSET-SUM 問題の入出力例

表 1.1 プログラム ssum の進行

x	$\sum a_j x_j$
00000	0
00001	2
00010	8
00011	10
$\vdots$	$\vdots$
10010	11

12 第 1 章 アルゴリズムとその計算量

最小木問題 MST　詳しくは 6.2.1 節で扱うので，ここでは準備なしにクラス
カル (J. B. Kruskal Jr.) のアルゴリズム kruskal を与える．この記述中，デー
タ型として set (集合)，family-of-sets (集合族)，graph (グラフ) などを用いる
が，これらは C では許されない．C に書くには，これらを表現するデータ構造を定
め，その上のアルゴリズムとして細部をプログラムの形に記述しなければならな
い．本書ではグラフのデータ構造を 2.3 節で，集合は 2.4 節，集合族は 2.5 節で扱
う．また，sort(E, d) が行う，枝をその長さによって整列するアルゴリズムにつ
いては，第 4 章で述べる．図 1.8 の C 風のプログラムとつぎの例によって，アルゴ
リズムの動作が理解できれば，この時点では十分である．クラスカルのアルゴリズ
ムの C による完全なプログラムは 6.2.1 節で与える．

```
set kruskal(G, d)
/* グラフ G(V,E) の最小木を構成する枝集合 tree
を計算 */
{
 graph G(V,E);              /* 変数の宣言 */
 int d[N];
 set tree;           /* tree は E の部分集合 */
 family-of-sets comp;
        /* comp は V の互いに素な部分集合の族 */
 … データの入力 …
 tree = φ;                /* tree の初期化 */
 comp = {{v}|v∈ V};       /* comp の初期化 */
 sort(E,d);
    /* E の枝 e を d(e) の短いものから順に整列 */
 while(|comp| >= 2) /* クラスカル法の反復 */
 {
  E の最初の要素 e=(v,w) をとる;
  v を含む comp の要素 comp(v) と w を含む要素
   comp(w) を求める;
  if(comp(v) != comp(w))
  {
   comp(v) と comp(w) を comp から除き，新しい
    要素 comp(v) ∪ comp(w) を comp に入れる;
   tree = tree ∪ {e};
  }
  E = E-{e};
 }
 return(tree);              /* 結果の出力 */
}
```

図 1.8　MST を解くクラスカルのアルゴリズム (概略)

【**例題 1.3**】　図 1.9(a) のグラフ $G = (V, E)$ の最小木を求める．計算は図
1.9(b) の，各節点に対応する 5 個の集合をもつ集合族 comp から始まる．comp
の各要素は構成中のグラフの連結成分をそれぞれ節点集合として保持するも
のである．E の 7 本の枝を短いものから整列すると

$$E = \{(v_0, v_1), (v_3, v_4), (v_0, v_4), (v_1, v_4), (v_2, v_4), (v_2, v_3), (v_1, v_2)\}$$

を得る．以後，E の先頭から一つずつ枝 e を選び，その両端点が comp の異な
る要素に属する場合には，この両要素を一つにまとめるとともに，枝 e を集合

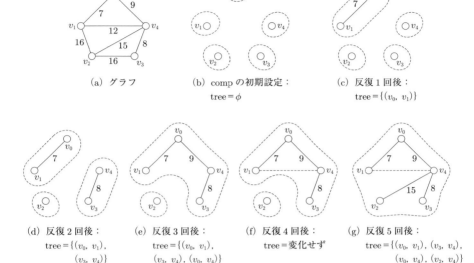

図 1.9 クラスカルのアルゴリズムによる最小木の構成 (点線の領域は comp の各要素を示す)

tree に加える．計算は図 1.9 の (b)〜(g) のように進み，comp のすべての要素が一つにまとめられた時点 (g) で停止する．なお (f) では枝 (v_1, v_4) (破線) が考慮されるが，それまでに選ばれた枝集合と合わせると閉路が存在するので (これは v_1 と v_4 が comp の同じ要素内にあることからわかる)，(v_1, v_4) は棄却されている．最後の (g) の枝集合 tree (実線) が最小木を与える．

ひ・と・や・す・み

—— アルゴリズムの起源 ——

アルゴリズム (algorithm) は算法とも訳される．その語源は 825 年頃のペルシャの算術の教科書の著者 Abū'Abd Allāh Muhammad ibn Mūsā al-Khowārizmi

にあるといわれている．彼の名は，Abdullah, Mohammed の父，Moses の子，
Khowārizm の出身者という意味だそうである．Khowārizm は中央アジアのアラ
ル海の南に位置する小さな地域である．

英語としての algorithm はあまりポピュラーではなく，小さな英和辞典にはまず
のっていない．比較的大きな辞典 (たとえばランダムハウス英和辞典) には algorism
のつぎに並んでいる．algorism は $0, 1, 2, \ldots$ を用いるアラビア式記数法，さらにそ
れを用いる算術の意味である．

アルゴリズムの代表選手は間違いなくユークリッドの互除法であろう．ユーク
リッド (Euclid) の幾何学原論の第 7 巻に収められている．この原論は，ギリシャの
数学者ユークリッドがアレキサンダー大王の後継者トレミー 1 世の招きに応じてア
レキサンドリアへ行き，そこで記したとされている．紀元前 3 世紀頃である．全 13
巻からなり，その第 1 〜 4 巻は平面幾何学について書かれており特に有名である．
聖書を除けば，この原論ほど多くの言葉に訳された書物はないといわれている．

1.3　計算量の評価

ここでは，アルゴリズムの計算量 (computational complexity) の評価について
述べる．本書の以後の議論の基礎となる概念である．

アルゴリズムのステップ数　ある問題を解くアルゴリズムとは，その問題の任
意の問題例が入力されると，有限ステップの計算で正しい答えを出力するものを
いう．しかし，実用性の観点からは単に有限ステップで停止するだけでは十分では
なく，どの程度の有限かが重要である．

ステップ数を数えるには，何をもって一つの基本ステップとみなすかという基
準が必要である．これは想定する計算機械のモデル (たとえばチューリング機械
や RAM)，さらに使用言語 (機械語か高級言語か) に依存する．簡単な例として，
チューリング機械で n セル離れた二つのセルにアクセスすることを考えると，ヘッ
ドの移動が 1 セルずつということから，どうしても n ステップは必要である．こ
れに対し RAM では，どの位置にある記憶レジスタにもただちにアクセスできる
としているので，二つの数字は 2 ステップでアクセスできる．また，ある高級言語
が p 番目の素数を求める関数 PRIME(p) を内蔵しているとすれば，この計算を 1
ステップとみなすのが自然であるが，その内容はかなり多くの四則演算を含むで

あろう.

　本書では, 通常とられているように, RAM の 1 ステップ, つまり四則演算や記憶レジスタへのアクセス等の基本操作を基準にとる. また, 議論を簡単にするため, 計算に現れる数字や文字は, どのようなものであっても記憶レジスタの 1 語に格納できるとみなすことが多い. 逆に言えば, 1 語に入らないような大きな数字は暗黙のうちに考慮から除いている. しかし, きわめて大きな数字を処理することが本質的である問題では, 整数 n を a 進表現するには $\lceil \log_a n \rceil$ 桁[*3] 必要であることを考慮して評価することが必要になる. アルゴリズムのステップ数は, 計算の実行時間と直接関係しているので**時間量** (time complexity) あるいは**計算手間**と呼ばれる. これに対し, アルゴリズムの実行に際し, 計算の途中経過を保持するために必要な記憶領域の広さも重要な評価基準であって, **領域量** (space complexity)という. 両者をまとめて**計算量**と呼ぶ.

　計算量のオーダー記法 O と Ω と Θ　　計算量の上界値を評価するとき, $T(n) = O(f(n))$ (大きいオー) という記法を用いオーダー $f(n)$ と読む. ある正定数 c と n_0 が存在して, n_0 以上の n に対し常に

$$T(n) \leq cf(n)$$

が成立するという意味である. n_0 の役割は有限個の例外を許すことにある. 例として, $n^2, 2.5n^2, 100n^2, 1000 + 5n + 2n^2$ などはすべて $O(n^2)$ と書ける. これらは $O(n + n^2)$ や $O(n^3)$ であると言っても間違いではないが, 前者の場合 $O(n^2)$ の方が簡単であるし, 後者の場合 $O(n^2)$ の方が精度が高い. 一般に $T_1(n) = O(f(n)), \quad T_2(n) = O(g(n))$ のとき

$$T_1(n) + T_2(n) = O(\max(f(n), g(n)))$$
$$T_1(n)T_2(n) = O(f(n)g(n))$$

などが成立する. たとえば, $T_1(n) = O(n^2), \quad T_2(n) = O(n^3)$ のとき

$$T_1(n) + T_2(n) = O(n^3)$$
$$T_1(n)T_2(n) = O(n^5)$$

[*3] x を実数とするとき, $\lfloor x \rfloor$ (floor, 床と読む) は x の整数部分, つまり x を越えない最大の整数を示す. これに対し, $\lceil x \rceil$ (ceiling, 天井と読む) は x を整数に切り上げた値, つまり x を下まわらない最小の整数の意味である.

である．特に $O(1)$ は**定数オーダー** (constant order) と呼ばれ，n に独立なある定数で抑えられることを意味する．定数オーダーの時間量を簡単に**定数時間** (constant time) ともいう．オーダー記法は，関数の細部を無視し，n が無限大 ∞ に発散していくときの漸近的な挙動を議論するには非常に便利である．

なお，$2.5n^2 = O(n^2)$ のような表現は厳密な意味での等号ではない．このとき，$100n^2 = O(n^2)$ も正しいが，両式から $2.5n^2 = 100n^2$ は結論できないからである．これらの混乱を避けるため，$O(\cdot)$ を含む表現では，

「等式の右辺が左辺より精度の高い情報を提供することはない」

と約束する．つまり，$2.5n^2 = O(n^2)$ は正しいが，$O(n^2) = 2.5n^2$ は正しくない．

計算量の下界値のオーダーを表すには，記法 $\Omega(\cdot)$ (大きいオメガ) を用いる．$T(n) = \Omega(f(n))$ とは，ある正定数 c が存在して，無限個の n に対し

$$T(n) \geq cf(n)$$

が成立することを意味する．定義が $O(f(n))$ の場合と対称的でないのは

$$T(n) = \begin{cases} n^2, & n : 奇数 \\ n^3, & n : 偶数 \end{cases}$$

のような場合に，$T(n) = \Omega(n^3)$ と主張したいからである (つまり，無限個の例外を許しているが，無限個に対して成立する)．Ω を含む等式の右辺と左辺については O の場合と同じに約束する．

最後に，上界値と下界値がつぎの意味で一致する場合，Θ という記号を用いる．すなわち，$T(n) = \Theta(f(n))$ とは，ある正定数 c_1, c_2 と n_0 が存在して，n_0 以上の n に対し常に

$$c_1 f(n) \leq T(n) \leq c_2 f(n)$$

を意味する．$T(n) = \Theta(f(n))$ である場合，$T(n) = O(f(n))$ と $T(n) = \Omega(f(n))$ の両方が正しいが，厳密にいえば，逆は必ずしも成立しない．これは下界 $\Omega(\cdot)$ の定義において，n の扱いが $O(\cdot)$ の場合と微妙に異なることに由来する．

問題例の規模と計算量　同じアルゴリズムでも，入力する問題例に応じて所要

計算量は変化する. 大規模な問題例は計算量も大きくなるのが普通である. したがって, 問題例の規模を客観的に測定し, それに応じて計算量を評価しなければ意味がない.

問題例の規模は, 通常, それを入力するために必要なデータ長で表す. たとえば 1.1 節の問題 GCD では, 2 個の正整数 a_0 と a_1 が入力されるから, それぞれが 1 語に格納できるとすればデータ長は 2, すなわち $O(1)$ (定数オーダー) である. しかし, a_0 と a_1 がきわめて大きい場合を扱うならば, それらの桁数を考えて, $O(\log a_0 + \log a_1)$ とするのが妥当である. ここでいう桁数とは, 1 語を 1 桁とみなした場合であるが, 語長が変わっても, log の底が影響を受けるだけで, オーダーとしては変化しない. この辺りが, オーダーによる議論の便利なところである. 前者のように評価するとき**定数コストモデル**, 後者の場合を**対数コストモデル**という.

また, 問題 MST のようにグラフ $G = (V, E)$ を入力するには, 6.2 節で述べるように $O(|V| + |E|)$ のデータ長が必要である (他の入力方法もある). ただし, $|V|$ と $|E|$ はそれぞれ G の節点数と枝数を示す[*4]. このとき, 枝長 $d(e)$ $(e \in E)$ の入力長は, 対数コストモデルでは, 枝の最大長

$$d_{\max} = \max\{d(e) \mid e \in E\}$$

を用いて $O(|E| \log d_{\max})$ と表される. もちろん, $d_{\max}$ が 1 語に格納できる程度ならば, 定数コストモデルにしたがって $O(|E|)$ としてよい. 本書ではこのあと, 特に断らない限り, 定数コストモデルで記述することが多い.

さて, 問題例の入力長が $O(N)$ であるとき, 対象とするアルゴリズムの計算量のオーダーを N の関数として表したい. (もちろん, オーダーよりも厳密な評価が望ましいが, 限られた場合を除いて困難である. また, 計算モデルにも依存するので一般性のある結果は得難い.) しかし, そのためには, 規模 $O(N)$ の問題例が数多く (一般には無数に) 存在することに注意しなければならない. 全体の評価法に実用上つぎの 2 種がよく用いられる.

> **最悪計算量** (worst case complexity): 規模 $O(N)$ のすべての問題例
> の中で最大の計算量を求める.
> **平均計算量** (average complexity): 規模 $O(N)$ の問題例のそれぞれの

[*4] 一般に, 集合 S に対し $|S|$ は S の位数 (要素の個数) を示す.

生起確率に基づいて計算量の平均を求める.

前者は解析が比較的容易であり, しかもどんな問題例についてもそれ以下でよいという安心感がある. しかし, ごく少数の異常な問題例にひきずられ, あまりに悲観的な評価になる危険性がある. これに対し後者は, 実用的にはより意味があるが, 問題例の生起確率が既知であることはあまりなく, また平均値の導出も数学的に容易でないことが多い.

以下, 1.2 節で扱った三つのアルゴリズムについて最悪計算量を評価してみよう. ただし, ユークリッドの互除法以外は, 簡単のため定数コストモデルを用いる.

1. **ユークリッドの互除法**: 図 1.4 のアルゴリズムの主要部分である関数 gcd について考える. すなわち, while(b!=0){$\cdots$} のループであるが, ループ内での実質的な計算は割り算 1 回だけであるから, 定数コストモデルでは $O(1)$ とできる. 対数コストモデルでは, $O(\log a_0)$ 桁の割り算の時間量を知る必要があるが, やや大きめの $O((\log a_0)^2)$ としておこう. ループの反復回数はどうであろうか. 式 (1.3) と $a_0 \geq a_1$ (すなわち $q_1 \geq 1$) より

$$a_0 - a_2 \geq (a_0 - a_2)/q_1 = a_1 > a_2$$

すなわち $a_2 < a_0/2$ を得る. 同様の議論で一般に $a_{i+2} < a_i/2$ を示すことができる. これは, $a_{2\lceil \log_2 a_0 \rceil} < (1/2)^{\lceil \log_2 a_0 \rceil} a_0 \leq a_0/a_0 = 1$ を意味するので, $k+1 \leq 2\lceil \log_2 a_0 \rceil$ をみたすある k に対し式 (1.3) の $a_{k+1} = 0$ が成立する (a_{k+1} は非負整数でなければならないから). つまり, 反復回数は $O(\log a_0)$ と評価できる. したがって, 時間量は定数コストモデルで $O(\log a_0) \times O(1) = O(\log a_0)$, 対数コストモデルでは $O(\log a_0) \times O((\log a_0)^2) = O((\log a_0)^3)$ である.

なお, 領域量は a, b, temp の 3 整数を保持するだけでよいから定数コストモデルで $O(1)$, 対数コストモデルで $O(\log a_0)$ である.

2. **SUBSET-SUM**: 図 1.6 のプログラムの主要部分は, ssum 内の while ループである. while 内の条件から, 反復回数は n 桁の 2 進数の個数, つまり多くとも 2^n 回であることがわかる. ループ内では for 文による式 (1.4) の計算と判定に $O(n)$ 時間, また関数 next(x, n) もその内部をみれば $O(n)$ 時間で実行できることがわかる. したがって, 全体の最悪時間量は $O(n2^n)$ である. 領域量は, 配列 a と x の保持にそれぞれ $O(n)$ というところが主で, 全体を $O(n)$ としてよい.

3. クラスカルのアルゴリズム: 簡単のため $m = |E|$, $n = |V|$ とおく. 2章の問題 2.1 にあるように $m \leq n(n-1)/2$ である. 図 1.8 のアルゴリズムで, 時間量の意味で重要な部分は, sort(E, d) による E の整列とそのあとの while ループである. 前者は m 要素の整列であり, $O(m \log m) = O(m \log n)$ 時間 $(m \leq n(n-1)/2$ によって $O(\log m) = O(\log n)$ である) で実行できる (第 4 章). 後者では, まず E の要素 $e = (v, w)$ について, v と w を含む comp の要素 comp(v) と comp(w) を見つける操作がある. これは, 集合を表すデータ構造によるが, 2.4 節で述べるように, 1 回あたり $O(1)$ 時間で実現することは容易である. ループの反復回数は, 最悪の場合でも E のすべての枝を見ればよいから, たかだか m 回, したがってこの部分の時間量は合計 $O(m)$ としてよい. ループ内の他の計算は, comp の要素である集合を次第に併合し, ついには一つの集合にまとめる計算である. comp は最初 n 要素からなるから, 2.5 節の結果を用いて, この部分も全体として $O(n \log n)$ 時間でよい. ループ内の作業には, さらに集合 E と集合 tree の更新が含まれているが, 2.4 節に述べる集合のデータ構造を用いると, これも全体として $O(m)$ および $O(n)$ で可能である. グラフの連結性より, $m \geq n-1$ (問題 2.1 参照) に注意して, 結局 kruskal の時間量は $O(m \log n)$ と結論できる.

つぎに領域量であるが, まずグラフ $G = (V, E)$ のデータの保持に $O(m+n) = O(m)$ が必要である (6.2 節参照). この領域上で枝集合の整列も実行できる. while ループ内での comp の処理には, 2.5 節に述べるように $O(n)$ の領域が要る. 以上をまとめ, kruskal の領域量は $O(m)$ である.

計算量の上界と下界 与えられた問題を解くために本質的にどれだけの計算量が必要であるかを知ることは, 実用上だけでなく, 数学の話題としても興味深いテーマである. この分野は「計算の複雑さ」と呼ばれ, 近年大きく発展している. 必要な計算量の上界は, 本章で述べたように, それを解くアルゴリズムを具体的に構成し, その計算量を評価することで得ることができる. これに対し, 計算量の下界を得るには, アルゴリズムとは異なった観点から, その問題がもつ根源的な複雑さを明らかにしなければならない (たとえば, 整列に対する 4.6 節の議論参照). これは必ずしも容易ではないが, 近年次第に理論的枠組みが整いつつある. たとえば, ある問題を解く $T(n) = O(n^3)$ のアルゴリズムが存在したとする. このとき, 計算量の下界値 $T(n) = \Omega(n^3)$ を示すことができれば, このアルゴリズムはオー

ダーの意味でこれ以上改善することはできず, 最適であると結論できるのである.

多項式時間　ある問題を実用的に処理し得るか, あるいは手に負えない難しい問題であるかの区別を, 多項式 (オーダー) 時間 (polynomial (order) time) のアルゴリズムをもつかどうかで判断することがよくある. 多項式オーダーとは, ある定数 k を用いて, $O(N^k)$ と書けるという意味である. ただし, N は問題例の入力長である. 多項式オーダーでないものには $O(N^{\log N}), O(k^N), O(k^{k^N})$ などいろいろ考えられる.

上記の例でいえば, ユークリッドの互除法とクラスカルのアルゴリズムは多項式時間, しかし SUBSET-SUM のアルゴリズムはそうではない.

1.4　プログラムの設計をめぐる話題

プログラムの規模が大きくなってくると, 正しく動作し, しかも効率の良いプログラムを開発することは容易ではない. また, 開発されたプログラムを, 利用条件の変化に合わせて維持管理していくことが要求されるが, これも決して簡単な作業ではない. ソフトウェア工学の立場から, これらの達成を容易にするためのプログラム設計法が研究されている. 本節では, その基本的な考え方を概説したのち, 本書のねらいが設計過程のどの部分にかかわるものであるかを述べる. また, 並列処理や外部記憶など関連する話題にも言及する.

プログラムの設計　プログラムをソフトウェア生産物として提供し得るまでには, おおよそ以下の段階を通る.

(A)　要求定義および仕様記述
(B)　概要設計
(C)　詳細設計
(D)　コーディング (coding)
(E)　デバッギング (debugging)

最初の (A) は, 設計すべきプログラムの機能 (いわばプログラムのゴール) を明確な形で仕様として記述するものである. (B) では, その仕様を実現するための全作業を基本的なモジュールに分解し, それぞれのモジュールの機能とそれらの相

互関係を明らかにする. (C) では, 各モジュールの実現法と接続法を詳細に記述し, (D) で実行可能なプログラムとして実現する. 最後の (E) は, プログラムが正しく仕様を実現しているかをテストし, 必要ならば誤りを除くという作業である.

本書が対象とするアルゴリズムは, 主に (C) の詳細設計にかかわっている. もちろん, アルゴリズムの基本単位のとり方によって, (B) とも関連してくる. これに対し, データ構造は, 主に (C) と (D) において登場するが, データ構造を前面にたて, (B) の段階から積極的に考慮していこうという立場もある (後述のデータ分析法参照).

わかり易いプログラム　プログラムの正しさを厳密に証明することは, 通常きわめて困難な作業であって, 実際, すでに市場に出回っているソフトウェアにさえ誤りが発見されることはまれではない. わかり易いプログラムは, 誤りの除去を容易にし, さらにプログラムの寿命を延ばすための修正や改良を円滑に進めることにも役立つので, 最近特に重視されるようになってきた. わかり易さを達成するために, 領域量や時間量をある程度犠牲にしても許される場合がある.

わかり易いプログラムの作成をめざして, 対照的なアプローチであるトップダウン作成法とデータ分析法がとりいれられている. 前者は, 全体から始め, いくつかのモジュール (module) に分割する作業を反復しつつ, 各モジュールを具体化し細部にわたる記述を加えていくもので, 段階的詳細化 (stepwise refinement) のプロセスをとる. その結果, プログラムの全体は, モジュールの段階的構造で表現されるが, モジュール間の関係を単純にわかり易く記述するために, モジュール間の複雑な移動の原因となる go to 命令を排除するなど, この目的に合致したプログラム構造が議論され, **構造化プログラミング** (structured programming) と呼ばれている.

データ分析法は, 仕様に含まれるデータに主眼を置くもので, 基本となるデータ構造を定めたのち, それに適用する操作の制御構造を明らかにするというプロセスを通じて, プログラムを構成していくものである. ボトムアップ作成法と言ってもよい.

なお, 本書が対象とするアルゴリズムは, 大規模なプログラムのシステムの全体にかかわるというより, その中で必要となる個々の作業を実現するものである. したがって, 本書の記述のレベルでは, トップダウン作成法であるかデータ分析法で

あるかをとくに意識する必要はない.

オブジェクト指向プログラム　データ分析法の立場に立つとき, 大規模なプログラムでは, その基になるデータが単一の種類であることはまれで, 通常, 複数の種類のデータがしかも互いに関連し合っている. そのため, 一つの種類のデータのまとまりを一つのオブジェクトと捉え, それらに関連する操作・手続きをまとめてカプセル化してしまうというアプローチがとられ, **オブジェクト指向プログラミング** (object oriented programming) と呼ばれている. このオブジェクト指向という考え方は, プログラムの記述に限定されず, シミュレーションモデルの記述, データベースの設計, 人工知能における知識の表現, CAD (コンピュータ援用設計) など, 大きな広がりをもっている.

　一般に, 一つのオブジェクトは外部からのメッセージによって起動されるが, どのような仕事をするかは, そのオブジェクトの内部状態とそれ自身に備わっている機能によってのみ決定される. また, 同じような性質や機能をもつオブジェクトの集まりを**クラス** (class) と呼ぶ. クラスは階層構造 (hierarchical structure) をとることができ, 上位のクラスを特徴づける性質や機能は下位のクラスにも継承 (inherit) される. その結果, 下位クラスの記述は上位クラスにないものを付加するだけでよいので, 簡単である.

　このアプローチでは, オブジェクトごとに独立してプログラミング作業を遂行でき, そのあとで, オブジェクトごとの関連をより高次のまとまりとして, 全システムを完成させることができる. この目的のための言語は, SIMULA や SMALLTALK に始まるが, その後, C の機能を拡張した C++, PYTHON, RUBY, PERL, JAVA, JAVASCRIPT, PHP など多くの言語に引き継がれている.

図式プログラミング言語　プログラムの記述には, 機械語から高級言語までいろいろなレベルがあるが, 詳細設計の段階では, 設計の容易さ, わかり易さなどの観点から, 図式プログラミング言語が用いられることが多い.

　最も古くから用いられている**流れ図** (flow chart) は, 計算の各ステップを一つのブロックで表現し, それらの間の制御の流れを有向枝で結んだものである. 図 1.10 に図 1.4 のユークリッドの互除法を表す流れ図を与える. 構造化プログラミングの立場から, 他の図式言語もいろいろ提案されており, 同じ図 1.4 のアルゴリズムを, たとえば PAD (problem analysis diagram) で書くと図 1.11 のようになる.

1.4 プログラムの設計をめぐる話題　　23

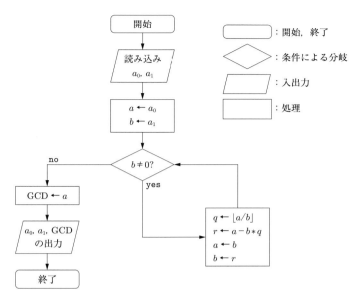

図 1.10 ユークリッドの互除法の流れ図

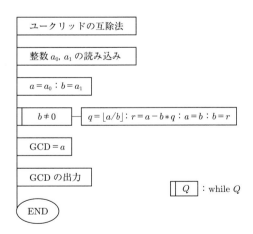

図 1.11 ユークリッドの互除法の PAD 風記述

並列処理　図 1.2 の RAM はただ一つの累算器をもち，ここで演算が遂次的 (sequential) に実行される．もしこのような演算装置が p 台あれば，p 個の演算を同時に実行できるから，単純に考えて，計算時間を $1/p$ にまで短縮できる可能性が

ある. 最近のマイクロエレクトロニクスの進歩によって, このような多数の演算装置をもつ並列計算機 (parallel computer) の開発が可能となり, 大きな進展を見せている.

アルゴリズムの立場からもこれは新しい状況である. 行列やベクトルの計算, あるいは偏微分方程式の求解などは, 同種の計算を他とは独立に多数実行し得るので, このような目的に適している. しかし, 一般の計算では, 一つのステップの実行がそれ以前に実行された他のステップの結果に依存してなされることが多く, 同時に並行して実行し得るステップの数には限度があるのが普通である. したがって, アルゴリズムの**並列** (parallel) あるいは**並行** (concurrent) **処理**を成功させるには, 遂次処理の場合とは異なる視点が必要である. 本書ではこの話題にこれ以上立ち入らないが, 興味ある分野であり, 活発に研究が進められている.

外部記憶 コンピュータの記憶装置には, 記憶容量とアクセス速度に応じていくつかのタイプがある. **主記憶** (main memory) はそれぞれ一つの語を格納できる記憶レジスタに細分され, 自己の番地をもっている. 番地を参照することで, 一つの記憶レジスタへの書き込みや読み出しはほぼ一定時間 (その時間はコンピュータによって異なる) でなされるので, **ランダムアクセス** (random access) 方式と呼ばれる. これが 1.1 節の RAM モデルの原型である.

主記憶は通常半導体メモリで構成されており, 高速アクセスが可能である. しかしその容量は, ハードウェアの進歩とともに急速に増大しているものの, おのずから限度がある. そのため, 拡張記憶や補助記憶などの**外部記憶** (external memory) が付加される. 物理的にはハードディスク装置, 光ディスク装置あるいは外部記憶用の半導体メモリ, などによって実現されている. 外部記憶の全体は, 一定の語数からなる**ページ** (page) に分割されており, 必要なページ全体を主記憶に転送したのちその内容の参照や変更を加える. ページの転送時間は, 主記憶上の 1 語のアクセス時間にくらべかなり大きい ($10^2 \sim 10^5$ 倍程度) のが普通である. しかし, 最近の OS (operating system) には, 主記憶と外部記憶を**仮想記憶** (virtual memory) という抽象的に一体化された対象として取り扱う仕組みが備わっており, ユーザは両者をとくに区別することなくプログラムすれば, 主記憶とほぼ同様の性能を実現できる. したがって, 本書では, 以後, すべてのデータは主記憶上に格納されていると考えて議論を進める.

演習問題 | 25

　なお, コンピュータの OS などのシステムプログラムに関連する作業では, 主記憶と外部記憶の違いを意識し, 性能を高めるための工夫が加えられている. しかし, 本書ではこれらの話題には触れない.

出　典

　文献リストは巻末にまとめてあるが, その第 1 章の最初の部分 1-1, 2,..., 20) には, アルゴリズムとデータ構造など, 本書の話題全般に関連する参考書をまとめている. 代表的なものには, まず 1-1) およびその中からデータ構造の部分を取り出して記述した 1-2) をあげることができる. D. E. Knuth の The Art of Computer Programming は全 7 巻が予定されている大著であるが, その第 1 巻 1-12) がデータ構造にあてられている. 1-4, 5) は広い話題を要領よく説明してある. 1-18) は豊富な話題に触れており, また講義のための CD-ROM がついている. 和書にも良いものがつぎつぎと出版されているので, できるだけリストに含めてある. 1-3, 9, 17) などには C 言語によるアルゴリズムの記述が載せられている.

　文献リストの (C 言語) の部分には, 本書でアルゴリズムの記述に用いている C 言語の教科書を, 和書および訳書の中から何冊か選んだ. C++言語についても少しあげておく. なお, C 言語の必要最小限の知識は, 本書巻末の C メモにまとめてあるので, これを参考にすれば, ひとまず本書を読み通すことはできよう.

　つぎに 1.4 節のプログラム設計法に関する文献をあげる. この分野は, ソフトウェア産業界からの要請もあって, ソフトウェア工学として活発な研究がある. トップダウン作成法は 1-30, 35) など, その中でもダイクストラ (E. W. Dijkstra) の構造化プログラミングが知られている. データ分析法としてはワーニエ法およびジャクソン法 1-34, 32) が普及している. PAD の説明は 1-31) にある. オブジェクト指向関係では 1-33) を挙げておく. 最後に, 並列・分散アルゴリズムについては 1-36, 37, 38) などを参照のこと.

演　習　問　題

1.1 $a_0 = 3465, a_1 = 1323$ の最大公約数をユークリッドの互除法で求めよ.

1.2 ユークリッドの互除法において, $a_i, i = 0, 1, \ldots$ を式 (1.3) のように定めるとき, $a_0 \geq a_1 > a_2 > \ldots$ が成立することを示せ. この性質を用いて, ある k に対し

$a_{k+1} = 0$ となること，さらに a_k が a_0 と a_1 の最大公約数を与えることを証明せよ．

1.3 市販のオセロは 8×8 の盤上のゲームであるが，これを一般化して $n \times n$ のオセロゲームを考える．ただし，n は 4 以上の偶数とする．このとき，両者とも最善の手を選ぶとして，先手と後手のどちらが勝つのかを判定したい．この問題を 1.1 節にならって，入力と出力の形で記述せよ．また，問題例の入力長を評価せよ．

1.4 上のオセロゲームで，$n = 8$ の場合のみに注目し，先手勝ちか後手勝ちかを判定したい．この問題をやはり入力と出力の形で書け．さらに，自由に初期パターンを設定できる場合についても考察せよ．

1.5 つぎのオーダー表記を簡略化せよ．

(a) $O(n \log n + n^2) + O(n^{1.83} \log n)$

(b) $O(n^{\log n} + n^{100} + n^{30} \log n)$

(c) $O(n^3 \sin^2 n) O(2^n / \log n)$

ひ・と・や・す・み

── 計算量の恐さ ──

本書では，代表的なアルゴリズムを紹介するだけでなく，それらの性能を計算量という形で正確に評価することを重視している．

計算量の大切さを知るには，実際にプログラムを試してみるのが一番であろう．1.3 節の 1 で述べたようにユークリッドの互除法の時間量は $O(\log a_0)$ であるが，SUBSET-SUM 問題の ssum は，同じ節の 2 にあるように $O(n2^n)$ という指数オーダーの時間量を必要とする．実際，ユークリッドの互除法 gcd を走らせると，相当大きな整数 a_0 と a_1 を入力しても瞬時に答えが出力される．(ただし，データ型 int では 32 ビットのマシンで最大 2147483647 までの整数しか扱えない．unsigned int とするとその倍まで許されるが本質的な違いはない．もっと大きな整数を扱うには，その目的にプログラムを変更しなければならない．)

プログラム ssum では，答えが no の場合に最も時間をくう．この場合には 2^n 個の 0-1 ベクトル x をすべて調べないと no を結論できないからである．私の持って

いるパソコンでは，$n = 20$ あたりでは一息待てば no が出てくるものの，$n = 30$ になるとコーヒーを入れてもまだおつりがくる．じゃあ，$n = 40$ ならどうなるかを簡単に試算してみると，$4 \sim 5$ 日は必要であることがわかる．さらに $n = 50$ ならば，何と数年はかかってしまい実用性は全くない．指数オーダーの恐ろしさである．

　実は，SUBSET-SUM 問題は 5.3.1 節で再び取り上げ，動的計画法に基づくアルゴリズムを紹介する．これを用いると，右辺の定数 b が $10^4 \sim 10^5$ 程度までであれば，n が数百でも十分実用的である．

　これらの例から，有効なアルゴリズムとその評価の大切さが理解できれば，本書を読む熱も入るというものであろう．

2

基本的なデータ構造

　データ構造を構成する基本単位をセル (cell) と呼ぶ. 物理的には記憶レジスタの 1 語分 (あるいはその組合せ) を想定すればよい. セルの集合にアルゴリズムの実行に適した構造を導入する. これがデータ構造 (data structure) である. 本章では, 代表的なデータ構造としてリストから始め, それを実現するための配列およびポインタについて述べる. つぎにリスト構造のさまざまな処理形態に応じてスタック, 待ち行列など, さらにそれらの一般化として木を導入する. また集合を扱うデータ構造も説明する. これらを用いて構成されるより高度なデータ構造は, 本書の後の章に現れる.

2.1　リストとその実現

　要素を 0 個以上 1 列に並べたものをリスト (list) と呼ぶ. すなわち,

$$a_0, a_1, \ldots, a_{n-1}. \tag{2.1}$$

$n = 0$ のとき空リスト (null list) という. リストに対し, その中の一つの要素を参照する, リストの指定された位置に要素を挿入する, ある要素を削除するといった操作が加えられる.

　配列によるリストの実現　リストは配列 (array) を用いて実現できる. すなわち, 記憶領域にあらかじめ番号 $i = 0, 1, \ldots, N-1$ をもつ N 個のセルを準備しておき (ただし, $N \geq n$), i 番目のセル a[i] に a_i を貯える. この様子を図 2.1 に示す. コンピュータは i が指定されると, 記憶装置内のセル a[i] の具体的な番地を

計算し，そこへアクセスする．ただし，大抵の場合，我々がその番地を知る必要はない．C では，配列 a は

$$\mathtt{elementtype\ \ a[N];} \tag{2.2}$$

のように書かれる．ただし，`elementtype` は要素のデータ型を示しており，具体的には `int` (整数), `float` (浮動小数点), `char` (文字), などである．

図 2.1 配列によるリストの実現

配列には，2 次元，3 次元，... なども可能である．たとえば

```
    int   a[M][N];
```

は整数を要素とする 2 次元配列 (つまり行列) を表し，`a[i][j]` はその第 i 行第 j 列要素を指す．ただし，$i = 0, 1, \ldots, M-1$, $j = 0, 1, \ldots, N-1$ である．

ポインタによる実現　リストの配列表現では 1 要素の読み出しや書き換えは 1 ステップで実行できるが，新しい要素を挿入するなどリスト長が変化する操作は簡単ではない．たとえば，a_i のつぎに要素 x を挿入する INSERT(x, i) によって

$$a_0, a_1, \ldots, a_i, x, a_{i+1}, \ldots, a_{n-1} \tag{2.3}$$

を作るには，`a[0]`, ..., `a[i]` は変化しないが，`a[i+1]` 以降の内容を一つずつ後へずらした後 `a[i+1]` の内容を x としなければならない．このような操作には，図 2.2 のようなポインタ (pointer) を用いたデータ構造が適しており，**連結リスト** (linked list) と呼ばれる．

ポインタとは，一つのセルの位置を示すデータであり，図では矢印で示される．コンピュータの内部，すなわち機械語のレベルでは，それが指すセルの番地であるが，プログラミングの段階でその値を具体的に知る必要はない．図 2.2(a) ではポインタ init が最初のセルを指していて，next はその要素のつぎを指すポインタである．最後の a_{n-1} に付された NULL はつぎのセルがないことを意味する．なお，空リストは図 2.2(b) のように init に NULL を入れることで表現する．

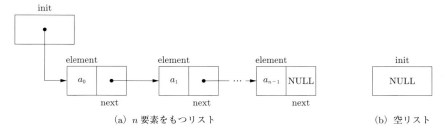

図 2.2 ポインタによるリストの実現 (連結リスト)

図 2.2 のような連結リストを C で実現するには，まず要素 element とポインタ next からなる構造体 (ここではその名前を cell としている) を定義する．(以下，C に詳しくない読者は，あらかじめ本書付記の C メモを読んで，構造体やポインタの扱い方の概略を理解しておくのが望ましい.)

$$\begin{aligned}&\text{struct cell}\\&\{\\&\quad\text{int}\quad\text{element;}\\&\quad\text{struct cell}\ *\text{next;}\\&\};\end{aligned} \quad (2.4)$$

なお，element の型は簡単のため int (整数) としているが，必要に応じて自由な型を用いてよい．また，応用によっては，この二つ以外の要素を cell の内容に含めておくと都合のよい場合がある．struct cell *next; は next が構造体 (struct) である cell を指すポインタであることを宣言している．C においてそのようなポインタを具体的に生成するには，

$$\text{init = (struct cell *)malloc(sizeof(cell));} \quad (2.5)$$

のようにする．この例では，これによって図 2.2 の init の内容，すなわちつぎの cell の先頭の要素が入る番地が決まる．コンピュータは命令 malloc を受け取るとその時点で空いている記憶レジスタの中から cell の大きさのデータ領域 (すなわち，大きさ sizeof(cell)) を探し，その先頭番地を init の内容とするのである．

ポインタ init から始まる連結リストを L と記そう．このとき L に対してつぎの二つの操作が基本的である．

INSERT(x, p, L): リスト L の位置 p (つまりポインタ p が指す要素) のつぎに要素 x を挿入する,

DELETE(p, L): リスト L の位置 p のつぎの要素 (もし存在すれば) を削除する.

図 2.3 はこれらの操作による連結リストの変化を示したものである. INSERT と DELETE のプログラム例を図 2.4 に示す.[*1] このプログラムでは p が init を指す場合 (つまり, p==NULL) と一般の cell を指す場合を分けて処理している. リスト L を関数の引数として指定するためには, L の先頭へのポインタである init を用いている. また, 操作の結果 init の内容が変化することがあるので, 関数 insert と delete は更新後の init の内容を返すように作られている. したがって, これらの関数を呼ぶには init = insert(x, p, init) のようにする. これらのプログラムによる INSERT と DELETE の所要時間は明らかに定数オーダー $O(1)$ である.

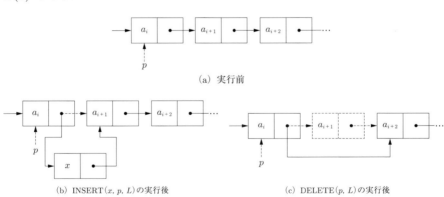

(a) 実行前

(b) INSERT(x, p, L) の実行後   (c) DELETE(p, L) の実行後

図 2.3　INSERT と DELETE の実行

なお, malloc によって領域を確保したあと, その部分が不必要になった場合は, その領域をただちに解放して, あとの計算で再び利用できるようにしておくことが望ましい. 図 2.4 の delete プログラムの free(q) (2 ヶ所ある) がこの操作に当たる.

[*1] 図 2.4 では関数の宣言や main を省略しているが, 参考のため一応完成させたものをオーム社のホームページに上げている (アドレスはまえがきにある). 以後のプログラムも同様である.

2.1 リストとその実現　33

```c
#include <stdio.h>
      /* 標準入出力のヘッダファイルの読込み */
#include <stdlib.h>
            /* 標準ライブラリのヘッダファイル */
struct cell            /* 構造体 cell の定義 */
{
 int element; struct cell *next
};
/* 関数の宣言 */
…


main()
…


struct cell *insert(int x, struct cell *p,
  struct cell *init)
/* ポインタ p が指すセルのつぎに x のセルを挿入;
p==NULL なら先頭へ挿入 */
/* 連結リストはポインタ init から始まる */
{
 struct cell *q, *r;

 r = (struct cell *)malloc(sizeof(struct
  cell));        /* 新しいポインタの獲得 */
 if(p == NULL) {q = init; init = r;}
                        /* 先頭への挿入 */
 else {q = p->next; p->next = r;}
                        /* 途中への挿入 */
 r->element = x; r->next = q;
 return(init);
}
```

```c
struct cell *delete(struct cell *p, struct
  cell *init)
/* init からの連結リストにおいてポインタ p が
指すセルのつぎのセルを除去 */
{
  struct cell *q;

  if(init == NULL)
  {
   printf("Error:  List is empty.\n");
   exit(1);
  }
  if(p == NULL)            /* 先頭のセルの除去 */
  {
   q=init; init = init->next; free(q);
  }
  else                      /* その他の場合 */
  {
   if(p->next == NULL)
   {        /* つぎのセルは存在しない（誤り）*/
    printf("Error:  No element to remove.\n"
      ); exit(1);
   }
   else                    /* つぎのセルの除去 */
   {
    q = p->next; p->next = q->next; free(q);
   }
  }
  return(init);
}
```

図 2.4　連結リストに対する INSERT と DELETE のプログラム例

リストに対する操作　リスト L に対する他の代表的な操作をあげておこう.

LOCATE(x, L): 要素 x が L 中に存在すればその位置 (つまりそのセ
ルを指すポインタ) を返す.

RETRIEVE(p, L): 位置 p のセルの内容 (element 部) を返す.

FIND(i, L): L の i 番目のセルの内容を返す.

TOP(L), LAST(L): それぞれ L の最初および最後の位置を返す.

NEXT(p, L), PREVIOUS(p, L): それぞれ位置 p の後および前のセ
ルの位置を返す.

CREATE(L): 空リスト L を準備し，その先頭の位置を返す．

リストの実現法の比較　上記の操作の説明は，ポインタによる実現を念頭においで行ったが，配列による実現でも同様に考えることができる．配列を用いると，配列を確保する段階でその大きさを指定しておかなければならないので，L の最大長がまえもって定まっていない場合には向いていない．INSERT や DELETE のようにリストの長さが変化する操作もやっかいである．これに対し，ポインタによる実現では，FIND, LAST, PREVIOUS などの実行には，リストを最初から順に走査しなければならず，$O(|L|)$ 時間かかる．これらは配列による実現では 1 ステップでよい．LOCATE はどちらの実現法でも $O(|L|)$ 時間かかる．

配列による連結リストの実現　FORTRAN や ALGOL という言語はポインタをもたない．このような場合でも，配列を用いて連結リストと同様の動作を実現できる．図 2.5 には，(a) の連結リストを，先頭を示す整数 init と二つの配列 element と next とを用いて実現した例を示してある．init はリストの先頭を示すポインタの役割をし，element[init] が先頭の要素 a_0 である．また element[k] の内容が a_i であるとすると，next[k] は a_{i+1} へのポインタをもつ．すなわち element[next[k]] の内容が a_{i+1} である．next[2] $= -1$ の -1 は NULL すなわちリストの最後尾を

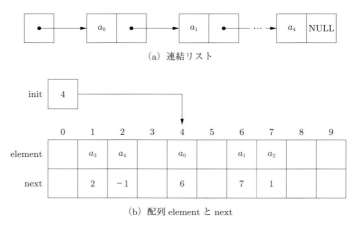

図 2.5　配列による連結リストの実現

意味する.

なお，この実現法では，リストの最大長 (= 配列の大きさ) をあらかじめ指定しておく必要がある.

2.2 スタック, 待ち行列など

リストをプログラムの中で用いるとき，すべての操作が必要であることはまれで，限られたタイプの操作のみでよいことが多い．限られた操作をより効率良く実行するために，さらに工夫が加えられている．本節では，そのようなデータ構造の中から重要なものをいくつか紹介する．

双方向リスト　LAST, PREVIOUS という操作の効率を上げるには，図 2.6 のような双方向リスト (doubly-linked list) が有効である．各セルのデータ型は

```
struct cell
{
 int element;
 struct cell *next;
 struct cell *previous;
};
```

のようになる．next (previous) はつぎ (直前) のセルを指すポインタである．双方向リストによると，LAST, PREVIOUS の所要時間は $O(1)$ となるが，データ a_i 一つあたり 2 個のポインタ領域が必要である．また，ポインタの修正などの手続きがやや複雑になる．

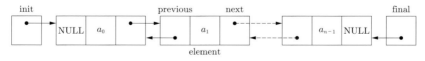

図 2.6　双方向リスト

スタック　要素の挿入や削除がいつも先頭からなされるリストをスタック (stack) という．LIFO (last-in-first-out, 後入れ先出しリスト), プッシュダウン (pushdown) リストなどとも呼ばれ，実際のプログラムにしばしば登場する．ス

タック S に対する操作にはつぎのようなものがある.

CREATE(S): 空スタック S を準備し，その先頭の位置を返す.
TOP(S): S の先頭の位置を返す.
POP(S): S の先頭の要素を削除する.
PUSH(x, S): 要素 x を S の先頭に挿入する.

　スタックをポインタを用いて実現するには，図 2.2 と同様にすればよい．構造体 (2.4) で各セルが構成されているとき，たとえば POP(S) と PUSH(x, S) は，図 2.4 のプログラムを少し変えて，図 2.7 のように実現される．図 2.4 と同様，スタック S はその始点ポインタである init で指定されており，また関数 POP と PUSH は更新後の init を返す．図 2.8 は動作の様子を示したものである．

```
...
struct cell          /* 構造体 cell の定義 */
{
 int element; struct cell *next;
};
/* 関数の宣言 */
...

main()
...

struct cell *push(int x,struct cell *init)
/* スタック init の先頭へ x をもつセルを挿入 */
{
 struct cell *q, *r;

 r = (struct cell *)malloc(sizeof(struct
  cell));           /* 新しいポインタの獲得 */
 q = init;                   /* セルの挿入 */
 init = r;
 r->element = x; r->next = q;
```

```
 return(init);
}

struct cell *pop(struct cell *init)
/* スタック init の先頭セルを除去 */
{
 struct cell *q;

 if(init != NULL)
 {
  q = init; init = init->next; free(q);
  return(init);
 }
 else                      /* スタックは空 */
 {
  printf("Error:  Stack is empty.\n");
  exit(1);
 }
 return;
}
```

図 2.7 ポインタによるスタック操作のプログラム例

　配列によってスタックを実現するには，図 2.9 のようにするのがよい．すなわち，配列 element[N] の top の位置から後にスタックの要素を詰めておく．図 2.10 は POP と PUSH のプログラム例である．top と element[N] の組を構造体

2.2 スタック, 待ち行列など

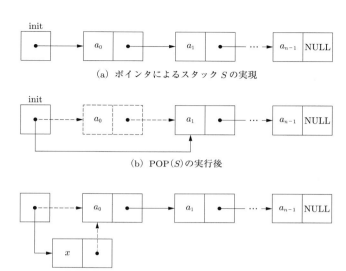

(a) ポインタによるスタック S の実現

(b) POP(S)の実行後

(c) PUSH(x, S)の実行後

図 2.8 スタック S の実現と POP(S), PUSH(x, S) の実行

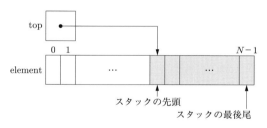

図 2.9 配列によるスタックの実現

```
struct stack
{
 int top;
 int element[N];
};
```

として定義し, その名前 S を用いてプログラムしている. N はスタックの最大長であって, N より多くの要素を挿入すると (つまり top が負の値になると)「誤り」

第2章　基本的なデータ構造

```
#include <stdio.h>
#define N 100          /* 配列の最大サイズ */
struct stack           /* 構造体 stack の定義 */
{
 int top; int element[N];
};
/* 関数の宣言 */
…


main()
…


void push(int x, struct stack *S)
/* スタック S の先頭へ x を挿入 */
{
 if(S->top>=N || S->top<0)      /* S は空 */
 S->top = N;
 if(S->top == 0)               /* S は満杯 */
 {
  printf("Error:  Stack is full.\n");
  exit(1);
 }
```

```
 else                      /* その他の場合 */
 {
  S->top = S->top-1; S->element[S->top] = x;
 }
 return;
}


void pop(struct stack *S)
/* スタック S の先頭の要素を除去 */
{
 if(S->top < N)               /* 通常の場合 */
 {
  S->top = S->top+1;
 }
 else                         /* 空の場合 */
 {
  printf("Error:  Stack is empty.\n");
  exit(1);
 }
 return;
}
```

図 2.10　配列によるスタック操作のプログラム例

(`Error: Stack is full.`) を出力する. このプログラムでは空のスタックは `top` の値が N であることで表し, このときに POP を実行するとやはり「誤り」となる.

　再帰呼び出しとスタック　　手続き P の中で自分自身を呼び出すことを**再帰呼び出し** (recursive call) という. 再帰呼び出しを用いるとプログラムを簡明に書けることが多い. たとえば正整数 n に対し**階乗** (factorial) $n!$ (ただし, $n \geq 1$ を想定) を計算するプログラムは再帰呼び出しを用いた関数 `fact` によって図 2.11 のように書ける. これを用いてたとえば `fact(3)` の計算を行うと図 2.12(a) のよう

```
int fact(int n)
/* 階乗 n! の計算 */
{
 if(n<=0)                /* n は非正 (誤り) */
 {
  printf("Illegal input n = %d\n", n);
  exit(1);
 }
```

```
 else                          /* n は正 */
 {
  if(n == 1) return(1);    /* n==1 の場合 */
  else return(n*fact(n-1));
                       /* fact の再帰呼び出し */
 }
 return;
}
```

図 2.11　階乗の計算のプログラム例

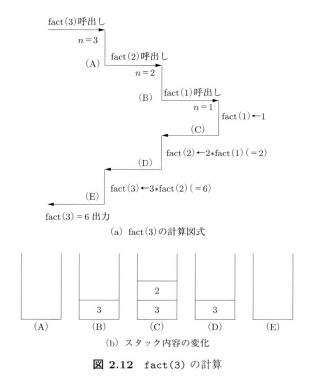

図 2.12　fact(3) の計算

に進行する．図の (A), (E) は fact(3), (B), (D) は fact(2), (C) は fact(1) の計算に対応している．

　プログラム P が再帰呼び出しを実行するとき，その時活動中のすべての変数の値を記憶しておき，ふたたびそのレベルへ戻ってきたときに計算を続行できるようにしなければならない．たとえば図 2.12(a) の (A) の部分は fact(3) の計算の一部分であるが，その後 (B)(C)(D) の計算が終わると，(E) に続くことになる．このとき，fact(2) の結果とともに (A) での変数 n の値 3 が必要になるので，あらかじめ記憶しておかねばならない．この目的にはスタックが適している．すなわち，fact の例では fact(n) が fact(n-1) を呼ぶとき，このプログラムで保持しておくべきデータは n であるので，それを図 2.12(b) のようにスタックに積み上げていけばよい．これに対し，fact(n-1) の計算が終わった場合は，スタックから先頭の要素 n を参照し取り除くことになる．最後にスタックは空になり，計算終

了となる．

なお，Cのように再帰呼び出しを許す言語では，再帰にともなうスタックの生成と管理はシステムが自動的に行うので，プログラマはまったく気にする必要はない．

待ち行列　要素の挿入が常にリストの最後尾からなされ，削除は先頭からなされるとき**待ち行列** (queue) という．FIFO (first-in-first-out, 先入れ先出しリスト) とも呼ばれる．待ち行列 Q に対しては，つぎの操作が加えられる．

CREATE(Q): 空の待ち行列 Q を準備し，その先頭の位置を返す．
TOP(Q): Q の先頭の位置を返す．
ENQUEUE(x, Q): 要素 x を Q の最後尾に入れる．
DEQUEUE(Q): 先頭の要素を Q から除く．

待ち行列はやはりポインタあるいは配列によって実現される．ポインタによる実現を図 2.13 に示す．先頭と最後尾をさす 2 個のポインタを

```
struct queue
{
 struct cell *front;
 struct cell *rear;
};
```

という構造体にまとめておくと都合がよい．　cell は式 (2.4) の構造体である．なお，空の待ち行列は図 2.13(b) のように表される．待ち行列 Q に対する ENQUEUE

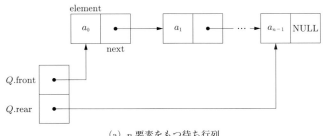

(a) n 要素をもつ待ち行列　　　　　　　　(b) 空の待ち行列

図 2.13　ポインタによる待ち行列の実現

2.2 スタック, 待ち行列など

```c
#include <stdio.h>
#include <stdlib.h>
struct cell          /* 構造体 cell の定義 */
{
 int element; struct cell *next;
};
struct queue         /* 構造体 queue の定義 */
{
 struct cell *front;      /* queue の先頭 */
 struct cell *rear;       /* queue の末尾 */
};
/* 関数の宣言 */
...


main()
/* 待ち行列 (連結リスト) のテストプログラム */
{
 struct queue Q;      /* 待ち行列の名前は Q */

 Q.front = Q.rear = NULL;
                     /* 待ち行列を空に初期化 */
 ...
}


void enqueue(int x, struct queue *Q)
/* 待ち行列 Q の末尾に要素 x を挿入 */
{
 struct cell *p;

 p = (struct cell *)malloc(sizeof(struct
```

```c
 cell));           /* 新しいポインタの獲得 */
 if(Q->rear != NULL)    /* Q が空でない場合 */
  Q->rear->next = p;
 Q->rear = p;
 if(Q->front == NULL)      /* Q が空の場合 */
  Q->front = p;
 Q->rear->element = x;
 Q->rear->next = NULL;
 return;
}

void dequeue(struct queue *Q)
/* 待ち行列 Q の先頭のセルを除去 */
{
 struct cell *q;

 if(Q->front == NULL)      /* 誤: Q は空 */
 {
  printf("Error:  Queue is empty.\n");
  exit(1);
 }
 else                      /* 一般の場合 */
 {
  q = Q->front;
  Q->front = Q->front->next;
  free(q);
 }
 if(Q->front == NULL) Q->rear = NULL;
 return;
}
```

図 2.14 ポインタによる待ち行列のプログラム例

と DEQUEUE のプログラム例を図 2.14 に示す.

　待ち行列を最大長 N の配列で実現するには, 図 2.15 のように最後の要素を先頭の要素へリング状に続けておくとよい. 待ち行列 Q に新しい要素を挿入するには, $Q.\mathrm{rear}$ を 1 増やし (ただし, $N-1$ のつぎは 0), Q からの削除は $Q.\mathrm{front}$ を一つ増加させるだけでよい. その結果, 要素を保持している部分は, 全体として時計方向にリング上を循環する. プログラムの詳細は省略する.

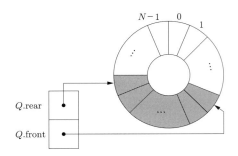

図 2.15 リング状の配列による待ち行列の実現

2.3 グラフ，木と2分木

図 2.16 に現実の応用から，木の形に自然に表現される例を掲げる．それぞれの意味は明らかであろう．このような木は，リストについでよく用いられるデータ構

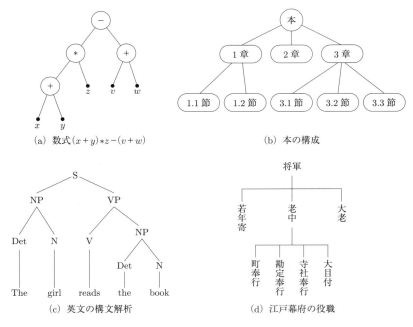

図 2.16 木のいろいろ

2.3 グラフ,木と2分木

造である.より一般的な構造にグラフがあり,本節では,これらの基本的な用語の説明を与えたのち,木とその特別な場合である2分木についてやや詳しく述べる.

グラフと木　有限個の**節点** (node, **頂点** vertex, **点** point) からなる集合 V と節点対の有限集合 $E \subseteq V \times V$ が与えられたとき, $G = (V, E)$ を**グラフ** (graph) という.節点対 $e = (v_1, v_2)$ は**枝** (branch) あるいは**辺** (edge) などと呼ばれ, v_1 と v_2 を結ぶ線分で示される.v_1 と v_2 は枝 e の**端点** (end nodes) である.枝に方向を考えないとき**無向グラフ** (undirected graph), 方向を考え (v_1, v_2) と (v_2, v_1) を区別するとき**有向グラフ** (directed graph あるいは digraph) という.有向グラフの枝 (v_1, v_2) は v_1 から v_2 へ矢印を付して示し, **アーク** (arc, **弧**) とも呼ぶ.図2.17(a) と (b) はそれぞれ無向グラフと有向グラフの例である.

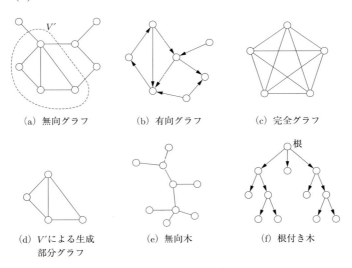

図 2.17　グラフと木

すべての節点対の間に枝をもつ無向グラフを**完全グラフ** (complete graph) という(図2.17(c)).グラフ $G = (V, E)$ に対し, $V' \subseteq V$ と $E' \subseteq E$ の作る $G' = (V', E')$ がグラフであるとき (つまり,任意の $e' \in E'$ の両端点は V' に属する), G の**部分グラフ** (subgraph) であるという.特に E' が V' に対して性質

$$E' = \{e \in E \mid e \text{の両端点は} V' \text{に属する}\}$$

をもつとき, G' は G の V' による**生成部分グラフ** (induced subgraph, **誘導部分グラフ**) であるという. 図 2.17(d) は (a) の V' による生成部分グラフである.

グラフ $G = (V, E)$ の節点列

$$P : v_1, v_2, \ldots, v_k$$

が $(v_i, v_{i+1}) \in E$, $i = 1, 2, \ldots, k-1$, という性質をみたすとき (有向グラフならば枝の方向が v_i から v_{i+1} へ向いていること), v_1 から v_k への**路** (path) あるいは**道**と呼ぶ. 特に $v_1, v_2, \ldots, v_k$ がすべて異なれば**単純路** (simple path) である. 路 P の**長さ**を枝の本数 $k-1$ であると定める. 路 P の始点 v_1 と終点 v_k が等しいとき**閉路** (cycle, circuit), さらに $v_1, v_2, \ldots, v_{k-1}$ がすべて異なるとき**単純閉路** (simple cycle) と呼ぶ. 無向グラフ G (有向グラフの場合は枝の方向を無視して得られる無向グラフを考える) において, 任意の 2 点間に路が存在するとき, G は**連結** (connected) グラフと呼ばれる. グラフ G は一般に連結しているとは限らない. 節点集合 $V' \subseteq V$ はその生成部分グラフが連結しているという性質をもつ極大集合 (それ以上大きくすると連結でなくなる) であるとき, G の**連結成分** (connected component) であるという. 任意のグラフはいくつかの連結成分に一意に分解される. 例として図 1.9 のそれぞれのグラフは点線で囲まれた連結成分からなっている.

連結無向グラフ G が閉路をもたないとき G は**無向木** (undirected tree) であるという (図 2.17(e)). また, 1 個あるいは複数個の木からなる集合を**森** (forest) という. 有向グラフに対しても有向木を同様に定義できるが, 特に**根** (root) と呼ばれる一つの節点があって, そこから他の任意の節点へ路が存在するとき**根付き木** (rooted tree) という (図 2.17(f)). なお, 本書では根付き木がひんぱんに現れるので, 単に**木** (tree) といえば根付き木を指すものと約束する. また, 木を図に書くとき, 根を最も上に置き枝の方向を上から下へと定めておき, 矢印を省略することが多い. 図 2.18 はその一例である.

木が (上から下へ) 枝 (u, v) をもつとき, u は v の**親** (parent), v は u の**子** (child) であるという. 同じ親をもつ子において左から右へ順序をつけ, 特に最も左の子を**長男** (eldest brother) と呼ぶことがある. このように子の間の左右関係をもつ木を**順序木** (ordered tree) という. 一つの木において u から v へ (上から下へ) 向かう路が存在するとき, u は v の**先祖** (ancestor), また v は u の**子孫** (descendant)

2.3 グラフ,木と2分木

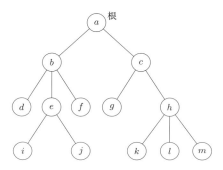

図 2.18 木 (根付き木) の例

であるという．各節点は自分自身の先祖でありかつ子孫でもあるが，自分以外の先祖 (子孫) を**真の先祖 (子孫)** と呼ぶ．真の子孫をもたない節点は**葉** (leaf) と呼ばれる．木 T のそれぞれの節点 u に対し，u を根としその子孫からなる木が存在するが，これらを T の**部分木** (subtree) と呼ぶ．木の節点 u において，u からどれかの葉までの最長路の長さを u の**高さ** (height)，根の高さをその木の**高さ** (tree height) という．また，根から u までの路 (ただ一つ存在する) の長さを u の**深さ** (depth) という．

図 2.18 において，b は j の真の先祖，h の子孫は k, l, m および h 自身である．c の高さは 2, その深さは 1, また木の高さは 3 である．根は a のみであるが葉は d, i, j, f, g, k, l, m の 8 個である．

木の再帰的定義　木はつぎのように再帰的に定義することもできる．

(1) 単一の節点はそれ自身を根とする木である．
(2) $n_1, n_2, \ldots, n_k$ を根とする木 $T_1, T_2, \ldots, T_k$ があるとき，新しい節点 n を $n_1, n_2, \ldots, n_k$ の親とすると，n を根とする木が得られる (図 2.19)．

木のデータ構造　木の節点は，根を除いてすべて唯一の親をもつ．この性質を利用すると，図 2.20 のように配列を用いて実現できる．すなわち，配列 P の第 i 要素 $P[i]$ に節点 i の親 j を貯える．i が根ならば，$P[i] = -1$ とする．この方法は領域量の点で有利であるが，木に加えられる操作によってはあまり効率がよくな

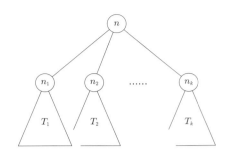

図 2.19 $T_1, T_2, \ldots, T_k$ からの新しい木 T の構成

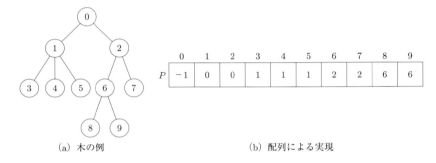

(a) 木の例　　　　　　　　(b) 配列による実現

図 2.20 配列による木の実現法

い．たとえば，節点 i の子を見出すには，配列 P を最初から走査し，$P[k] = i$ をみたす k を探索しなければならない．この計算手間は $O(|V|)$ である．

　子節点の探索を容易に実行できるデータ構造の一つにポインタを用いるものがある．図 2.21 は図 2.20(a) の木を表している．すなわち，節点集合に対応する配列 S を準備し，$S[i]$ には節点 i の子節点のリストへのポインタを格納する．ポインタをたどるとすべての子節点が順にたどれるという仕組みである．なお，root は根の節点番号であって，$S[\text{root}]$ は根の子節点へのポインタとなる (図では root=0)．しかし，このデータ構造で，節点 i の親を求めるには，i を発見するまでポインタを上から順に走査していく必要があり，計算手間は $O(|V|)$ となる．

　すべての子節点をもつ代わりに，自分の長男と自分の次弟 (自分のすぐ右の兄弟節点) をもてば，木全体を図 2.22 のような配列に表せる．この例では，節点は番号でなくてもよく，適当な名前をもつとしている．root=2 は根が配列番号 2 のと

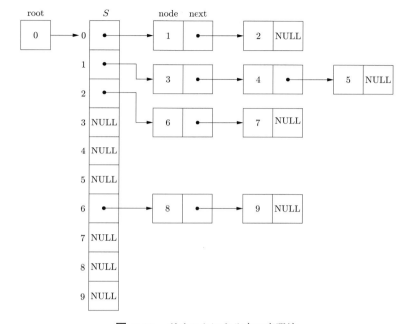

図 2.21 ポインタによる木の実現法

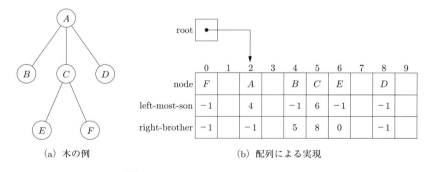

図 2.22 長男次弟による木の実現法

ころに格納されていることを意味する．node[2]=A, left-most-son[2]=4, right-brother[2] = −1, はそれぞれ根の名前が A であること，その長男のデータが配列の 4 番にあること，さらに次弟をもたないことを示す．他も同様に解釈できる．

このデータ構造では，子や兄弟は容易に探索できるが，親を見つけるにはやはり

全体を走査しなければならない．親のデータがひんぱんに要求されるならば，配列にもう1列追加し，親の位置をもたせるとよい．また，ここでは節点のデータを配列の任意のところに置き，上の節点から順に詰めるという方法をとっていない．このようにすると，複数の木のデータを一つの配列に詰めることも容易であり，また，それらの木を一つに結合したり，あるいは一つの木を複数個の木に分離するなどの操作も可能である．

木のなぞり　与えられた木Tのすべての節点を組織だった方法で訪問し，出力することが要求されることがある．これを木のなぞり (traverse) という．ここでは，Tを図2.23のように左から右へなぞっていく**深さ優先探索** (depth-first search)を適用してみよう．この探索法では各節点を行き (1回) と途中 (何回か) と帰り (1回) の2回以上訪問するので，いつその節点を出力するかにしたがって，最初の訪問で出力する**前順** (preorder)，2回目で出力する**中順** (inorder)，および最後に出力する**後順** (postorder) の3種が考えられる (それぞれ行きがけ順，通りがけ順，帰りがけ順とも訳されている)．

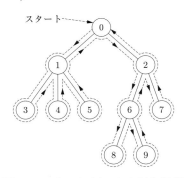

図 2.23　木のなぞり (深さ優先探索)

どの方法も，Tが空であれば空リストを，Tがただ1個の節点からなる場合はその節点のみをもつリストを出力する．Tが図2.19のように部分木$T_1, T_2, \ldots, T_k$と根nから構成されている場合，前順，中順，後順の出力リスト$\mathrm{pre}(T)$, $\mathrm{in}(T)$, $\mathrm{post}(T)$はそれぞれつぎのようになる．

$$\mathrm{pre}(T) = n, \mathrm{pre}(T_1), \mathrm{pre}(T_2), \ldots, \mathrm{pre}(T_k)$$

$$\mathrm{in}(T) = \mathrm{in}(T_1), n, \mathrm{in}(T_2), \ldots, \mathrm{in}(T_k)$$

2.3　グラフ, 木と2分木　49

$$\text{post}(T) = \text{post}(T_1), \text{post}(T_2), \ldots, \text{post}(T_k), n$$

図 2.23 の木にこれらのルールを再帰的に適用すると, つぎの結果が得られる.

$$\text{pre}(T) = 0, 1, 3, 4, 5, 2, 6, 8, 9, 7$$

$$\text{in}(T) = 3, 1, 4, 5, 0, 8, 6, 9, 2, 7$$

$$\text{post}(T) = 3, 4, 5, 1, 8, 9, 6, 7, 2, 0$$

　前順のプログラムは再帰呼び出しを用いると図 2.24 のように書ける. ただし, このプログラムは, 木のデータが図 2.21 のように表現されていることを前提にしている. すなわち

```
struct cell
{
 int node;
 struct cell *next;
};
struct cell *S[N];
int root;
```

```
#include <stdio.h>
#define N 100              /* 最大節点数 */
struct cell                /* 構造体 cell */
{
 int node; struct cell *next;
};
/* 関数の宣言 */
void preorder(int k, struct cell **S);

main()
/* 木のなぞりのテストプログラム */
{
 struct cell *S[N];
     /* 連結リストによる木のデータ (図 2.21) */
 int root;

 … 木データの入力と root の指定 …
 printf("preorder =");  /* 前順による出力 */
```

```
 preorder(root, S);
 printf("\n");
}


void preorder(int k, struct cell **S)
/* S[k] を根とする部分木の前順なぞり */
{
 struct cell *q;

 printf(" %d", k);          /* 節点 k の出力 */
 q = S[k];               /* k から前順のなぞり */
 while(q != NULL)
 {
  preorder(q->node, S);   /* 再帰呼び出し */
  q = q->next;
 }
 return;
}
```

図 2.24　前順による木のなぞりのプログラム例

というデータ型である．S[root] が根を表し，ここからなぞりが始まる．図 2.24 の中で struct cell **S という記述があるが，これは S の各要素が struct cell を指すポインタであることを *S と表したのち，その配列の先頭をポインタによって示して (C メモ参照)，**S と記している．

これを参考にすれば，中順と後順も同様に考えることができる (問題 2.2)．

なお，木のなぞりは，実際にはより大きなプログラムの一部分として，木の節点に対応するデータに対して何らかの計算を行っていくという形で用いられることが多い．この場合，必要なデータを上記の構造体 cell の中に一緒に含めて記憶しておけば，自然に全体のプログラムを作ることができる．

2 分木　各節点の子の数が 2 以下という木で，しかも左の子と右の子を区別して扱うとき **2 分木** (binary tree) という．図 2.25 の (a)(b)(c) は 2 分木であり，すべて異なる．

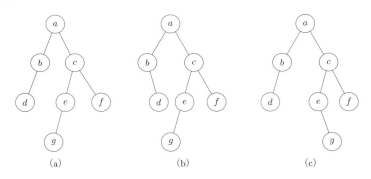

図 2.25　相異なる 2 分木

2 分木を表現するには，各節点の左の子と右の子を指定すればよい．ポインタを用いる場合，つぎの構造体を各節点に与える．

```
struct node
{
 nametype  element;
 struct node  *left;
 struct node  *right;
};
```
(2.6)

ただし，nametype は節点の名前を表す適当なデータ型であり，int(整数), char(文字) などがその例である．たとえば，名前として最大 W 文字からなる文字系列を用いる場合は，文字列の終りを示すヌル文字 \0 を加えて，この部分を char element[W+1]; とすればよい (C メモ参照)．

これを用いて図 2.25(a) の 2 分木を実現すると図 2.26 を得る．

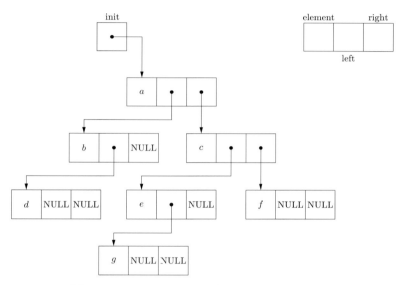

図 2.26 図 2.25(a) の 2 分木のポインタによる実現

一見意外であるが，任意の木を 2 分木を用いて表現することができる．これは，図 2.22 の長男次弟による実現に基づいている．すなわち，各節点において，T での長男を左の子，T での次弟を右の子とする 2 分木を考えるものである．図 2.22(a) の T からこのように得られる 2 分木を図 2.27 に示す．図 2.22(b) のデータ構造の例は，実はこの 2 分木に対するものである．

木の高度なデータ構造　木構造は，基本的なデータ構造としていろいろな問題のアルゴリズムに用いられる．そのため，木に対する各種の操作を高速に実現するための研究が続いている．その詳細は本書の程度を超えるが，ここでは**動的木** (dynamic tree) と呼ばれるデータ構造による結果を簡単に紹介しておこう．

動的木は木の集合 (つまり，森) を対象とし，つぎのような操作を実行すること

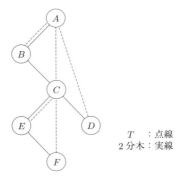

図 2.27 2 分木による木の実現

ができる．ただし，木の各節点 v には実数値のコストが付されているものとし，その処理も含まれている．

- MAKETREE(v): 節点 v のみからなる木を作る．
- FINDROOT(v): v を含む木の根を求める．
- FINDCOST(v): 根から v までの路の上に位置する節点のコストの最小値とその節点 (複数個あれば根に最も近いもの) を求める．
- ADDCOST(v, Δ): 根から v までの路の上に位置するすべての節点のコストを Δ だけ増加する．
- LINK(v, w): v を根とする木と w を含む木を，w を v の親とすることによって，連結する．
- CUT(v): v を含む木において，v とその親 w を接続する枝 (w, v) を除去して二つの木とする．
- SIZE(v): v を根とする木の節点数を求める．

以上の操作を，図 2.21 のような通常のデータ構造を用いて実現すると，MAKETREE, LINK, CUT, SIZE は $O(1)$ の手間でよいが，FINDROOT, FINDCOST, ADDCOST は v の深さに比例する手間がかかる．したがって，このような操作を m 回行うとすれば，最悪の場合 $O(mn)$ 時間かかってしまう (ただし，n は節点数，つまり MAKETREE の実行回数)．しかし，動的木のデータ構造を用いると最悪でも $O(m \log n)$ 時間でよい．

なお，この時間量の評価には，**ならし時間量** (amortized time complexity) とい

う概念が用いられている．これは，何回かの操作の実行にあたって，全体としての手間を評価するもので，1回ごとの操作の手間を与えるものではない．上記の結果も，1回の操作が最悪 $O(\log n)$ 時間で実行できることを主張しているわけではなく，$O(n)$ 時間かかる場合もある．しかし，m 回の操作全体をならして考えると，平均 $O(\log n)$ 時間でよいのである．

2.4 集合と辞書

2.4.1 集　合

要素 (element) の集まりを集合 (set) という．一つの集合の要素はすべて異なっていなければならない．同じ要素を複数個もつことを許す場合，多重集合 (multiset) というが，本章では扱わない（第3章で出てくる）．集合に対して，和集合や共通集合を求めるなど基本的な演算があり，これらを効率良く実現することは，多くのアルゴリズムにおいて重要である．本節では，集合のデータ構造について説明する．また，集合の特別な場合である辞書について，ハッシュ法による実現を与える．

集合の用語と操作　要素 a が集合 A に属する（属さない）ことを $a \in A$ $(a \notin A)$ と書く．$|A|$ は A の位数 (cardinality)，すなわち要素の個数を示す．$|A| < \infty$ ならば，A は有限集合 (finite set) であるという．集合 A のどの要素も集合 B の要素となっているとき，A は B の部分集合 (subset) であるといい，$A \subseteq B$ と書く．$A \subseteq B$ かつ $A \neq B$ のとき，A は B の真部分集合 (proper subset) であって，$A \subset B$ と書く．有限集合は通常 $A = \{a, c, f, e\}$ のように要素をすべて列挙することで表し，要素の並べ方によって区別しない．集合 A と B に対し，A と B の少なくとも一方に属する要素の集合を和集合 (union) といい，$A \cup B$ と記す．A と B の両方に属している要素の集合を共通集合 (intersection) あるいは積集合といい，$A \cap B$ と記す．また，A には属すが B には属さない要素の集合を差集合 (difference) といい，$A - B$ と記す．要素を一つももたない集合を空集合 (empty set) と呼び，$\emptyset$ で示す．$A \cap B = \emptyset$ のとき，A と B は互いに素 (disjoint) であるという．このとき，$A \cup B$ を求めることを併合 (merge) という．なお，集合を集めたもの（つまり集合の集合）を集合族 (family of sets) という．

これらの定義に従って，集合に関する基本的な演算や操作をあげてみよう．

UNION(A, B, C): $A \cup B$ を C に入れる.

INTERSECTION(A, B, C): $A \cap B$ を C に入れる.

DIFFERENCE(A, B, C): $A - B$ を C に入れる.

MERGE(A, B, C): $A \cap B = \emptyset$ のとき $A \cup B$ を C に入れる.

EMPTY(A): 空集合を A として準備する.

MEMBER(x, A): $x \in A$ ならば yes, $x \notin A$ ならば no を出力する.

INSERT(x, A): $A \cup \{x\}$ を A の値とする. すなわち, すでに $x \in A$ ならば A は変化せず, $x \notin A$ ならば x が A に加えられる.

DELETE(x, A): $A - \{x\}$ を A の値とする. $x \notin A$ ならば A は変化しない.

集合のデータ構造　集合の要素として簡単のため非負整数を考える. すべての要素が普遍集合 (universal set) $\{0, 1, \ldots, N-1\}$ から選ばれ, しかも N があまり大きくなければ, N 要素をもつ配列 A を準備し, $A[i]$ の値が 1 (0) のとき, $i \in A$ $(i \notin A)$ と約束する. 図 2.28 はその一例である.

	0	1	2	3	4	5	6	7	8	9
配列 A	0	1	1	0	1	0	0	0	1	0

図 2.28　配列による集合 $A = \{1, 2, 4, 8\}$ の表現 (ただし, $N = 10$)

このデータ構造によれば, 集合に関する上記の操作をすべて $O(N)$ 時間で実行できる. 例として, 共通集合を求めるプログラムを図 2.29 に与える.

```
void intersection(int *A, int *B, int *C)      for(i=0; i<N; i++) C[i] = A[i]*B[i];
/* 集合をもつ配列 A[N] と B[N] の共通集合を C[N]   return;
に入れる */                                     }
{
```

図 2.29　配列による INTERSECTION のプログラム例

普遍集合がうまく定義できない場合, あるいは定義できても N が大きい場合は, 連結リストによるのがよい. たとえば,

$$A = \{a, c, f, e\}$$

は図 2.30 のように実現される. 領域量は $O(|A|)$ である. MEMBER, INSERT,

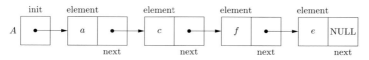

図 2.30 集合 $A = \{a, c, f, e\}$ の連結リストによる実現

DELETE などが $O(|A|)$ 時間で実行できることは容易にわかる．しかし，UNION，INTERSECTION，DIFFERENCE などでは，各 $a \in A$ ごとに $a \in B$ であるかどうかを B のリストを走査することで判定すると，$O(|A||B|)$ 時間もかかってしまう（問題 2.4 参照）．この点を改善するには，連結リスト中の要素をあらかじめ小さなものから順に整列しておけば，$O(|A| + |B|)$ 時間に短縮できる（問題 2.5 および 5.1 節参照）．しかし，常にリストを整列しておくために余分な作業が必要となる．

2.4.2 辞書とハッシュ表

集合 A に対し，三つの演算

   INSERT, DELETE, MEMBER

のみが適用されるとき，A を**辞書** (dictionary) という．辞書はしばしばハッシュ表 (hash table) というデータ構造に実現される．

具体的な辞書の例として，プログラムに用いられる変数名の集合を考えよう．一つの名前は英アルファベットの 6 文字からなるとすると，$N = 26^6 \simeq 3 \times 10^8$ 個の名前が可能である．しかし，一つのプログラムに実際に用いられる名前の個数 M はせいぜい $10^2 \sim 10^3$ 程度までであろう．ハッシュ表ではあらかじめ B 個の場所を準備しておき，これら M 個の名前を格納する．ただし，名前 x を位置

$$h(x) \tag{2.7}$$

に置く．この h は**ハッシュ関数** (hash function) と呼ばれ，可能なすべての名前に対し，$0, 1, \ldots, B-1$ のどれかの値を，ハッシュ値として割り当てる役割をもっている (hash にはごた混ぜにするという意味がある)．

h は，ランダム性を有するものがよく，簡単な例では，$x = a_1 a_2 \ldots a_6$ (ただし，各 a_i はアルファベットの 1 文字) に対し

$$h(x) \equiv \sum_{i=1}^{6} \mathrm{ord}(a_i) \pmod{B} \tag{2.8}$$

と定める. ただし, ord(a) は a の整数コード (ASCII, JIS, あるいは EBCDIC) であり, $\pmod{B}$ は整数 B で割った余りをとるという意味である. 別法として, x のキー番号を n とするとき (すなわち, x は可能な N 個の n 番目), 整数 n^2 の中央部分の $\log B$ 桁に基づいて定めることに相当する

$$h(x) \equiv \lfloor n^2/K \rfloor \pmod{B} \tag{2.9}$$

もよく用いられる. ここで, 定数 K は $BK^2 \simeq N^2$ となるようにとる (問題 2.6).

どのようなハッシュ関数によっても, 異なる名前 x と y に同じ値を与えることがあり, この処理の仕方によって**外部ハッシュ法** (open hashing, overflow hash, chaining など) と**内部ハッシュ法** (closed hashing, open addressing など) に分かれる. いずれの方法でも, INSERT, DELETE, MEMBER の平均時間は $O(M/B)$ になる. したがって, M/B が定数になるように B を定めておけば, $O(1)$ 時間といえる. ただし最悪時間量はいずれも $O(M)$ である.

外部ハッシュ法　この方法では, 同じハッシュ値をもつ名前を, 図 2.31 のようにポインタで連結して記憶する. それぞれの連結リストをバケット (bucket) といい, 番号 $0, 1, \ldots, B-1$ が付されている. ハッシュ値のランダム性を仮定すれば, 各バケットの平均長は M/B である (問題 2.7). このことより, 辞書の各操作の平均時間が $O(M/B)$ であることが導かれる.

外部ハッシュ法による INSERT, DELETE, MEMBER および $h(x)$ のプログラム例を図 2.32 にあげる. ただし, B 個のバケットは, 構造体

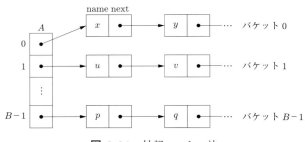

図 2.31　外部ハッシュ法

2.4 集合と辞書　　57

```c
#include <stdio.h>
#include <stdlib.h>
#define B 100              /* バケット数 */
#define W 6                /* 語長 */
enum yn {yes, no};      /* 列挙型データ yn */
struct cell              /* 構造体 cell */
{
 char name[W+1]; struct cell *next;
};
/* 関数の宣言 */
...


main()
/* 外部ハッシュ法のテストプログラム */
{
 struct cell *A[B];       /* ハッシュ表 A */

 for(j=0; j<B; j++) A[j] = NULL;
                          /* 初期設定 */
 ...
}


void insert(char *x, struct cell **A)
/* ハッシュ表 A へ文字列 x の挿入 */
{
 int k;
 struct cell *p, *q, *r;

 k = h(x);          /* x の入るバケット番号 */
 q = A[k];            /* バケット k 内の探索 */
 p = (struct cell *)malloc(sizeof(struct
  cell));           /* 新しいポインタの獲得 */
 if(q == NULL) A[k] = p;
 else
 {
  while(q != NULL)   /* x の存在のチェック */
  {
   if(strcmp(q->name, x) == 0)
    {free(p); return;}   /* x はすでに存在 */
   else {r = q; q = q->next;}  /* つぎへ */
  }
  r->next = p;
 }
 strcpy(p->name, x);       /* x の挿入 */
 p->next = NULL;
 return;
}
```

```c
void delete(char *x, struct cell **A)
/* ハッシュ表 A から文字列 x の除去 */
{
 int k;
 struct cell *q, *r;

 k = h(x);              /* x のハッシュ関数値 */
 q = A[k];            /* バケット k 内で x の探索 */
 r = NULL;
 while(q != NULL)
 {
  if(strcmp(q->name,x) == 0)  /* x を発見 */
  {                        /* x の除去 */
   if(r == NULL) A[k] = q->next;
   else r->next = q->next;
   free(q); return;         /* 作業終了 */
  }
  r = q; q = q->next;
 }
 return;                 /* x は存在せず */
}


enum yn member(char *x, struct cell **A)
/* ハッシュ表 A に文字列 x の存在判定 */
{
 struct cell *q, *r;

 q = A[h(x)];         /* h(x) 内で x の探索 */
 while(q != NULL)
 {
  if(strcmp(q->name,x) == 0)  /* x を発見 */
   return(yes);
  r = q; q = q->next;          /* つぎへ */
 }
 return(no);              /* x は存在せず */
}


int h(char *x)
/* ハッシュ関数値 h(x) の計算 */
{
 int i, hash;

 hash = i = 0;
 while(x[i]!=0 && i<W)
  {hash=hash+(int)x[i]; i=i+1;}
 hash = hash%B;
 return(hash);
}
```

図 2.32 外部ハッシュ法のプログラム例

```
struct cell
{
 char name[W+1];
 struct cell *next;
}
```

へのポインタ配列

```
struct cell *A[B]
```

によって実現している. バケットに連結されるセル (cell) には要素の名前とつぎ
のセルへのポインタが入っている. W は一つの名前に使われる最大文字数であり,
この例では 6 と設定されている. 名前は文字列として処理されるので, 文字列の
終わりを示すヌル文字 \0 の 1 文字を加えて配列 name の大きさは W+1 となって
いる (C メモ参照). 文字列 x と y の比較にはライブラリ関数 strcmp(x, y) があ
り, x が y より**辞書式順序** (lexicographical order)[*2]で小さければ負, 等しければ
0, 大きければ正の値を返す. ここでは, 等しいかどうかの判定だけに使用してい
る. strcpy(x, y) は文字列 y を x へコピーする関数である. また, ハッシュ関数
h(x) は, 式 (2.8) によっている. これらに注意すれば図 2.32 のプログラムを解読
することは困難ではなかろう. なお, 関数 member(x, A) を実行すると, x が辞書
に存在する場合は yes, 存在しなければ no を返す.

　内部ハッシュ法　　この方法では, ポインタを用いないで, 大きさ B の配列にす
べての名前を格納する (もちろん $B \geq M$ でなければならない). 同じハッシュ値
をもつ名前が出てきた場合には, 衝突を回避するため, 新しいハッシュ値

$$h_i(x), \quad i = 1, 2, \ldots$$

をつぎつぎと求め, 最初に見つかった空きセルに貯える. $h_i(x)$ の定め方にはいろ
いろな提案があるが, 最も簡単なものは

$$h_i(x) \equiv h(x) + i \pmod{B} \tag{2.10}$$

_____

[*2] 単語 $x = a_0 a_1 \ldots a_{k-1}$ と $y = b_0 b_1 \ldots b_{k-1}$ において, ある i に対し $a_j = b_j$, $j = 0, 1, \ldots, i-1$ かつ $a_i < b_i$ が成立するとき, $x < y$ と定義する. ただし, 空文字はどの文字より小さい. 英アルファベットの単語では, $ab < ba, abd < aca, bc < bcd$ など.

である.すなわち $h(x)$ からそれに後続するセルを順に調べ ($B-1$ のつぎは 0 に戻る),最初の空きセルを用いるわけである.図 2.33 は

$$h(u) = 2,\ h(v) = 4,\ h(w) = 0,\ h(x) = 2,\ h(y) = 3,\ h(z) = 8$$

のとき,$u, v, \ldots, z$ の順に INSERT を実行した結果を示している.

図 2.33 内部ハッシュ法

内部ハッシュ法で MEMBER(x, A) を実行するには,セル $h(x)$ から始め,$h_i(x)$,$i = 1, 2, \ldots$ を順に調べ x の存在を判定することになる.このとき,空きセルであっても,まだどのような名前も入ったことがないのか,すでに入っていた名前が DELETE によって消されたかによって役割が違うので,前者を "empty",後者を "deleted" として区別する.こうしておけば,x の探索の際,deleted タイプの空きセルは飛ばし,empty タイプの空きセルを見出すか,A を一周しても x を発見しなかった場合に no を出力すればよい.もちろん,探索の途中で x を発見すれば yes を出力するのである.

図 2.34 に内部ハッシュ法による INSERT, DELETE および MEMBER のプログラム例を示す.ここでは,文字列である名前を格納する name[W+1](文字列長 W,後の +1 は文字列の最後を示すヌル文字を格納するため;C メモ参照)とセルの状態を示す state からなる構造体 word を定義し,それを B 個並べた配列 A を辞書としている.セルの状態は,上で説明した empty と deleted,さらに名前が入っていることを示す occupied の内の一つをとる.なお,h(x) は,たとえば図 2.32 と同じものを用いる.

内部ハッシュ法の計算手間　内部ハッシュ法では,表の大きさ B と貯えられる名前の個数 M の間に $B \geq M$ の関係が必要である.

最初に,INSERT の計算手間を評価する.ただし,これはすでに貯えられている名前の個数に依存するので,ここでは空のハッシュ表に M 個の名前を順次挿入する状況を考え,1 回の INSERT 当たりの計算手間を求める.さて,今すでに m 個の名前が貯えられているとして,$m+1$ 個目の名前 x を INSERT によって加える

60 第 2 章 基本的なデータ構造

```c
#include <stdio.h>
#include <stdlib.h>
#define B 100               /* バケット数 */
#define W 6                 /* 語長 */
enum yn {yes, no};       /* 列挙型データ yn */
enum oed {occupied, empty, deleted};
                         /* 列挙型データ oed */
struct word          /* 構造体 word の定義 */
{
 char name[W+1]; enum oed state;
};
/* 関数の宣言 */
…


main()
/* 内部ハッシュ法のテストプログラム */
{
 struct word A[B];        /* ハッシュ表 A */
 …
}


void insert(char *x, struct word *A)
/* ハッシュ表 A へ文字列 x の挿入 */
{
 int i, k, found = -1;
 enum oed cstate;

 k = i = h(x);        /* x のハッシュ関数値 */
 do
 {
  cstate = A[k].state;
  if(cstate==empty || cstate==deleted)
  {if(found<0) found = k;}
                          /* 空セルあり */
  else
  {if(strcmp(x, A[k].name) == 0) return;}
                          /* x はすでに存在 */
  k = (k+1)%B;          /* つぎのセルへ */
 }
 while(cstate!=empty && k!=i);
 if(found<0)          /* A は満杯(誤り) */
 {
  printf("Error:  Dictionary is full.\n");
  exit(1);
 }
 strcpy(A[found].name, x);
                   /* A[found] へ x の挿入*/
 A[found].state = occupied;
```

```c
 return;
}

void delete(char *x, struct word *A)
/* ハッシュ表 A から文字列 x の除去 */
{
 int i, k;
 enum oed cstate;

 k = i = h(x);        /* x のハッシュ関数値 */
 do                      /* x の探索 */
 {
  cstate = A[k].state;
  if(cstate == occupied)
  {
   if(strcmp(x, A[k].name) == 0)
   {                      /* x の発見 */
    A[k].state = deleted; return;
   }
  }
  k = (k+1)%B;          /* つぎのセルへ */
 }
 while(cstate!=empty && k!=i);
 return;                 /* x は存在せず */
}


enum yn member(char *x, struct word *A)
/* ハッシュ表 A に文字列 x の存在判定 */
{
 int i, k;
 enum oed cstate;

 k = i = h(x);        /* x のハッシュ関数値 */
 do                      /* x の探索 */
 {
  cstate = A[k].state;
  if(cstate == occupied)
  {
   if(strcmp(x, A[k].name) == 0)
    return(yes);          /* x の発見 */
  }
  k = (k+1)%B;          /* つぎのセルへ */
 }
 while(cstate!=empty && k!=i);
 return(no);             /* x は存在せず */
}


int h(char *x);          /* 図 2.32 参照 */
…
```

図 2.34 内部ハッシュ法のプログラム例

としよう. m 個の名前がランダムに位置しているとすれば,[*3]最初に試みるセル $h(x)$ がふさがっている確率は m/B である. つぎのセル $h_i(x)$ がふさがっている確率は, $h(x)$ 以外の $B-1$ 個のセルのうちすでに $m-1$ 個がふさがっているという条件から, $(m-1)/(B-1)$ である. 以下順に, $h(x), h_1(x), \ldots, h_{i-1}(x)$ のすべてがふさがっている確率は

$$\frac{m(m-1)\ldots(m-i+1)}{B(B-1)\ldots(B-i+1)} \simeq \left(\frac{m}{B}\right)^i \tag{2.11}$$

となる. 空きセルを見つけるまでに調べるセルの個数の期待値は, 最初の 1 回と上記の和をとって,

$$1 + \sum_{i=1}^{B-1} \frac{m(m-1)\ldots(m-i+1)}{B(B-1)\ldots(B-i+1)} \simeq 1 + \sum_{i=1}^{\infty} \left(\frac{m}{B}\right)^i = \frac{B}{B-m} \tag{2.12}$$

である.

以上の結果を得るにはつぎのように考えてもよい. まずセル $h(x)$ が空いていて成功となる確率は $(B-m)/B$ である (このときの試行回数は 1). 一般に, $h(x), h_1(x), \ldots, h_{i-1}(x)$ のすべてが失敗 (その確率は式 (2.11)) した後に $h_i(x)$ で成功する確率は式 (2.11) に $(B-m)/(B-i)$ を乗じたものである. このとき, 試行回数は $i+1$ 回であるから, 試行回数の平均値は試行回数にその確率を乗じた和, すなわち

$$1 \cdot \frac{(B-m)}{B} + \sum_{i=1}^{B-1} (i+1) \frac{m(m-1)\ldots(m-i+1)(B-m)}{B(B-1)\ldots(B-i+1)(B-i)}$$

となる. この式はつぎのように変形できる.

$$= \left(1 - \frac{m}{B}\right) + 2\frac{m}{B}\left(1 - \frac{m-1}{B-1}\right) + 3\frac{m(m-1)}{B(B-1)}\left(1 - \frac{m-2}{B-2}\right)$$

$$+ \cdots \quad = 1 + \sum_{i=1}^{B-1} \frac{m(m-1)\ldots(m-i+1)}{B(B-1)\ldots(B-i+1)}$$

これは式 (2.12) の左辺と同一である.

[*3] これは, $h_i(x)$ が $h(x), h_1(x), \ldots, h_{i-1}(x)$ に依存して決まる式 (2.10) のような場合には厳密には成立しないが, 近似的に仮定する.

結局，ハッシュ表に M 個の名前を入れるための手間の合計は，

$$\sum_{m=0}^{M-1} \frac{B}{B-m} \simeq \int_0^{M-1} \frac{B}{B-x} dx = B \log_e \frac{B}{B-M+1}$$

と評価される．ただし，$\log_e$ は自然対数である．したがって，一つの名前あたり平均

$$\frac{B}{M} \log_e \frac{B}{B-M+1} \simeq -\frac{1}{\alpha} \log_e (1-\alpha) \tag{2.13}$$

個のセルを調べる．ただし，$\alpha = M/B$ とおいている．

つぎに，すでに M 個の名前が貯えられている状態で，MEMBER(x, A) の手間を考えよう．ただし，簡単のため，ハッシュ表には "deleted" のセルはなく，名前があるかあるいは "empty" に当たるものと仮定する．このとき，名前 x が表になければ，$m = M$ のときの INSERT の手間と同じで，式 (2.12) より

$$B/(B-M) = 1/(1-\alpha) \tag{2.14}$$

と評価できる．これに対し，x が表にある場合には，上の INSERT の平均手間 (2.13) で与えられる．

DELETE(x, A) も MEMBER と同様に考えることができる．図 2.35 は以上の結果をまとめたものである．図より，$\alpha = 0.5$ 程度以下（つまり，$B \geq 2M$）に定めておけば，実用上極めて高性能であることがわかる．

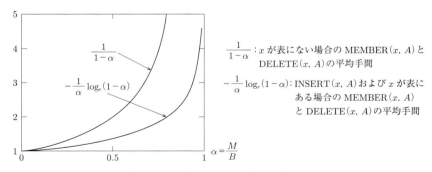

図 **2.35** 内部ハッシュ法の平均手間

ハッシュ法の最悪時間　以上の結果は, 辞書の操作が平均時間 $O(1)$ で実行できることを述べており, 実用上これで十分であるが, 理論的には最悪時間がどうなるかが気になる. すでに述べたように, 上記の方法における各操作の最悪時間は $O(M)$ である. 最近の研究によれば, 辞書の操作が MEMBER だけであるとき, 最悪時間を $O(1)$ にする方法があることがわかってきた. しかし, これらは, かなり複雑で, また前処理に時間がかかるので, 実用の観点からは問題があると思われる.

2.5　集合族の併合

互いに素な複数の集合を次第に併合 (merge) していくプロセスがいろいろな計算に現れる. 本節ではつぎの二つの操作を考える.

MERGE(S_i, S_k): $S_i \cap S_k = \emptyset$ のとき, $S_i \cup S_k$ を作り, その名前を S_i あるいは S_k と定める.

FIND(x): x を含む集合名を返す. x がどの集合にも属していなければ定義されない.

配列による実現　簡単のため, 要素 j を集合 $\{0, 1, \ldots, N-1\}$ から, また集合名 S_i の添字 i を $\{0, 1, \ldots, M-1\}$ から選ぶものとする. 図 2.36(a) のように, N 要素の配列 set_name を準備し, $j \in S_i$ を set_name$[j] = i$ によって表そう. ただし, この例では $M = 4, N = 7$ としている. このデータ構造では, FIND(j) は set_name$[j]$ を読むだけであるから定数時間でよい. しかし, MERGE(S_i, S_k) を実行するには, set_name を走査し

```
if(set_name[j]==i) set_name[j]=k;
```

とする (新しい集合名を S_k としている). 時間量は $O(N)$ である.

MERGE を高速化する一つの方法は, 図 2.36(b) のように, 二つの配列 set と element を準備するものである. set の最初のセル size$[i]$ は位数 $|S_i|$ をもち, セル first$[i]$ は S_i の最初の要素へのポインタの役割をする. first$[i] = -1$ は $S_i = \emptyset$ を意味する. element の最初のセル set$[j]$ はその要素 j を含む S_i の添字 i をもち, セル next$[j]$ は, S_i の要素 j のつぎの要素へのポインタである. next$[j] = -1$ は NULL の意味である.

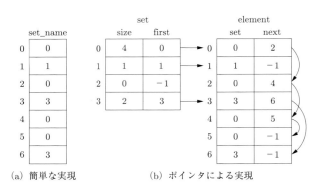

図 2.36 集合族 $S_0 = \{0, 2, 4, 5\}$, $S_1 = \{1\}$, $S_3 = \{3, 6\}$ の配列による実現

以上のデータ構造によれば FIND(j) が定数時間で可能であることは，最初の方法と同様にわかる．MERGE(S_i, S_k) は，新しい集合名を S_k とするとき，つぎのようにすればよい．S_i の最後の要素 l を element.next をたどって求め (つまり，element.next[l] = -1 が成立), next[l] を S_k の最初の要素を指すように直す．このとき同時に，element.set[j] = i をすべて k に直しておく．さらに，配列 set については，

> set.size[k] = set.size[k]+set.size[i];
> set.first[k] = set.first[i];
> set.size[i] = 0; set.first[i] = -1;

とする．所要時間は $O(|S_i|)$ である．

S_i と S_k を併合するとき，常に小さい方の集合名を大きい方へ修正するものとしよう．こうすれば，併合のたびごとに，名前が書き変わる方の集合は結果として倍以上の大きさになるから，最終的にすべての集合が一つになったとしても，一つの要素が所属する集合の名前の変更回数は $\lfloor \log_2 N \rfloor$ 以下である．このことより，すべての併合に要する時間は，要素の数が N であることを考慮して $O(N \log_2 N)$ と評価できる．

上記の MERGE のプログラム例を図 2.37 に与える．ここでは図 2.36 の set および element を構造体として定義したのち，それらの名前を

```
struct set S;
```

2.5 集合族の併合 65

```c
#include <stdio.h>
#define N 100          /* 最大要素数 */
#define M 100          /* 最大集合数 */
struct set             /* 構造体 set */
{
 int size[M]; int first[M];
};
struct element         /* 構造体 element */
{
 int set[N]; int next[N];
};
/* 関数の宣言 */
…


main()
/* 集合族の併合のテストプログラム */
{
 struct set S;              /* 集合の配列 S */
 struct element E;          /* 要素の配列 E */
 …
}


void setmerge(int i, int k, struct set *S,
 struct element *E)
/* 配列 S と E で定義された集合族内の集合 S[i]
```

```c
と S[k] の併合 */
{
 int j, h, large, small;

 if(S->size[i] <= S->size[k])
 {                          /* large と small の計算 */
  small = i; large = k;
 }
 else
 {
  small = k; large = i;
 }
 j = S->first[small];

 while(j >= 0)              /* 大きい方へ併合 */
 {
  E->set[j] = large; h = j; j = E->next[j];
 }
 E->next[h] = S->first[large];
                            /* 集合の配列 S の更新 */
 S->first[large] = S->first[small];
 S->first[small] = -1;
 S->size[large] =
  S->size[large] + S->size[small];
 S->size[small] = 0;
 return;
}
```

図 2.37 配列表現による集合族の MERGE のプログラム例

```c
    struct element E;
```

としている．なお，main で定義された S と E の要素，たとえば S.size[k] を
setmerge 内で参照するために S->size[k] と書いているのは，関数 setmerge が
S と E をポインタとして受けているためである (C メモ参照)．プログラム内の
small (large) は S_i と S_k のうち，集合位数の小さい方の添字 (大きい方の添字)
を表している．

木による実現　集合 S_i のすべての要素を一つの木の節点として表し，得られ
た集合族を図 2.38(a) のように森として実現することもできる．ただし，木の根に
は集合名も付随させておく．木の具体的な実現法については 2.3 節で述べた．

このデータ構造では，MERGE(S_i, S_k) の実現は簡単である．S_i を S_k へ併合す
るには，S_i の根を S_k の根の子とすればよく，時間量は $O(1)$ である．図 2.38(b)

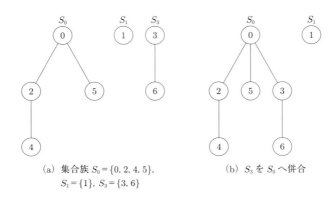

図 2.38 集合族の森表現

は，図 2.38(a) の S_3 を S_0 へ併合した結果を示している．つぎに，FIND(j) は，節点 j から根までたどれば，集合名がわかる．所要時間は，節点 j の深さに比例する．

FIND の計算量を評価するため，N 個の集合 $S_j = \{j\}$，$j = 0, 1, \ldots, N-1$ を初期状態として併合を進め，S_i と S_k を併合するとき，常に小さい方を大きい方の子節点として加えていく場合を考える．このとき，計算の途中で得られた任意の木 S_j の高さは $\lfloor \log_2 N \rfloor$ 以下である (問題 2.8)．このことより，FIND(j) 1 回の計算量は $O(\log_2 N)$ となる．

S_j の高さをさらに小さくするために，**路の圧縮** (path compression) という手段がある．これは，FIND(j) を実行するとき，節点 j から根への路上にある節点をすべて根の子としてしまうものである．例として，図 2.39(a) において，FIND(7)

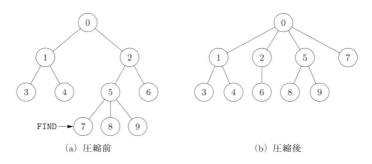

図 2.39 路の圧縮

の実行に際して路の圧縮を行うと (b) を得る. 圧縮に要する手間は FIND と同じ
オーダーである. このとき, FIND と MERGE がどのような順序でなされても,
m 回の FIND 操作を $O(m\alpha(m, N))$ 時間で実行できることが知られている (ただ
し, かなり高度な議論がいる). ここに $\alpha(m, N)$ は, 非常に速く増加することで有
名なアッカーマン関数 (Ackermann function) の逆関数というべきもので, それ自
体は非常にゆっくり増加する. もちろん, $\log N$ よりずっと遅く, 実質的には定数
と考えてよい.

以上の構成を用いた場合の MERGE と FIND のプログラム例を図 2.40 に与え
る. ただし, 森は図 2.20 にあったように, 各要素の親を配列にもつことで表現し
ている. 配列名は parent である. さらに集合族を扱うため, 各集合ごとにその位

```c
#include <stdio.h>
#define N 100              /* 要素数 */
#define M 100              /* 最大集合数 */
struct sets               /* 構造体 sets */
{
 int size[M]; int root[M]; int parent[N];
};
/* 関数の宣言 */
...


main()
/* 森表現による集合族のテストプログラム */
{
 struct sets S;           /* 集合族データ */
 ...
}


void treemerge(int i, int k, struct sets *S)
/* 集合 i と k の二つの木の併合 */
{
 int j, large, small;

 if(S->size[i] <= S->size[k])
 {
  small = i; large = k;
 }
 else
 {
```

```c
  small = k; large = i;
 }
                /* 小さい集合 j を大きい方へ併合 */
 j = S->root[small];
 if(S->size[small] == 0) return;
                /* 集合族データ S の更新 */
 S->parent[j] = S->root[large];
 S->size[large] =
  S->size[large] + S->size[small];
 S->size[small] = 0; S->root[small] = -1;
 return;
}


int treefind(int j, struct sets *S)
/* j を要素とする集合 i の出力と路の圧縮 */
{
 int i, k, temp;

 k = j;                     /* 集合 i の発見 */
 while(k >= 0) k = S->parent[k];
 i = -k-1;
 k = j;                     /* 路の圧縮 */
 while(k >= 0)
 {
  temp = S->parent[k];
  if(temp >= 0) S->parent[k] = S->root[i];
  k = temp;
 }
 return(i);
}
```

図 2.40 森表現による集合族の MERGE と FIND のプログラム例

数と対応する木の根をそれぞれ size と root に記憶しておく．これらをまとめ，

```
struct sets
{
 int size[M];
 int root[M];
 int parent[N];
};
```

という構造体を定義する．MとNはそれぞれ集合の個数の最大値と要素の個数である．プログラムでは，この構造体にSという名前をつけて計算を進めている．図 2.41 は，図 2.38(a) の森の例をこのように表現したものである．最後に，MERGE と FIND を実行する関数はそれぞれ treemerge と treefind と名付けられている．

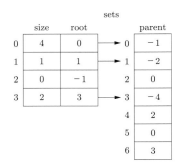

図 2.41 集合族の森 (配列) による実現

集合族は関数 treemerge の実行によって刻刻変化する．これに対応するため空集合 $S_i = \emptyset$ も許し，size[i]=0, root[i]=-1 によって表す．なお，parent[j] には要素 j の親の要素名が入るが，j が根である場合は，$j \in S_i$ をみたす集合名を負の値 $-(i+1)$ によって入れている．treefind(j, &S) を実行すると，上記の路の短縮を実行したのち，$j \in S_i$ なる i を関数値として返すようになっている．この &S の意味や実行にともなう変数の受け渡しについては C メモを参照のこと．

出　典

　本章で扱った基本的なデータ構造は，第 1 章の文献リストにあるアルゴリズムとデータ構造の教科書にほとんど例外なく含まれている．木に関する詳しい議論はたとえば 1-12) を参照されたい．動的木は 2-2) によって提案された．ハッシュ法のより詳しい解析は 3-1, 2) などが参考になる．2.4 節の最後に触れた MEMBER 操作の最悪時間を $O(1)$ に抑える方法は 2-1) に与えられている．最後に，2.5 節の路の圧縮およびアッカーマン関数の逆関数は 2-3) に出てくる．

演　習　問　題

2.1 n 節点をもつ無向グラフの枝数は $n(n-1)/2$ 以下であること，また連結無向木の枝数は $n-1$ であることを示せ．

2.2 木を中順および後順でなぞる inorder と postorder のプログラムを図 2.24 にならって書け．

2.3 図 2.23 の木を長男次弟による実現 (図 2.27) に基づいて 2 分木で表せ．

2.4 集合を図 2.30 のように連結リストで表現するとして，INTERSECTION(A, B, C) のプログラムを与えよ．また，計算手間が $O(|A||B|)$ であることを示せ．

2.5 集合を図 2.30 のように連結リストで表現するとき，リスト A, B 中の要素が昇順に整列してあれば，INTERSECTION(A, B, C) が $O(|A| + |B|)$ 時間で実行できることを示せ．

2.6 式 (2.9) において，K を $BK^2 \simeq N^2$ となるように選ぶと，$h(x)$ は n^2 の中央部分の $\log_a B$ 桁になることを示せ．ただし，数字は a 進数表示であるとする．

2.7 外部ハッシュ法において，バケットの平均長は M/B であることを示せ．

2.8 集合族を図 2.38 のように森を用いて表す．$S_j = \{j\}$，$j = 0, 1, \ldots, N-1$, から始め，併合を，常に小さい S_i を大きい S_k へ併合するというルールで進めていくとき，併合すべき集合対がどのような順序で与えられても，途中で得られる任意の木の高さは $\lfloor \log_2 N \rfloor$ 以下であることを示せ．

ひ・と・や・す・み

── 図形の再帰構造: フラクタル ──

図 2.42 の (1) に示すような二等辺三角形の底辺から始める．その長さは 1 である．これを (2) のように，長さ 1/3 の線分 4 本からなる曲線に置きかえる．つぎに (2) の各辺を，(2) を 1/3 に縮小した曲線に置きかえ，... という操作を限りなく続けると，(∞) に示したような曲線が得られる．これは発見者 H. von Koch の名前をとってコッホ曲線と呼ばれ，奇妙な性質がある．

まずその長さであるが，反復 1 回ごとに長さが 4/3 倍になることから

$$\lim_{n \to \infty} (4/3)^n = \infty,$$

つまり無限大である．さらに，たとえば，0 から 1/3 の部分の曲線をとると，0 から 1 までの全体を 1/3 に縮小しただけで，形は全く同じである．つまり，部分の中に全体が隠されていることになる．まさに図形の再帰構造といえよう．

このような図形は，マンデルブロ (B. B. Mandelbrot) によってフラクタル (fractal) と命名されたものの一種である．フラクタル図形は自然界にも数多くみられ，最近では複雑系という新しい分野の中心的話題の一つとして，また計算機との関連では，コンピュータ・グラフィックスへの応用が盛んに研究されている．

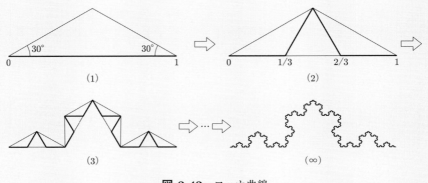

図 2.42 コッホ曲線

3

順序つき集合の処理

　集合に対するいくつかの操作を第 2 章で扱ったが, 現実の集合では要素間に大きさの順序が自然に定まっていて, その中の最小 (あるいは最大) の要素を見つけ処理をすることがしばしば求められる. 本章では, そのような作業を効率的に行うためのデータ構造であるヒープ (heap), 2 分探索木 (binary search tree), および平衡探索木 (balanced search tree, 釣合い探索木) などを紹介する.

3.1　順序の定義と必要な作業

　順序とは, 実数の大小関係, 単語の辞書式順序などを抽象化したものである. x が y より小さい (先行する) ことを $x < y$ と記し, また, $x = y$ あるいは $x < y$ であることを $x \leq y$ と記す. この 2 項関係　$\leq$　がつぎの性質をもつとき**全順序** (total order, **線形順序** (linear order)) であるという.

- (1) **反射律** (reflexivity): すべての x に対し $x \leq x$.
- (2) **推移律** (transitivity): $x \leq y$ かつ $y \leq z$ ならば $x \leq z$.
- (3) **反対称律** (anti-symmetry): $x \leq y$ かつ $y \leq x$ ならば $x = y$.
- (4) **比較可能性** (comparability): 任意の x と y に対し $x \leq y$ あるいは $y \leq x$ が成り立つ.

　集合 A の要素間に全順序が定義されているとき, A を**順序つき集合** (ordered set) という. なお本章では, 特に断らないかぎり, 同じ要素を複数個もつことを許す多重集合を考える. したがって, 2.4 節の操作 INSERT の実行にあたって, 同じ

要素が A に存在するかどうかをチェックする必要はない.

順序つき集合 A に対し,第 2 章で扱った集合の操作の他につぎのような操作がしばしば必要となる.

MIN(A): $A \neq \emptyset$ ならば,$\leq$ に関し最小の要素を返す.

DELETEMIN(A): $A \neq \emptyset$ のとき,最小の要素 (複数個ある場合はその一つ) を A から除く.

順序つき集合のデータ構造のうち,とくに

INSERT, DELETEMIN

を対象とするものを**優先度つき待ち行列** (priority queue, 優先度列) と呼び,ヒープが代表的なデータ構造である.また,

INSERT, DELETE, MEMBER, MIN

を対象とするものも重要であって,2 分探索木や平衡探索木が用いられる.

なお,本章の以下では,簡単のため,A を整数集合とみなして議論するが,全順序が定義されていればどのようなものであっても議論は成り立つ.

3.2 優先度つき待ち行列, ヒープ

2.4 節で扱った集合のデータ構造は,そのまま優先度つき待ち行列にも使えるが,本節では,そのうち連結リストについて考える.さらに,ヒープと呼ばれる特別な 2 分木について述べる.

連結リスト 集合を表す連結リスト A (2.4 節) を優先度つき待ち行列として利用するとき,リスト中の要素を小さなものから順に整列しておくかどうかで計算手間が異なる.あらかじめ整列しておくと,DELETEMIN(A) は先頭の要素を除くだけであって,定数時間でよい.しかし INSERT(x, A) ではリストを先頭から走査し,その入るべき位置を探すために $O(|A|)$ 時間かかる.

これに対し,リストを整列しなければ,INSERT(x, A) は x を先頭に加えるだけでよく,定数時間である.しかし,DELETEMIN(A) には,最小の要素を見つけるために全体を走査する必要があり $O(|A|)$ 時間かかる.

3.2 優先度つき待ち行列, ヒープ

ヒープ 2.3 節で述べた 2 分木の各節点にデータを保持する. ただし, つぎの条件を課す.

(1) 木の高さを h とするとき, 深さ $h-1$ までの部分は完全 2 分木になっている (つまり深さ $h-2$ までの節点はすべて 2 個の子をもち, 葉節点は深さ $h-1$ あるいは h のみにある). 深さ h の葉は木の左部分に詰められている.

(2) 節点 v の親を u とするとき, それぞれに保持されている要素 x_v と x_u はつぎの条件をみたす.

$$x_u \leq x_v \tag{3.1}$$

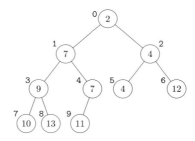

(a) ヒープの条件をみたす 2 分木
(円内はデータ, 肩の数字は節点番号)

(b) 配列による実現 ($n=10$, $N=11$)

図 3.1 ヒープとその実現

図 3.1(a) はこのような 2 分木の例である. データ構造には, 節点番号 $i = 0, 1, \ldots, n-1$ を木の上から下へ, 同一の深さでは左から右へ走査したときの順序で定め, すべての節点が保持している要素を配列 $A[0], A[1], \ldots, A[n-1]$ に入れる. すなわち, $A[0]$ には根の要素を, また $A[i]$ の左の子の要素は $A[2i+1]$ へ, 右の子の要素は $A[2i+2]$ へ入れる. 逆にいうと, $A[i]$ の親は $A[\lfloor (i-1)/2 \rfloor]$ である. 図 3.1(b) は, 図 3.1(a) の木を実現した配列である. ただし, 配列のサイズを N,

そこに貯える要素数を n としている. 配列によるこのような実現をヒープ (heap) と呼ぶ.

ヒープへの DELETEMIN の適用　ヒープの条件 (2) によって, 根は常に最小要素を保持している. したがって, DELETEMIN(A) を実行するには $A[0]$ を除けばよいが, そのままでは残された部分がヒープの条件をみたさない.

修正はつぎのように行う. なお, 説明は 2 分木を用いるが, 実際の計算は対応する配列 A 上で行われる. まず, 木の最下段の最も右の要素 (つまり, $A[n-1]$) を根 (配列の先頭) へ移す. 得られた木は条件 (1) をみたすが, 条件 (2) をみたすとは限らないので, つぎの操作を根から始め, 交換が生じなくなるまで下へ向かって繰り返す. すなわち, 現在の節点を, その二つの子の小さい方の要素 (左の子のみであればその要素) と比較し, 親の方が大きければそれと交換する (問題 3.1 参照).

図 3.2 はこの手順を図 3.1(a) の木に適用したものである. DELETEMIN のプログラム例を図 3.3 に与える. 関数 deletemin において, min には最小値が入り, その値が出力される. deletemin 内で呼ばれる関数 downmin(i, A, n) は, $A[i]$ から始まり, 下方へ進行する親と子の交換のプロセスを再帰的に実現したもので

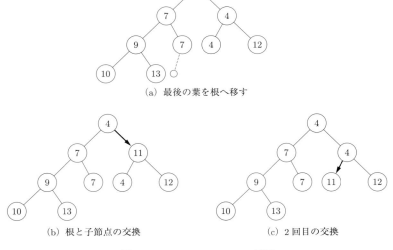

図 3.2　DELETEMIN の適用

3.2 優先度つき待ち行列, ヒープ 75

```c
#include <stdio.h>
#define N 500                    /* 最大配列長 */
/* 関数の宣言 */
…


main()
…


int deletemin(int *A, int *n)
/* ヒープ A[0],...,A[n-1] から最小要素 A[0] の出
力と除去; n は n-1 へ減少 */
{
 int min, n1;

 n1 = *n;                       /* n の値を仮置き */
 if(n1 < 1)                     /* A は空 (誤り) */
 {
  printf("Error:  Heap is empty.\n");
  exit(1);
 }
 min = A[0]; A[0] = A[n1-1];
              /* A[0] の出力と A[n-1] の移動 */
 if(n1 > 1) downmin(0, A, n1-1);
              /* ヒープ条件の回復のため下へ */
 *n = n1-1;                     /* n の更新 */
 return(min);
}

void downmin(int i, int *A, int n)
/* A[i] から下方へ, ヒープ条件回復のための swap
```

```c
操作を適用 */
{
 int j;

 if(i<0 || i>=n)               /* 誤りチェック */
 {
  printf("Illegal element i=%d for n=%d\n",
   i, n); exit(1);
 }

 j = 2*i+1;                    /* i の左の子 */
 if(j >= n) return;
 if(j+1<n && A[j]>A[j+1]) j = j+1;
              /* j: i の子で小さな値をもつ方 */
 if(A[j] < A[i])              /* i と j の交換 */
 {
  swap(i, j, A);
  downmin(j, A, n);
              /* j の下方へ再帰的実行 */
 }
 return;
}


void swap(int i, int j, int *A)
/* A[i] と A[j] の交換 */
{
 int temp;
 temp = A[i]; A[i] = A[j]; A[j] = temp;
 return;
}
```

図 3.3 ヒープによる DELETEMIN のプログラム例

ある. さらに, downmin で用いられている swap(i, j, A) は, $A[i]$ と $A[j]$ の交換
の部分を関数としてまとめたものである. なお, deletemin を実行すると, ヒープ
のサイズ n が 1 減少するので, このプログラムでは deletemin 内でその処理も
行っている. ただし, n を引数としてプログラムすると, n は値変数と解釈されそ
の変化が外へは伝わらないので, ここでは n へのポインタを引数としている (C メ
モ参照). その結果, min = deletemin(A, &n) のように呼ばねばならない.

　ヒープへの **INSERT** の適用　　ヒープへの新しい要素の挿入は, まず A の最後
尾の要素のつぎの位置 $A[n]$ (木では最大深さの最右節点の右隣; すでに詰まって
おれば木の高さが 1 増える) に行う. その結果, 条件 (1) は成り立つ. 条件 (2) を

みたすため，その要素と親を比べ，親の要素の方が大きければ互いに交換するという操作を，根へ向かう路に沿って可能な限り続ける．図 3.4 は，図 3.2(c) の木に新しい要素 5 を挿入して，以上の手順を実行したものである．

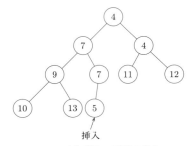

(a) 新しい要素の挿入

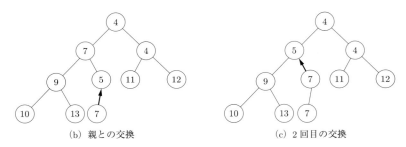

(b) 親との交換　　　　　　　　　(c) 2 回目の交換

図 **3.4**　INSERT の適用

INSERT のプログラム例は図 3.5 にある．insert(x, A, &n) を実行すると，n 要素からなるヒープ A に要素 x が挿入され，ヒープのサイズは 1 増加する．サイズの増加にともなう処理は deletemin と同様，insert 内で行っている．なお，upmin(i, A, n) は上記の根へ向かう路に沿う操作をまとめたもので，やはり再帰呼び出しを利用したプログラムになっている．

ヒープ操作の計算手間　ヒープでは，木の最下段を除き節点が詰まっているので，ヒープ内の要素数を n とするとき，得られる 2 分木の高さ h が

$$h = \lfloor \log_2 n \rfloor$$

であることを容易に示すことができる．計算手間の評価において，この事実は重要

3.2 優先度つき待ち行列, ヒープ   77

```
void insert(int x, int *A, int *n)
/* ヒープ A[0],...,A[n-1] へ新しい要素 x の挿入;
n は n+1 へ増加する */
{
 int n1;

 n1=*n;                    /* n の値を仮置き */
 if(n1 >= N)     /* 誤りチェック:  A は満杯 */
 {
  printf("Error:  Heap A is full.\n");
  exit(1);
 }
 A[n1] = x;               /* 末尾へ x を置く */
 upmin(n1, A, n1+1);        /* 上への修正 */
 *n = n1+1;                 /* n の更新 */
 return;
}


void upmin(int i, int *A, int n)
```

```
/* A[i] から上方へ, ヒープ条件回復のため swap
操作を適用 */
{
 int j;

 if(i<0 || i>=n)           /* 誤りチェック */
 {
  printf("Illegal element i=%d for n=%d\n",
   i, n); exit(1);
 }
 if(i == 0) return; /* 根へ到達すれば終了 */
 j = (i-1)/2;              /* i の親 */
 if(A[j] > A[i])         /* i と j の交換 */
 {
  swap(i, j, A);
  upmin(j, A, n);  /* j の上方へ再帰的実行 */
 }
 return;
}
```

図 3.5 ヒープへの INSERT のプログラム例

である. 上の DELETEMIN と INSERT の手続きは, 最悪の場合でも木の根から葉へ (あるいは葉から根へ) 1 回たどるだけである. この事実と, 各節点における計算手間が明らかに定数オーダーでよいことから, 両者の手間は $O(\log n)$ であると評価できる. 連結リストの場合と比べると, 二つの操作の計算量にバランスがとれていることがわかる.

　ヒープに対する他の操作　ヒープは実用上よく用いられるデータ構造であるので, INSERT と DELETEMIN 以外の操作が必要となることもある. DELETE$^*(i, A)$ はヒープ A から $A[i]$ を除くという操作である. つぎの手続きによれば, 手間はやはり $O(\log n)$ になる.

(i) $A[n-1]$ を $A[i]$ へ移す. その結果, ヒープのサイズ n は 1 減少する.

(ii) 新しい $A[i]$ がその親より小さければ互いに交換する. 以下 INSERT の場合と同様, 根へ向けて修正を続ける (図 3.5 の upmin に相当).

(iii) $A[i]$ が 2 個の子の小さい方より大きければその要素と交換する. DELETEMIN の場合と同様, この修正は上から下へ葉へ向けて可能な限り続ける (図 3.3 の downmin に相当).

78　　第3章　順序つき集合の処理

なお, ヒープの条件 (2) からわかるように, 上の条件の (ii) と (iii) が同時に成立することはなく, 多くとも一方のみが実行される.

もう一つの操作として DECREASEKEY(i, Δ, A) がある. これは $A[i]$ の内容を $A[i] - \Delta$ に減少させる (ただし, $\Delta > 0$ とする) という操作である. 修正の結果, ヒープの条件 (2) をみたさなくなる可能性があるので, INSERT の場合と同様, 根へ向けての修正が必要となる. 手間はやはり $O(\log n)$ である.

フィボナッチヒープ (Fibonacci heap)　これは, ヒープを高度化して, その操作をより高速に実行するというデータ構造である. 手間の評価をならし時間量 (2.3 節の最後のところ参照) に基づいて行うと, 空ヒープから始めて, n 回の INSERT, m 回の DELETEMIN, p 回の DECREASEKEY の操作を $O(n + m \log n + p)$ 時間で行うことができる. すなわち, 全操作をならして評価すると, 平均的には INSERT と DECREASEKEY が $O(1)$ 時間, DELETEMIN は $O(\log n)$ 時間で実行される. フィボナッチヒープはもはや 2 分木ではなく, しかもその木構造は計算の進行とともに変化する. 詳細はやや複雑であり本書の程度を超えるので省略する.

3.3　2分探索木

本節では, 順序つき集合 A に対して

INSERT, DELETE, MEMBER, MIN

の 4 種の操作を効率良く実現するデータ構造を考察する. なお, DELETE(x, A) におけるあいまいさを除くため, 本節に限り A を集合と仮定し (多重集合ではない), $x = A[i]$ をみたす i はたかだか 1 個であるとする.

2 分探索木 (binary search tree)　ヒープと同様, 2 分木の各節点に要素を対応づける. ヒープのように木の形状に関する制約は設けないが,

「ある節点の要素を x とするとき, その左部分木 (左の子を根とする部分木) 内の要素はすべて x より小さく, 右部分木内の要素はすべて x より大きい」

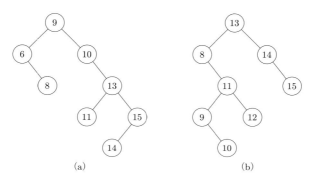

図 3.6 2分探索木の例

とする.図 3.6 (a) と (b) は 2 分探索木の例であって,各節点がもつ要素とともに示している.

2 分探索木の以上の性質を用いると,問題 3.2 にあるように,木のすべての節点を中順 (2.3 節) になぞるとき,すべての要素が整列して出力されることを示せる (ただし,第 4 章で述べる整列アルゴリズムに比べ必ずしも優れているとはいえない).

2 分探索木の操作プログラム　2 分探索木 A において MEMBER(x, A) を実行するには,x をもつ節点をつぎのように根から探索すればよい.ただし,現在探索中の節点の要素を y とする.

(i) $x = y$ ならば,$x \in A$ を結論し yes を返す.
(ii) $x < y$ $(x > y)$ ならば,左 (右) の子へ進む.そのような子がなければ no を返す.

この手順を反復すれば正しい結果が出力されることは,2 分探索木の条件から明らかであろう.

2 分探索木をプログラムとして実現するには,2.3 節の 2 分木のデータ構造をそのまま使う.すなわち,式 (2.6) の構造体 node を用いて,図 2.26 のようにポインタで連結するのである.MEMBER, INSERT と MIN のプログラム例を図 3.7 に与える.この中の関数 member(x, init) は,ポインタ init が指す節点を根とする 2 分探索木に要素 x が存在すれば (しなければ) yes (no) を返す.出力値 {yes, no} は列挙型のデータ yn として定義されている.探索の途中訪問する節点は構造

80　　第 3 章　順序つき集合の処理

```c
#include <stdio.h>
#include <stdlib.h>
enum yn {yes, no};      /* 列挙型データ yn */
struct node             /* 構造体 node */
{
 int element;
 struct node *left;
 struct node *right;
};
/* 関数の宣言 */
…


main()
/* 2 分探索木の処理のテストプログラム */
{
 struct node *init;     /* 根へのポインタ */
 enum yn a;
 int x;

 init = NULL;           /* init の初期化 */
 … 2 分探索木データの入力 …
 insert(x, init);       /* 要素 x の挿入 */
 a=member(x, init); /* 要素 x の存在の判定 */
 x=min(init);           /* 最小要素の出力 */
 …
}


enum yn member(int x, struct node *p)
/* *p が指す 2 分探索木に x の存在を判定 */
{
 struct node *q;       /* q は探索中の節点 */

 q = p;                /* 根*p から探索開始 */
 while(q != NULL)
 {
  if(q->element == x) return(yes);
                                /* x を発見 */
  if(q->element < x) q = q->right;
  else q = q->left;
 }
 return(no);            /* x 存在せず */
}
```

```c
struct node *insert(int x, struct node *p)
/* *p が指す 2 分探索木に x を挿入，*p を更新 */
{
 struct node *q, *r, *t;
          /* q は探索中のポインタ, r はその親 */

 t = (struct node *)malloc(sizeof(struct
 node));        /* x を入れる場所を*t に準備 */
 q = p;                 /* 根*p から探索開始 */
 if(p == NULL) p=t;     /* 木は要素 x のみ */
 while(q != NULL)
 {
  if(q->element == x) {free(t); return(p);}
                        /* x はすでに存在，終了 */
  r = q;                /* 探索を進める */
  if(q->element < x)           /* 右の子へ */
  {q = q->right; if(q == NULL) r->right =
   t;}
  else                         /* 左の子へ */
  {q = q->left; if(q == NULL) r->left = t;}
 }
 t->element = x;        /* 要素 x を挿入 */
 t->left = t->right = NULL;
 return(p);
}


int min(struct node *p)
/* *p が指す 2 分探索木の最小要素を出力 */
{
 struct node *q, *r;
          /* q は探索中のポインタ, r はその親 */

 q = p;             /* 根から左端の路を下がる */
 if(q == NULL)          /* 木は空 (誤り) */
 {
  printf("Error:  Tree is empty.\n");
  exit(1);
 }
 while(q != NULL) {r = q; q = q->left;}
 return(r->element);    /* 最小要素を返す */
}
```

図 3.7　2 分探索木に対する MEMBER, INSERT, MIN のプログラム例

体 node へのポインタ q で指定されており，q->element が上記の説明の y に相当する．$x = y$ ならばそこで yes を出力するが，$x < y$ ならば左の子へ，$x > y$ ならば右の子へ探索を継続する．最後に q==NULL になれば no を出力する．

INSERT と MIN も同様に考えることができる．INSERT(x, A) を実行するには，まず MEMBER(x, A) と同様の手順で x を探す．x を発見すれば，x はすでに A の要素であるので何もしない．x を発見せず no を出力する状態になれば，その原因となった (つまり，存在しなかった) ところに新しい節点を作り x を格納するのである．MIN(A) の実行には，根から常に左の子を選びつつ下りていけばよい．左の子をもたない節点に到達したとき，その値を最小値として返すのである．

プログラム insert(x, p) では，あらかじめ x を格納すべき構造体 node へのポインタ*t を準備したのち，p が NULL の場合とそうでない場合を分けて処理している．ポインタ*q は探索中の節点を指すが，q==NULL ならば，そこへ*t の構造体を置き，データ x を入れる．この時，その親がもつポインタも*t へ修正しなければならないので，親を指すポインタ*r を用意してある．最後に return(p) の*p は新しい2分木の根を指している．

プログラム min は MIN を実現する関数である．

2分探索木に対するもう一つの操作 DELETE(x, A) はつぎのように行う．除くべき x は MEMBER(x, A) によって発見できるが，そのまま除去すると，残された部分が2分木でなくなることがある．x の節点が葉ならば，そのまま削除すればよい．x の節点が子を一つだけもつときは，その子を x のところへあげるだけでよい．最後に x の節点が子を2個もつ場合，右部分木の最小要素 y (左部分木の最大要素でもよい) を見出し (MIN の手続きによる)，それを x の位置へ移す．この y が右部分木の葉であった場合はそのままでよいが，そうでなければ DELETE(y, B) を移動前の節点 y を根とする部分木 B に再帰的に適用する．この DELETE の再帰呼び出しは，適用される部分木が次第に小さくなるのでいずれ終了する．

図3.8 は，DELETE(x, A) を図3.6(b) の2分探索木へ $x = 13$ として適用したものである．そのプログラム例 delete を図3.9 に示す．まず，探索中の節点を指す*q とその親 *r を用いて MEMBER と同様に x を探索し，q->element==x (つまり，2分探索木の中で x を発見) となると節点 *q を除去する．この手続きは，off(q) という関数にまとめられている．off の中でも，q と r の関係は同様である．上述のように，q の除去にともなって生じる節点の移動は再帰的に行われるの

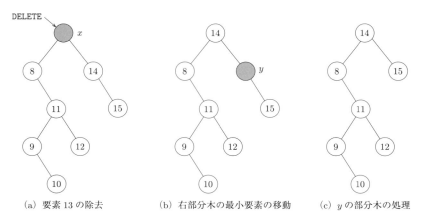

(a) 要素 13 の除去　　(b) 右部分木の最小要素の移動　　(c) y の部分木の処理

図 3.8　2 分探索木における DELETE(x, A) の実行例

で，off はその中で off を呼ぶ再帰構造になっている．off(q) の結果，q を根としていた部分木の新しい根へのポインタが NULL へ変わることがあるので，delete においてその修正ができるように，off はそのポインタを値として返す．

2 分探索木の計算手間　n 節点の 2 分探索木を INSERT を n 回適用して構成すると，n 要素の入る順序によって得られる木の形状が異なる．小さい要素から順に入ると，根から右下方向に n 要素が 1 列に並んだ高さ $n-1$ の木が得られる．しかし，入り方の順序によっては，木の高さが $\lfloor \log_2 n \rfloor$ になることもある．そこで，以下，n 要素の $n!$ 個の順列が等確率でランダムに起こるとして，INSERT による構成手間を評価してみよう．すなわち

$$C(n) = (n\ 要素の\ 2\ 分探索木を構成するときの平均比較回数)$$

を求める．比較とは，INSERT(x, A) の実行において，x と対象節点の要素 y を比較し，進行方向を決定する操作をいう．

n 要素が $x_1, x_2, \ldots, x_n$ の順に入ったとき，まず，x_1 は根に位置する．そのあと $x_2, \ldots, x_n$ はそれぞれ x_1 と比較の後に子へ進むから，x_1 が関与する比較の回数は $n-1$ である．また，仮定によって，x_1 は n 要素の中から等確率で選ばれる．それが i 番目の大きさならば，構成された 2 分探索木において，根の左部分木は $i-1$ 個の節点を，右部分木は $n-i$ 個の節点をもつ．したがって，

3.3 2分探索木 83

```c
struct node *delete(int x, struct node *p)
/* ポインタ*p が指す 2 分探索木から要素 x を除去
し, *p の更新 */
{
 struct node *q, *r, *s; int side;
                 /* q は探索中, r は q の親 */

 q = p;                /* 根から探索の開始 */
 while(q != NULL)
 {
  if(q->element == x)        /* x を発見 */
  {
   s = off(q);
     /* x のセル q を除去し, q の部分木を更新 */
   if(s == NULL)          /* 部分木は空 */
   {
    if(q == p) p = NULL;   /* *p の木は空 */
    else            /* その他の場合 */
    {if(side == 1) r->right = NULL;
     else r->left = NULL;}
   }
   return(p)             /* 終了 1 */
  }
  r = q;          /* x の探索を続ける */
  if(r->element < x)
  {q = r->right; side = 1;}
  else {q = r->left; side = 0;}
 }
 return(p);        /* 終了 2, x は存在せず */
}

struct node *off(struct node *p)
/* *p が指す節点を除去, p の部分木を更新 */
```

```c
{
 struct node *q, *r, *s; int side;
      /* q は探索中, r は q の親, s は r の親 */

 if(p->left==NULL && p->right==NULL)
 return(NULL);         /* p の子は共に空 */
 if(p->left==NULL || p->right==NULL)
                 /* p の子の一方が空 */
 {
  if(p->left == NULL) q = p->right;
  else q = p-> left;
  p->element = q->element;
  p->left = q->left; p->right = q->right;
  return(p); /* 空でない方を p へ上げて終了 */
 }
 s = p; side = 1;      /* p の子は共に存在 */
 r = p->right;
      /* 以下で右部分木*r の最小要素を探索 */
 q = r->left;
 while(q != NULL)
 {s = r; side = 0; r = q; q = r->left; }
              /* *r は最小要素 */
 p->element = r->element;
 r = off(r);       /* off の再帰的実行 */
 if(r == Null)        /* r が空の場合 */
 {
  if(side == 1) s->right = NULL;
  else s->left = NULL:
 }
 return(p);               /* 終了 */
}
```

図 3.9 2分探索木に対する DELETE のプログラム例

$$C(n) = \frac{1}{n} \sum_{i=1}^{n} (n-1 + C(i-1) + C(n-i))$$

と書くことができる. つまり

$$nC(n) = n(n-1) + 2 \sum_{i=0}^{n-1} C(i)$$

$$(n-1)C(n-1) = (n-1)(n-2) + 2 \sum_{i=0}^{n-2} C(i)$$

84 | 第 3 章　順序つき集合の処理

(下式は上式の n を $n-1$ とおいたもの) となり, 両式の差をとって

$$\frac{C(n)}{n+1} - \frac{C(n-1)}{n} = \frac{4}{n+1} - \frac{2}{n}$$

を得る. これを解いて

$$\frac{C(n)}{n+1} = 4\sum_{i=1}^{n}\left(\frac{1}{i}\right) - 2\sum_{i=1}^{n}\left(\frac{1}{i}\right) - 4 + \frac{4}{n+1}$$

$$\simeq 2\log_e n - 4 + \frac{4}{n+1}$$

(近似式 $\sum_{i=1}^{n}(1/i) \simeq \log_e n$ を用いた). つまり, INSERT の 1 回あたりの平均比較回数は

$$C(n)/n \simeq 2\log_e n$$

と評価できる. オーダーは $O(\log n)$ である.

　同じ結果は, つぎのように考えても導出できる. A の i 番目 (j 番目) の大きさの要素を y_i (y_j) とし, 一般性を失うことなく, $i < j$ を仮定する. A のすべての要素が上記のように 2 分探索木に入れられるとき, この y_i と y_j が比較されるのは, 入力順 $x_1, x_2, \ldots, x_n$ において, $(j-i+1)$ 個の要素 $y_i, y_{i+1}, \ldots, y_j$ がつくる部分列 (入力順に並んでいる) を考えるとき, y_i あるいは y_j がその部分列の先頭に位置している場合である. その確率は, $2/(j-i+1)$ である. この性質に基づいて,

$$C(n) = \sum_{j>i} \frac{2}{j-i+1} \leq 2n\sum_{k=0}^{n-1}\frac{1}{k+1} \simeq 2n\log_e n$$

を得る.

　2 分探索木の他の操作についても, 同様な解析で, 1 操作あたりの平均時間 $O(\log n)$ を示すことができる (問題 3.3).

3.4　平衡探索木

　2 分探索木にさらに工夫を加え, 木の高さが最悪の場合でも $O(\log n)$ となるようにすると, INSERT, DELETE, MEMBER, MIN などの 1 操作あたりの最悪時間を $O(\log n)$ に抑えることが可能である. この目的に AVL 木,[1] B 木, B$^+$ 木

---

[1] 提案者である 2 人のロシア人 G. M. Adel'son-Vel'skii と Y. M. Landis の頭文字.

(B* 木ともいう), 2-3 木, 2 色木 (red-black tree, 赤黒木ともいう) などが用いられる. AVL 木はこのあとやや詳しく説明する. B 木と B$^+$ 木はパラメータ m (正整数) に基づいて, 根と葉を除く各節点が $\lceil m/2 \rceil$ 個以上, m 個以下の子をもつように構成された木で, 外部記憶での探索によく用いられる. 2-3 木は $m = 3$ の場合の B 木に相当する. 2 色木は AVL 木を改良したもので, AVL 木のところで説明する回転が, INSERT などの操作 1 回あたり定数回ですむという特徴がある. これらの木は, 各節点において, その子節点を根とするすべての部分木の高さがほぼ平衡しているので, **平衡探索木** (balanced search tree) と総称される.

AVL 木　つぎの条件をみたす 2 分探索木を AVL 木という.

「どの節点においても, その左部分木と右部分木の高さの差は 1 以下.」

あとで示す図 3.10(a) は AVL 木であるが, 図 3.6 の 2 分探索木はどちらも AVL 木ではない.

最初に, n 節点をもつ任意の AVL 木の高さが $O(\log n)$ であることを示そう. 高さ h の AVL 木は最大 $2^{h+1} - 1$ 個の節点をもつ (完全 2 分木の場合). 一方, 最小の節点数を $f(h)$ とすると, これは左右の部分木のバランスが最もくずれている場合に生じる. すなわち, このとき, 根の左部分木の高さは $h-1$ で右部分木の高さは $h-2$ (その逆でもよいが) となっているので,

$$f(h) = f(h-1) + f(h-2) + 1$$

である (最後の 1 は根). 初期条件 $f(0) = 1$, $f(1) = 2$ の下でこの漸化式を解くために

$$F(h) = f(h) + 1$$

とおくと, 上式より

$$F(h) = F(h-1) + F(h-2)$$

$$F(0) = 2, \quad F(1) = 3$$

を得る. これはよく知られたフィボナッチ (L. P. Fibonacci) 数列であって,

$$F(h) = (\phi_1^{h+3} - \phi_2^{h+3})/\sqrt{5}$$

$$\phi_1 = \left(1+\sqrt{5}\right)/2, \quad \phi_2 = \left(1-\sqrt{5}\right)/2$$

となる (代入すれば確かめられる). つまり,

$$f(h) = \left((\phi_1^{h+3} - \phi_2^{h+3})/\sqrt{5}\right) - 1 \tag{3.2}$$

であるので, $f(h) \leq n$ を解いて $h = O(\log n)$ を導くことができる (問題 3.4).

AVL 木の操作　　MEMBER と MIN は一般の 2 分探索木と全く同様に実行すればよい. INSERT と DELETE も前半は一般の場合と同様であるが, AVL 木の条件を維持するため, そのあと若干の修正がいる.

最初に, INSERT(x, A) を考えよう. x を新しい位置に挿入するまでは一般の場合と同様である. その結果, 部分木によってはその高さが 1 増加するので, x から根へ向かって修正作業が加えられる. 図 3.10(a) の AVL 木に要素 2 を挿入して得られる (b) の図を例にとって説明する.

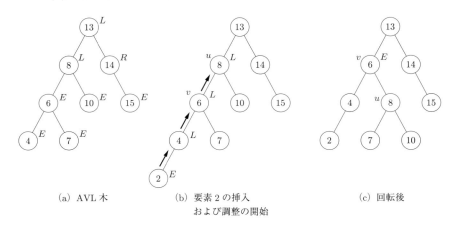

(a) AVL 木　　(b) 要素 2 の挿入および調整の開始　　(c) 回転後

図 3.10　AVL 木における INSERT の適用例

一般に節点 y において, その左部分木 T_L と右部分木 T_R に関する状態を

$$s(y) = \begin{cases} L, & (T_L \text{の高さ}) > (T_R \text{の高さ}) \\ R, & (T_L \text{の高さ}) < (T_R \text{の高さ}) \\ E, & (T_L \text{の高さ}) = (T_R \text{の高さ}) \end{cases}$$

と定める. 図 3.10(a) の各節点の右肩に付された記号がこの $s(y)$ である. 修正の手順において, 図 3.10(b) のように, 左の子 v からその親 u へのぼってきたところを考えよう (右の子からの場合も対称的に扱える). すなわち, v を根とする部分木の高さが 1 増えた状態にある (そうでなければ修正の必要はない). このとき, INSERT 実行前の $s(u)$ に応じてつぎの三つの場合が考えられる.

(1) $s(u) = R$: 左部分木の高さが 1 増えたため $s(u) = E$ に変わる. u を根とする部分木の高さは変化しないので, 修正はこれで終了.

(2) $s(u) = E$: u の新しい状態は $s(u) = L$. u を根とする部分木は AVL 木であるが, u の高さが 1 増えているので, u の親へさかのぼり修正を続行する. u が根ならば修正はここで終了.

(3) $s(u) = L$: u は AVL 木の条件をみたさなくなるので, 左子節点 v の $s(v)$ に応じて図 3.11(a) あるいは (b) の回転操作を施す (なお, 図 3.11(b) では $s(w) = L$ を想定しているが, $s(w) = R$ の場合も同様である (問題 3.5)). 結果として得られるこの部分木は AVL 木の条件をみたしており (問題 3.5 参照), この部分の木の高さは修正前と等しい. よって, u, v, w の新しい状態を図 3.11 の右図のように定めて, 修正をここで終了する.

図 3.10(b) において上の条件を考えると, 要素 4 と 6 では上の場合 (2) に該当し, それぞれの状態は E から L に変わり, 修正はさらに上へ進む. 要素 8 では (3) に該当し, 現在の $s(v)$ の状態に応じて図 3.11 の回転操作が加えられる. ここでは, $s(v) = L$ なので, 図 3.11(a) の回転操作である. その結果が図 3.10(c) であって, この木は AVL 木の条件をみたす. 修正作業はここで終了する.

つぎに DELETE であるが, 節点の除去は一般の 2 分探索木のように行う. その結果, 高さの減少する部分木が存在すれば, そのような部分木で最も下のものを選び (一意的に定まる), その部分木の根から上へ修正作業を加える. INSERT の場合と同様, 図 3.12 のように左の子 v からその親 u へのぼってきたとする (右の子の場合も対称的に扱える). すなわち, v を根とする部分木の高さが 1 減った状態にある. DELETE 実行前の u の状態 $s(u)$ に応じて, つぎの三つの場合がある.

(1) $s(u) = L$: 左部分木の高さが 1 減ったため $s(u) = E$ となる. u の高さは 1 減少し, 修正は u の親へ続けられる. u が根ならばここで終了する.

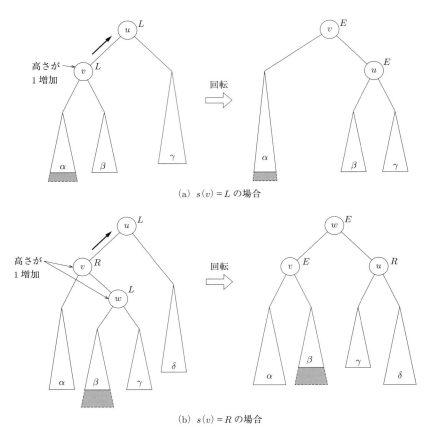

図 3.11　AVL 木の INSERT にともなう回転操作

(2) $s(u) = E$: u の新しい状態を $s(u) = R$ とする．u を根とする部分木は AVL 木の条件をみたすので，修正をここで終了．

(3) $s(u) = R$: u において AVL 木の条件がみたされなくなるので，右子節点 w の $s(w)$ に応じて図 3.12(a)(b) あるいは (c) の回転操作を施す．(a) の場合，部分木の新しい根 w の高さは回転前の u の高さと同一であるので修正を終了する．(b) と (c) の場合は高さが減少するので，u の新しい状態を $s(u) = E$ としたのち，親へむかって修正を続行する．

3.4 平衡探索木

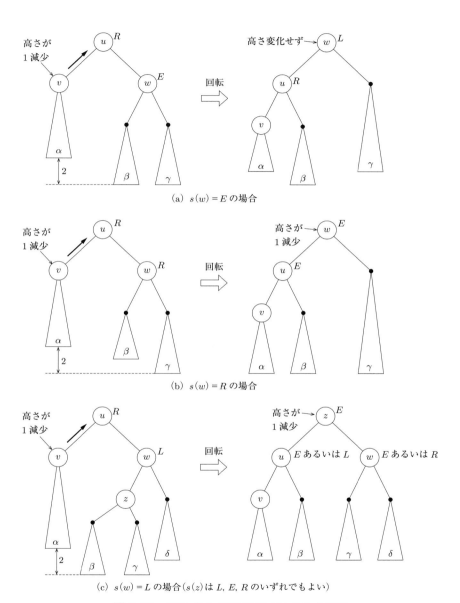

(a) $s(w) = E$ の場合

(b) $s(w) = R$ の場合

(c) $s(w) = L$ の場合（$s(z)$ は L, E, R のいずれでもよい）

図 3.12　AVL 木の DELETE にともなう調整

90 　第 3 章　順序つき集合の処理

AVL 木における計算量　　n 節点をもつ AVL 木の高さが $O(\log n)$ であること
から, それぞれの操作が, 修正作業を含めても, 最悪時間量 $O(\log n)$ で可能である
ことを示せる.

出　典
　本章の内容も, データ構造に関するほとんどの書物 (第 1 章の文献リスト (アル
ゴリズムとデータ構造)) の中心的な話題の一つとなっている. 3.2 節のヒープは
3-16) により提案された. フィボナッチヒープは 3-6) による. 3.3 節の 2 分探索
木は 1950 年代の後半に, 何人もによって独立に発見されたようである. Knuth の
3-1) に詳しい説明がある. 3-8) も参照のこと. 3.4 節の平衡木のうち AVL 木は
3-4) によって提案された. B 木は 3-5) が最初で, 2-3 木は 1-1, 2) に述べられてい
る. 2 色木は 3-7) による. 第 1 章の 1-5) などはこれら高度なデータ構造をも詳し
く解説している.

演　習　問　題
3.1　ヒープの操作 DELETEMIN において, 配列 A の末尾のデータを根に移したのち
　　の修正手順中, 対象となる節点とその子を比較交換するとき, 大きな値をもつ方の
　　子と交換しては駄目な理由を述べよ.

3.2　3.3 節の 2 分探索木を中順 (2.3 節) でなぞると, すべての要素が整列されて出力
　　されることを証明せよ. この方法によって n 要素を整列するための時間量を評価
　　せよ. また, プログラムを与えよ.

3.3　n 要素の 2 分探索木に対し, DELETE, MEMBER, MIN の平均時間がいずれも
　　$O(\log n)$ であることを示せ.

3.4　式 (3.2) から, AVL 木の高さ h が $O(\log n)$ であることを導け.

3.5　AVL 木の回転 (図 3.11) において, 図 3.11(b) の状況で $s(w) = R$ であるとすれ
　　ば, どのような回転操作を適用すればよいか. また, 回転後の木が AVL 木の条件
　　をみたすことを示せ. なお, このとき $s(v) = E$ の場合を考えなくてよい理由を述
　　べよ.

ひ・と・や・す・み

── アルゴリズムと特許 ──

N. Karmarkar (カーマーカー) は 1983 年, 計算科学に関する学会で線形計画問題に対し, 現在では内点法と呼ばれているタイプの新しいアルゴリズムを提案し大きな注目を浴びた (彼の論文はその後 6-6) として発表されている). このとき, その実現法の細部に関する質問への回答を拒否して, さらに世間を驚かせた. 線形計画問題とは, いくつかの線形不等式の形で書かれた制約条件の下で, 線形の目的関数を最大にするという形の最適化問題で (6.1.2 節のナップサック問題をより一般的にしたものと考えるとよい), 実用問題に広く適用されるため, 効率良いアルゴリズムの価値は高い.

彼が回答を拒否した理由は間もなく明らかとなった. Karmarkar と米国の AT&T 社は, このアルゴリズムを特許として申請したのである. この特許は, 米国では 1985 年に成立し, 日本でもかなり遅れたものの成立している. ところで, ソフトウェアは以前から著作権法によって保護されており, それらを勝手にコピーして使うのは違法である. 著作権法と特許の本質的な違いは, 特許ではアルゴリズムの考え方自体が保護されるので, それを自分でプログラムして使用しても違法となる点にある.

アルゴリズムという数学的思考の産物が特許として保護されるべきかは, この "事件" をきっかけにして, 大きな論争となった. 数学を含む科学という領域では, 成果の公開を原則とし, 研究者が知識を共有することで進歩が達成されてきた. この意味で, 研究の自由を阻害する要因となる特許は導入すべきでないという意見は根強いが, 一方, 新しいアルゴリズムの開発には多大の知力と時間が投入されるのであるから, それに対し特許という報酬を与えるのは当然だという考え方もある. 論争は決着をみないまま, その後アルゴリズム特許はつぎつぎと申請され, 事実として定着しつつある. この間のてんまつは 3-3) などに詳しく書かれている.

本書の読者であれば, 将来アルゴリズムを通してこのような知的財産権の問題に関わることも予想される. この機会に一考してみることも大切であろう.

4

整列のアルゴリズム

　全順序 $\leq$ が定義されている順序つき集合 A において, すべての要素を $\leq$ にしたがって, 小さなものから大きなものへ一列にならべることを整列 (sorting) という. 特に断らないかぎり, 同じ要素を複数個もつことを許す多重集合を扱うが, 同じ値の要素の順序はもちろん任意である. 整列アルゴリズムは, 実用上最もひんぱんに用いられるものの一つであろう. それを反映して, 種々のアルゴリズムが知られている. 本章でそのいくつかを紹介する.

4.1　整列アルゴリズム概観

　多くの整列アルゴリズムのうち, 直感的に理解し易いのはバブルソート (bubble sort) である. 挿入ソート (insertion sort) (問題 4.2) も同様に簡単である. しかし, これらのアルゴリズムによると, n 要素の整列に $O(n^2)$ 時間かかってしまう. これに対し, バケットソート (bucket sort, ビンソート bin sort) およびそれを拡張した基数ソート (radix sort) は, $O(n)$ 時間でよく, きわめて高速である. ただし, これらは, データがある範囲に限定された整数であるとか, 一定長の単語といった特殊な性質をもたないと適用できない. 一方, 3.2 節で述べたデータ構造のヒープを用いると, ヒープソート (heap sort) が得られ, どのようなデータであっても $O(n \log n)$ 時間で整列できる. 最悪時間 $O(n \log n)$ の他の代表的な方法にマージソート (merge sort, 併合ソート) があり, 5.2.1 節で扱う. 一般のデータに対し, 実用上最も高速とされているのはクイックソート (quicksort) であって, 平均時間量 $O(n \log n)$ をもつ. 問題 3.2 にあったように, 2 分探索木を用いても平均時間

$O(n \log n)$ で整列できる．また，シェルソート (Shell sort) は，理論的な時間量は $O(n \log n)$ ではないが，比較的簡単で実用性も高いと言われている (問題 4.3)．

ところで，整列の作業は，しばしばデータベースなどの大量のデータに適用され，すべての処理を主記憶上で実行できるとは限らない．すべてを主記憶上で実行する場合を**内部整列** (internal sorting)，外部の補助記憶を用いる場合を**外部整列** (external sorting) と区別する．外部整列を効率良く実行するには，主記憶と補助記憶の間のデータ転送の回数を小さく抑えることが重要であり，たとえば上記のマージソートは外部整列に向いているとされている．これ以外にも詳しい研究があるが，本書ではもっぱら内部整列の観点から評価する．

整列は実用上重要であるばかりでなく，上述のように多彩なアルゴリズムが提案されており，アルゴリズムの多様性を知る上からも格好の題材である．本章では以下，代表的な整列アルゴリズムを節を分けて説明し，ついで整列に要する時間量の下界 (4.6 節) および p 番目の大きさの要素を $O(n)$ 時間で求めるアルゴリズム (4.7 節) について述べる．

4.2　バブルソート

n 要素 $a_0, a_1, \ldots, a_{n-1}$ が，全部で N 要素分の場所をもつ配列 $A[0], A[1], \ldots, A[N-1]$ の前半に並べられている．このとき，

　　「要素 $A[j]$ と $A[j-1]$ を比較し，$A[j-1]$ の方が大きければ内容を互いに交換する」

という操作を $j = n-1, n-2, \ldots, 1$ の順に進めると，$A[0]$ には最小の要素が入る．つぎに，同様の操作を $j = n-1, n-2, \ldots, 2$ の順に実行すると $A[1]$ には 2 番目の大きさの要素が入る．したがって，以後

$$j = n-1,\ n-2,\ \ldots,\ 3$$
$$\cdots$$
$$j = n-1$$

のように反復すると，n 要素は $A[0]$ から $A[n-1]$ へ整列される．

4.2 バブルソート | 95

　図 4.1 は，この手順を $n = 6$ の例について実行したものである．ただし，一番上の要素が $A[0]$，一番下の要素が $A[n-1]$ である．各反復において要素が上昇していく様子がバブル (泡) にたとえられることから，この名がついた．バブルソートのプログラム例を図 4.2 に示す．すなわち，bubblesort(h, k, A) を実行すると配列 A の $A[h]$ から $A[k]$ までの部分が整列される．配列 A の全部を整列するには bubblesort(0, n-1, A) とすればよい．なお，このプログラムでは変数 test を用いて，計算の途中，すでに配列が整列されているかどうかをチェックするようになっていて，整列が済んでいれば，その時点でただちに bubblesort から抜け出すことができる．図 4.2 内の swap(j, j-1, A) は，そこで用いられる $A[j]$ と $A[j-1]$ を交換する作業を関数にまとめたもので，図 3.3 の swap と同一である．最悪時間量は，for の 2 重ループ内の比較の実行回数を評価すると

$$(n-1) + (n-2) + \ldots + 1 = n(n-1)/2,$$

初期データ	1回目	2回目	3回目	4回目	5回目
7	1	1	1	1	1
5	7	2	2	2	2
1	5	7	3	3	3
2	2	5	7	5	5
8	3	3	5	7	7
3	8	8	8	8	8

図 4.1 バブルソートの実行例

```
void bubblesort(int h, int k, int *A)
/* A[h],...,A[k] の要素をバブルソートによって
整列 */
{
 int i, j;
 int test;      /* test==1; すでに整列済み */

 for(i=h; i<k; i++)    /* バブル操作の反復 */
 {
  test = 1;
  for(j=k; j>=i+1; j--)
   if(A[j] < A[j-1])
    {
     swap(j, j-1, A); test = 0;
    }
  if(test == 1) return;
 }
 return;
}


void swap(int i, int j, int *A);
...                          /* 図 3.3 参照 */
```

図 4.2 バブルソートのプログラム例

すなわち，$O(n^2)$ であることがわかる．

大きなデータの整列　現実の応用では，各 $A[j]$ が複雑な構造体をしており，その規模も大きなことがある．このとき，整列に伴って記憶領域における $A[j]$ の位置をその都度移動するのは効率上好ましくない．このような状況はバブルソートに限らず，他の整列アルゴリズムでもしばしば見かけられる．以下の処理法は，どのような整列アルゴリズムにおいても有効である．

整列が $A[j].\text{key}$ の値によって行われるとすれば，図 4.3 のように $A[j].\text{key}$ と同じ値をもつ $B[j].\text{key}$ とデータ $A[j]$ を指すポインタ $B[j].\text{pointer}$ からなる配列 $B[j]$，$j = 0, 1, \ldots, n-1$ を準備し，$B[j].\text{key}$ の値によって，$A[j]$ ではなく $B[j]$ を並べかえる．整列が終了すると，$B[i].\text{pointer}$ は i 番目の大きさの key をもつデータ $A[j]$ を指しているわけである．このような配列 B を**索引** (index) という．

この変更にともなうプログラムの修正はほぼ自明であるので問題 4.4 とする．

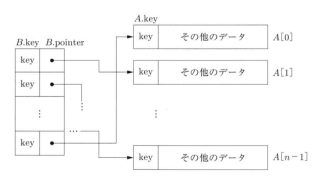

図 4.3　大きなデータの整列処理

4.3　バケットソートと基数ソート

バケットソート (bucket sort) と基数ソート (radix sort) は，他の整列アルゴリズムで用いられている「値の大小によって要素対を交換する」という操作に基づかない．そのかわり，適当数のバケット (2.4.2 節の外部ハッシュ法のところで定義した) を準備しておき，「要素の値で決まる位置のバケットにその要素を挿入する」という操作を適用する．

4.3 バケットソートと基数ソート | 97

バケットソートは 1 桁の整数の整列, 基数ソートはそれを反復利用して k 桁の整数の整列に用いられる. いずれも, 適当な仮定の下で, n 要素の整列を $O(n)$ 時間で実行できるというのが大きな特徴である.

4.3.1 バケットソート

各要素 $A[i], i = 0, 1, \ldots, n-1$ は整数でしかも 0 以上 $m-1$ 以下の値をとるとする (すなわち, それぞれを m 進数の 1 桁とみなしている). しかし, 以下の議論は, 要素が整数でなくても, m 種類のうちどれかをとるものであれば成立する. バケットソートでは, m 個のバケット (容器) $B[j], j = 0, 1, \ldots, m-1$ を準備する必要がある. したがって, m が非常に大きかったり, 実数のように無限大になるものについては, m 個のバケットを格納するための領域が大きすぎる, あるいは不可能であるという理由で, この方法には適していない.

バケットソートのアルゴリズムは, 各要素 $A[i], i = 0, 1, \ldots, n-1$ をバケット $B[A[i]]$ に入れるというものである. 各バケットにはいくつの要素が入るかわからないので, 図 2.31 のようにポインタを用いて実現する. そのあと, バケットを $B[j], j = m-1, m-2, \ldots, 0$ の順に走査し, 各バケット内の要素を前から順に配列 $A[i]$ の後から $i = n-1, n-2, \ldots, 0$ の順に戻していくと, $A[0]$ から $A[n-1]$ に元の n 要素が整列されて入っている. 以上の様子を図 4.4 に示す. ただし, 図 4.4(c) では, 整列後の配列 A を A^{new} と記して, 最初の A と対比している. 新しい $A^{new}[0]$ には元の $A[1]$ が入っているなどである.

バケットソートのプログラム例は, つぎの基数ソートのところで (より一般的な形で) 与える. なお, 上の手順でバケットから元の A に戻すとき $j = m-1, m-2, \ldots, 0$ という逆順に走査しているのは, つぎの基数ソートで必要となるためである (バケットソートだけなら $j = 0, 1, \ldots, m-1$ の順でもよい). また, 整列の目的には要素をバケットにポインタを用いて実際に挿入しなくても, $B[j]$ に何個の要素が入ったかを記憶しておくだけで十分である. しかし, つぎの基数ソートの場合, また, 前記の大きなデータの処理のところで述べたように, $A[j]$.key にしたがって整列するためにポインタ $B[j]$.pointer のみバケットに入れるようにする場合など, このようにしておくのが一般的である.

バケットソートの最悪時間量は, m 個の空バケットの準備に $O(m)$, n 要素 $A[i]$

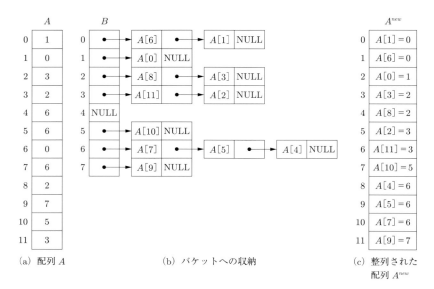

図 4.4　バケットソートの 8 進数に対する実行例

をバケットに入れるのに $O(n)$, それらを元の配列 A に戻すのに, m 個のバケットの走査と n 要素の移動が必要なことから $O(m+n)$ かかる. 全体で $O(m+n)$ である. 特に, m のオーダーが n のオーダー以下であれば, $O(n)$ といってよい.

4.3.2　基数ソート

　各要素が 0 以上 $m^K - 1$ 以下の整数値, すなわち K 桁の m 進数であるとき, 各桁ごとに合計 K 回のバケットソートを適用すると, すべての要素を整列できる. 最悪時間量はバケットソートの時間量の K 倍 $O(Kn + Km)$ であり, K が定数でしかも m のオーダーが n のオーダー以下ならば $O(n)$ と書くことができる. 整数の m を基数 (radix) とする表現を利用しているためこの名がある.

　考え方を理解するため, $m = 8$ および $K = 3$ の例を図 4.5 に示そう. ただし, ここでは配列 A についてのみ注目し, その右の配列 idx は無視する (あとで説明する). 1 回目は要素 $A[i]$ の右から 1 桁目 (最小桁) に注目してバケットソートを行う. 先の図 4.4 は, 実はこの場合の実行例になっており, 図 4.5(a) の要素の最小桁を整列したものである. 図 4.4(c) の結果を, 全桁に戻して書くと図 4.5(b) の反

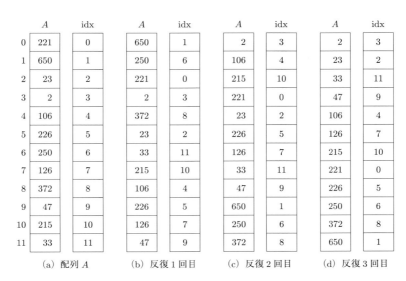

図 4.5 基数ソートによる 8 進数に対する実行例

復 1 回目となる．このとき，最小桁の値が同じである要素については，元の配列での前後関係が，反復後も保存されていることに注意する必要がある．たとえば，最小桁の値が 6 の要素は 106, 226, 126 の 3 個あるが，図 4.5 の (a) と (b) においてこの 3 要素の相対的順序は変化していない．(バケットソートにおけるバケットの走査順序は，この性質を実現するためのものであった．)

2 回目の反復は，右から 2 桁目に注目して行う．図 4.5(c) はその結果である．このとき，上に述べた性質によって，2 桁目が同じ値である要素 (たとえば，221, 23, 226, 126) の間では，やはりその前の相対順序が保存されているため，最初の 1 桁目の値の順に整列されていることになる．3 回目の反復は，右から 3 桁目 (この例では最大桁) に着目して行う．その結果，図 4.5(d) が得られ，すべての要素が整列されているのがみてとれよう．

以上の手順は一般の m と K の場合に自然に拡張できる．基数ソートのプログラム例を図 4.6 に与える．配列 A の要素は word という構造体で定義されており，それぞれ K 桁 (#define K で指定される) の配列 letter[K] の形をしている．このプログラムでは K が大きい場合，word の移動にともなう時間量の増大を避けるため，A の各要素の位置を示す idx[N] という配列を準備し，A の要素は全く移

第 4 章　整列のアルゴリズム

```c
#include <stdio.h>
#include <stdlib.h>
#define N 100        /* 配列 A の最大サイズ */
#define m 8     /* 値の範囲は [0,1,...,m-1] */
#define K 3                      /* 語長 */
struct word               /* 構造体 word */
{
 int letter[K];
};
struct cell               /* 構造体 cell */
{
 int index; struct cell *next;
};
/* 関数の宣言 */
…


main()
/* バケットによる基数ソートのテスト */
{
 struct word A[N]; int idx[N];
                /* 整列に使う配列 A と idx */
 … A と idx のデータ入力 …
 radixsort(A, idx, n);
 … 結果の出力 …
}

void radixsort(struct word *A, int *idx,
 int n)
/* 配列 A[0],...,A[n-1] へ基数ソートの適用．配
列 idx[0],...,idx[n-1] を用いて間接的に整列 */
{
 int k;

 for(k=K-1; k>=0; k--)
  bucketsort(A, idx, n, k);
             /* 桁 k ごとにバケットソート */
 return;
}
```

```c
void bucketsort(struct word *A, int *idx,
 int n, int k)
/* A[0],...,A[n-1] を k 桁目の値にしたがってバ
ケットソート (配列 idx 上で間接的に行う) */
{
 struct cell *B[m]; /* バケット 0,...,m-1 */
 struct cell *p, *q;
 int i, j;

 for(j=0; j<m; j++) B[j]=NULL; /* 初期化 */
 for(i=0; i<n; i++)       /* idx[i] を B へ */
  insert(A, idx[i], B, k);
 i = n-1;
 for(j=m-1; j>=0; j--)
 {                 /* バケットから idx へ戻す */
  p = B[j];
  while(p != NULL)
  {
   idx[i] = p->index; i = i-1;
   q = p->next; free(p); p = q;
  }
 }
 return;
}


void insert(struct word *A, int idx, struct
 cell **B, int k)
/* idx を k 桁目の値 A[idx].letter[k] のバケット
B に挿入 */
{
 struct cell *p;

 p = (struct cell *)malloc(sizeof(struct
  cell));          /* 新しいポインタの獲得 */
 p->index = idx;       /* バケットへの挿入 */
 p->next = B[A[idx].letter[k]];
 B[A[idx].letter[k]] = p;
 return;
}
```

図 4.6　バケットによる基数ソートのプログラム例

動させず，そのかわり idx の要素を移動している．すなわち，

$$A[idx[0]],\ A[idx[1]],\ldots,\ A[idx[n-1]] \tag{4.1}$$

のように A の要素が並んでいると考えるのである (ここで図 4.5 の配列 idx を参

照のこと). バケットソートにともなうバケットへの挿入も, A でなく idx の要素
によって行う. そのため, バケットのセルは構造体 cell で定義されているように,
idx の一つの要素を保持する index とつぎのセルへのポインタからなっている.

radixsort(A, idx, n) を呼ぶと, 桁 $k = K-1, K-2, \ldots, 0$ (プログラムの都
合で, 上の説明と異なり, 桁番号を通常とは逆に, 左から $0, 1, \ldots, K-1$ としている
ことに注意) の順に bucketsort(A, idx, n, k) を実行する. この bucketsort
は, 前記のバケットソートをプログラムしたものであるが, A の k 桁目のみを見て
整列を行う. したがって, すべての桁 $k = K-1, K-2, \ldots, 0$ のバケットソート
が終了すると, 上の式 (4.1) は A の n 要素の整列結果となっている. insert(A,
idx, B, k) はバケット B[A[idx].letter[k]] (A[idx].letter[k] は A[idx]
の k 桁目の値のこと) に要素 idx をもつセルを挿入する部分をまとめたもので
ある.

なお, バケットソートと基数ソートは, 整数でなくても, たとえばアルファベッ
トの K 文字以下からなる単語であるとか (この場合は, アルファベット 26 文字と
空白を入れて $m = 27$ である), 年, 月, 日などを表すいくつかの要素の列などにつ
いて, それらの辞書式順序による整列にも適用できる (問題 4.5 参照).

4.4　ヒープソート

ヒープソートは, 3.2 節のヒープを用いることによって, n 要素の整列を
$O(n \log n)$ 時間で行う. アルゴリズムは 2 段階からなる.

段階 1 では, 入力された配列 A の n 要素をヒープの条件をみたすように並べか
える. すなわち, A の要素を図 3.1(a) のようにヒープの条件 (1) をみたす 2 分木の
データ構造とみなしたとき, それぞれの中間節点 (すなわち葉ではない) $A[i]$ から
下へむかって, 3.2 節の DELETEMIN で根から行ったような修正手順を加え (す
なわち, 図 3.3 の downmin), ヒープの条件 (2) も成立するようにする. これを深い
位置にある節点から順次上に位置する節点へ適用すれば (すなわち, 最後尾の要素
$A[n-1]$ の親が $\lfloor n/2 \rfloor - 1$ の位置にあるから, $i = \lfloor n/2 \rfloor - 1, \lfloor n/2 \rfloor - 2, \ldots, 0$ の
順), 得られる配列 A はヒープの条件 (1) と (2) をみたす.

なお, このとき, 後述の理由によって, 以上のすべてを大小の定義を逆にして実

行する．その結果，ヒープの根には最大の要素が入り，ヒープの条件 (3.1) も，節点 v とその親 u に対し $x_v \leq x_u$ となる．

　段階 2 では，段階 1 のヒープに対し (DELETEMIN ではなく) DELETEMAX の操作を n 回適用する．その結果，各反復においてヒープ内の最大要素が除かれるので，それらを配列 A の後ろから前へ並べていくと，最終的に元の A の n 要素が小さいものから順に整列されることになる．

```
void heapsort(int *A, int n)
/* 配列 A[0],...,A[n-1] をヒープソートにより整
列 */
{
 int i;

 heapify(A, n)
      /* ヒープ化; ただし根は最大要素をもつ */
 for(i=n-1; i>0; i--) /* 最大要素を末尾へ */
  A[i] = deletemax(A, i+1);
}

void heapify(int *A, int n)
/* A[0],...,A[n-1] をヒープ化 */
{
 int i;

 for(i=n/2-1; i>=0; i--) downmax(i, A, n);
}

void downmax(int i, int *A, int n)
/* A[i] から下方へ，ヒープの性質を回復するための
swap 操作を適用 */
{
 int j;

 j = 2*i+1;                  /* i の左の子 */
```

```
 if(j >= n) return;
 if(j+1<n && A[j]<A[j+1])
  j = j+1; /* j は i の子で大きな値をもつ方 */
 if(A[j] > A[i])              /* i と j の交換 */
 {
  swap(i, j, A);
  downmax(j, A, n); /* j の下へ再帰的実行 */
 }
 return;
}


int deletemax(int *A, int k)

/* ヒープ A[0],...,A[k-1] から最大要素 A[0] の
出力と除去 */
{
 int max;

 max = A[0]; A[0] = A[k-1];
         /* A[0] の出力と A[k-1] の移動 */
 downmax(0, A, k-1);
         /* ヒープ条件の回復のため下へ */
 return(max);
}


void swap(int i, int j, int *A);
…                          /* 図 3.3 参照 */
```

図 4.7　ヒープソートのプログラム例

　ヒープソートのプログラム例を図 4.7 に与える．heapsort(A, n) は heapify (上述の第 1 段階) と deletemax の反復 (第 2 段階) から成り立っている．heapify では，downmax をすべての中間節点 $A[i]$ に適用する．deletemax と downmax のプログラムは，図 3.3 の deletemin と downmin において，最小と最大を逆転するために不等式の向きをすべて逆にすることによって得られる．deletemax を 1 回実

行すると, その時点のヒープ内の最大要素がヒープから削除され (その値が関数値として返される), ヒープの最後尾の場所が空く. heapsort のプログラムでは, この空場所に削除された最大要素を置く. その結果, deletemax を n 回反復すると, 値の大きなものから順に A の後方から整列されて格納されていく (このように A の内部で処理できるというのが, 上記のように大小の定義を逆にした理由である). 配列 A の n 要素, $A[0], A[1], \ldots, A[n-1]$ を整列するには, メインプログラムで heapsort(A, n) を実行すればよい.

ヒープソートの領域量は, 主要なものは配列 A だけであるから $O(n)$ である. 時間量を段階 1 と段階 2 に分けて考察する. n 要素のヒープを 2 分木とみると, その高さは $h = \lfloor \log_2 n \rfloor$ である. 段階 1 の時間量をみるために, 深さ k の $A[i]$ に downmax を適用した場合を考えると, 計算は $A[i]$ から下へ 1 本の路に沿って進むので, 葉に到達するまで計算が進んだとしても (途中で終わることもある) その路の長さ $O(h-k)$ の手間でよい. ヒープには, 深さ $h-1$ の節点が $2^{h-1} (\leq n/2)$ 個, 深さ $h-2$ の節点が $2^{h-2} (\leq n/4)$ 個, $\ldots$, 深さ 0 の節点が 1 個存在するので, 全体の時間量は,

$$2^{h-1} \cdot 1 + 2^{h-2} \cdot 2 + \cdots + 2 \cdot (h-1) + 1 \cdot h$$
$$\leq \frac{n}{2} + \frac{n}{4} \cdot 2 + \frac{n}{8} \cdot 3 + \ldots \ \leq 2n \ = O(n)$$

と抑えられる. 段階 2 は, deletemax の 1 回あたりの時間量が (これは deletemin の場合と同じ), 3.2 節で述べたように $O(\log n)$ であることから, 全体で $O(n \log n)$ である. 段階 1 と段階 2 を合わせ, ヒープソートの最悪時間量は $O(n \log n)$ と評価できる. 領域量は A を格納するために $O(n)$ 必要である.

4.5 クイックソート

クイックソートは, 内部整列法の中で実用上最も高速であるとされている. 本節では, アルゴリズムの紹介ののち, 計算量の最悪値と平均値を求める.

クイックソートの考え方 要素 $A[0], A[1], \ldots, A[n-1]$ から軸要素 (pivot) a を一つ選んだのち, 全体を並べかえ, グループ $A[0], A[1], \ldots, A[k-1]$ の要素はすべて a より小さく, グループ $A[k], A[k+1], \ldots, A[n-1]$ の要素はすべて a 以上

の値となるようにする．この分割の手続きを得られたグループそれぞれに再帰的に適用すると，最終的にすべての要素の整列が完了する．これがクイックソートである．

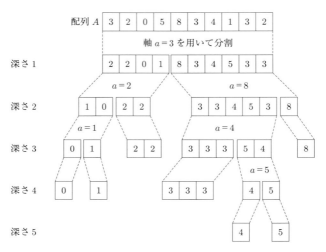

図 4.8 クイックソートの実行例

図 4.8 はこの手続きの実行例である．各深さにおいて対象とするグループが軸要素 a を用いて二つに分割される．グループが一つの要素からなるか，あるいは複数の要素があってもすべて同じ値ならば，分割は適用されない．最後に，葉の位置の要素を左から右にみると，すべての要素が整列されていることがわかる．以下，それぞれの部分に分けて説明する．

軸要素の選び方　軸要素 a は，分割によって得られる二つのグループの大きさがほぼ等しくなるように選ぶのが望ましいが，その選択に時間をかけるのではかえって逆効果である．つぎのような方法がよく用いられる．

(a) ランダムに一つを選ぶ．
(b) 左端，右端，真中の位置の 3 要素の中央値を選ぶ．
(c) 左から見て最初に得られた二つの異なる値の大きい方をとる．

前述の図 4.8 では選択法 (c) を用いた．図 4.9 はクイックソート全体のプログ

4.5 クイックソート   105

```c
void quicksort(int i, int j, int *A)
/* 配列 A[i],...,A[j] をクイックソートにより整
列 */
{
 int a, pv, k;

 pv = pivot(i, j, A);
 if(pv != -1)    /* 軸要素が見つかった場合 */
 {
 a = A[pv];                  /* 軸要素 */
 k = partition(i, j, a, A);
              /* A を軸要素 A[pv] により分割 */
 quicksort(i, k-1, A);    /* 前半の整列 */
 quicksort(k, j, A);      /* 後半の整列 */
 }
 return;
}


int partition(int i, int j, int a, int *A)
/* A[i],...,A[j] を軸要素 a によって分割 */
/* 前半は A[i],...,A[k-1]<a, 後半は A[k],...,
A[j]>=a を満たす.  この k を出力.  */
{
 int l, r, k;

 l = i; r = j;    /* l は左から, r は右から */
 while(1)
 {
```

```c
  while(A[l]<a) l = l+1;  /* l と r の移動 */
  while(A[r]>=a) r = r-1;
  if(l <= r)          /* A[l] と A[r] の交換 */
  {
   swap(l, r, A); l = l+1; r = r-1;
  }
  else break;                   /* 終了 */
 }
 k = l;
 return(k);
}


int pivot(int i, int j, int *A)
/* A[i],...,A[j] から軸要素 A[pv] を選び pv を出
力.  A[pv] は A[i] と最初に異なる A[k] と比べ大き
い方; すべて同じなら pv=-1 */
{
 int pv, k;

 k = i+1;
 while(k<=j && A[i]==A[k]) k = k+1;
 if(k>j) pv = -1;
 else if(A[i] >= A[k]) pv = i;
 else pv = k;
 return(pv);
}

void swap(int i, int j, int *A);
...                         /* 図 3.3 参照 */
```

図 4.9 クイックソートのプログラム例

ラム例であるが, その中の pivot(i, j, A) が軸要素の選択を担当している. す
なわち, このプログラムは, 対象とするグループが $A[i], A[i+1], \ldots, A[j]$ である
とき, 方法 (c) によって軸要素 $a = A[pv]$ の pv を出力する. ここで, グループ内
のすべての要素の値が同じならば ($i = j$ の場合も含む) 値 -1 を出力し, このグ
ループの計算が終了していることを示す.

　グループの分割　　与えられたグループ $A[i], A[i+1], \ldots, A[j]$ を軸要素 a を用
いて, a より小さな値をもつ第 1 のグループ $A[i], A[i+1], \ldots, A[k-1]$ と, a 以上
の値をもつ第 2 のグループ $A[k], A[k+1], \ldots, A[j]$ に分割し, 境界の添字 k を返
すプログラムは図 4.9 の partition(i, j, a, A) である. プログラムでは, 添字
l (エル, すなわち left) と r (すなわち right) を用いて, l を i から始め A[l]<a

106 第 4 章 整列のアルゴリズム

である限りその右へ移動し, r を j から始め A[r]≥a である限りその左へ移動する. その結果, つぎのいずれかの条件が成立し, 対応するアクションがとられる.

- (1) l>r (すなわち l=r+1): すべての要素の走査が行われたので, k←l として計算終了.
- (2) l≤r (このとき A[l]≥a かつ A[r]<a): A[l] と A[r] を交換したのち, l←l+1, r←r-1 として計算を続ける.

図 4.8 の例でも, この手順によって部分配列への分割を行っている.

クイックソートの手続き　配列 $A[i], A[i+1], \ldots, A[j]$ を整列するクイックソートのプログラム quicksort が図 4.9 に与えられている. 配列 A の n 要素, $A[0], A[1], \ldots, A[n-1]$ を整列するには, メインプログラムで quicksort(0, n-1, A) を実行すればよい. quicksort の内部では, pivot によって軸要素 a を選んだのち, partition を用いて A を分割し, その前半と後半のグループそれぞれに quicksort を再帰的に適用する. 再帰のたびに対象とするグループの要素数は減少していくので, いずれグループ内のすべての要素が同じ値となり分割は行われず, 計算終了に至る.

なお, 実用上の改良案として, 部分配列長がある程度小さくなると (たとえば 10), バブルソートなど簡単な整列法に切り換えるのがよいとされている.

クイックソートの最悪時間　quicksort の計算手間を評価するために, まず pivot(i, j, A) と partition(i, j, a, A) の時間量を求める. pivot では, 添字 k が i+1 から j へ移動しつつ軸要素を探すから, 最悪 $O(j-i+1)$ 時間, また, partition でも l と r がそれぞれ右および左へ移動し, 交差したところで終了するから, やはり $O(j-i+1)$ 時間である. したがって, quicksort(i, j, A) の時間量は quicksort(i, k-1, A) と quicksort(k, j, A) の時間量に $O(j-i+1)$ を加えたものである.

この議論を再帰的に適用すると, quicksort(0, n-1, A) の全体にかかる時間量は, 再帰呼び出しの実行の中で, 各要素が何回 quicksort の呼出し区間に含まれるかを数え, それらの合計を求めれば得られることがわかる. 一つの要素の回数とは, その要素の図 4.8 における最大深さ +1 と言いかえてもよい. たとえば, 要素 0 と 1 の深さは 4, 要素 2 の深さは 3, などである.

もし，グループの分割が常に等分割であるなら，すべての要素の深さは $O(\log n)$ となり，したがって総時間量は $O(n \log n)$ である．しかし，グループの大きさに不均衡を生じることもあり，最悪の場合は partition(i, j, a, A) においてその出力値 k が常に $k = j$ あるいは $k = i + 1$ をみたす場合である（すなわち，部分配列の一方の大きさが 1）．この場合，(深さ $+1$) の和は

$$n + \sum_{i=1}^{n-1} (n - i + 1) = \frac{n^2}{2} + \frac{3n}{2} - 1$$

であり，クイックソートの最悪時間量 $O(n^2)$ がでる．

クイックソートの平均時間　解析を簡単にするため，初期データ $A[0], A[1], \ldots, A[n-1]$ の値はすべて異なり，また，あらゆる順列が等確率で生じると仮定する．さらに，これらの性質を，計算の途中で得られるすべての部分配列 $A[i], A[i+1], \ldots, A[j]$ にも仮定する（厳密には軸要素 a の位置の影響で少し乱れる）．

n 要素のクイックソートに要する平均時間を $T(n)$ とし，$T(n) = O(n \log n)$ を示したい．n 要素のグループが i 要素と $n - i$ 要素のグループに分割されたとすると，分割に要する時間量は適当な定数 c を用いて cn と書けるので，最悪時間のところで述べたように，

$$T(n) \leq T(i) + T(n - i) + cn$$

となる．このためには選択法 (c) によって選ばれた軸要素

$$a = \max\{A[0],\ A[1]\}$$

（$A[0] \neq A[1]$ の仮定に注意）が $i + 1$ 番目の大きさでなければならず，その確率は

（$A[0]$ が $i + 1$ 番目で $A[1]$ が i 番目以下の確率）
$\qquad$ ＋（$A[1]$ が $i + 1$ 番目で $A[0]$ が i 番目以下の確率）

であり，

$$\frac{1}{n} \frac{i}{n-1} + \frac{1}{n} \frac{i}{n-1} = \frac{2i}{n(n-1)}$$

と評価できる．その結果

108 | 第 4 章　整列のアルゴリズム

$$
\begin{aligned}
T(n) &\leq \sum_{i=1}^{n-1} \frac{2i}{n(n-1)}(T(i) + T(n-i) + cn) \\
&= \frac{1}{2} \sum_{i=1}^{n-1} \{ \frac{2i}{n(n-1)}(T(i) + T(n-i)) \\
&\qquad\qquad + \frac{2(n-i)}{n(n-1)}(T(n-i) + T(i)) \} + cn \\
&= \frac{1}{n-1} \sum_{i=1}^{n-1} (T(i) + T(n-i)) + cn \\
&= \frac{2}{n-1} \sum_{i=1}^{n-1} T(i) + cn \qquad\qquad\qquad (4.2)
\end{aligned}
$$

を得る. 適当な定数 d に対し

$$
T(n) \leq dn \log n \qquad\qquad\qquad (4.3)
$$

が成立することを帰納法で示す. $n = 2$ のとき, $T(2) \leq 2d \log 2 = 2d$ ($\log$ の底は 2) をみたすように d を選ぶ. $i < n$ に対し $T(i) \leq di \log i$ を仮定すると, 式 (4.2) より

$$
\begin{aligned}
T(n) &\leq \frac{2d}{n-1} \sum_{i=1}^{n-1} i \log i + cn \\
&\leq \frac{2d}{n-1} \left\{ \sum_{i=1}^{\lfloor n/2 \rfloor} i((\log n) - 1) + \sum_{i=\lfloor n/2 \rfloor + 1}^{n-1} i \log n \right\} + cn \\
&= \frac{d}{n-1} \left\{ \lfloor \frac{n}{2} \rfloor (\lfloor \frac{n}{2} \rfloor + 1)((\log n) - 1) + \lfloor \frac{3n}{2} \rfloor (\lceil \frac{n}{2} \rceil - 1) \log n \right\} + cn \\
&\leq dn \log n - \frac{dn}{4} - \frac{3d}{4} + cn
\end{aligned}
$$

を得る. 2 番目の式の導出には, $i \leq \lfloor \frac{n}{2} \rfloor$ に対し $\log i \leq (\log n) - 1$, $\lfloor \frac{n}{2} \rfloor \leq i < n$ に対し $\log i \leq \log n$ の性質を用いた. この結果 $d \geq 4c$ とすれば, 式 (4.3) が成立する. これより, クイックソートの平均時間量が $O(n \log n)$ であることがわかる.

　クイックソートの変形　　上の解析によって, クイックソートの平均時間量が $n \log n$ の定数倍であることがわかったが, この定数は, 軸要素の選定法など, アル

4.6 整列アルゴリズムの計算量の下界　109

ゴリズムの細部によって変化する. この部分の理論的, 実験的解析も詳しくなされており, たとえば複数個の要素をランダムにサンプルしたのち, それらの中央値を軸要素とする方法などについて, 多くの研究がある. また, クイックソートの平均的速さを生かしつつ, 最悪時間も $O(n \log n)$ に抑えるための変形も種々提案されている (たとえば, 次章の問題 5.3 参照). アルゴリズムの実装についても, 再帰呼び出しでなく, スタックを含めたプログラムを直接作ればさらに高速化できることなどが議論されている.

4.6　整列アルゴリズムの計算量の下界

　本節では, どのような整列アルゴリズムであっても, それが 2 要素の大小の比較に基づいて計算の進行を制御しているかぎり, 下界値 $\Omega(n \log n)$ の計算量が必要であることを示す. この議論の対象には, バブルソート, ヒープソート, クイックソートなどが含まれる. しかしバケットソートと基数ソートはこの中には含まれず, 実際にこれらの時間量は $O(n)$ となりうる. その理由は, これらのアルゴリズムでは, データの値に応じて格納するバケットを定めるという, 2 数の大小関係より強力な情報を利用しているからである. しかし, そのためには, 4.3 節で述べたように, データがある種の性質を持っていなければならない.

　決定木　2 要素の比較に基づくアルゴリズムでは, 計算の進行のあらゆる可能な状態を一つの**決定木** (decision tree) に表現できる. 決定木の各節点は, それまでの計算によって獲得された状態を表している. その状態で, 二つの要素をアルゴリズムにしたがって選び, それらの大小関係に応じてつぎの状態に進むという形で計算は進行する. 簡単のため, すべての要素の値は異なるとすると, 2 要素 $A[i]$ と $A[j]$ の比較は, $A[i] < A[j]$ と $A[i] > A[j]$ のどちらかになるので, それぞれの結果を節点から出る 2 本の枝で表す.

　図 4.10 は 4.2 節のバブルソートの決定木である. ただし, $n = 3$ としている. 最初, $A[0], A[1], A[2]$ の値はそれぞれ a, b, c であるとする. 整列後の順列は $abc, acb, \ldots, cba$ の 6 通りが可能である. 計算の開始時, このうちのどれが正しいのか未知であるので, 対応する根節点 0 には 6 通りのすべてが書かれている. これが節点 0 の状態である. バブルソートでは最初 $A[1]$ と $A[2]$ が比較される

が，この場合 b と c の比較を意味する．例として，$A[1] > A[2]$ つまり $b > c$ であったと仮定しよう．バブルソートではこのとき $A[1]$ と $A[2]$ の内容を交換し，$A[1] \leftarrow c$, $A[2] \leftarrow b$ とする．すなわち，決定木の根 0 から節点 2 への枝をたどる．節点 2 には，6 通りの順列のうち，$b > c$ に整合する (c が b の左にくる) 3 通りが状態として記入されている．ついで，$A[0]$ と $A[1]$ (つまり a と c) を比較する．ここでは $A[0] < A[1]$ (つまり $a < c$) であったとすると，交換は実行されず，決定木の節点 2 から節点 5 へ進む．節点 5 では，$b > c$ および $a < c$ がすでに判明しているので，可能な順列は acb のみである．したがって，ここで整列は完了しているが，実際のバブルソートでは，その後もう一度 $A[1]$ と $A[2]$ の比較を行う．この最後の比較は無駄である．

図 4.10 の各状態の右側に付された $A : acb$ のようなラベルは，その計算パスを

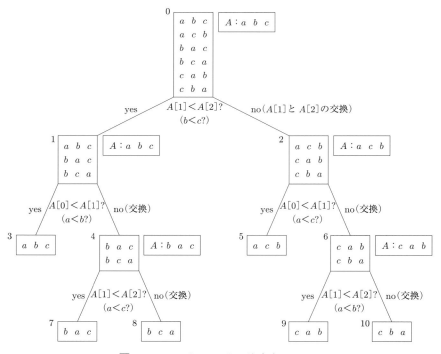

図 4.10 バブルソートの決定木 ($n = 3$)

たどったとしたとき, 最初の $A : abc$ という順序がバブルソートによってどのように並べ替えられたかを記している. ただし, 葉節点においては, 状態内のただ一つの順列が実現されているので, 節点の右肩の順列は省略している.

決定木では, この例が示すように, 根から葉への路がそれぞれ一つの計算の進行に対応しており, 葉に到達した時点で結果がでる. もちろん, 問題例によって, たどる路は異なる.

比較回数の下界値　対象とする整列アルゴリズムによって決定木は異なるが, どのような決定木であっても, 根から葉へのそれぞれの路の長さが対応する計算における比較回数を与える. したがって, 決定木の高さ h は, 最悪の場合の比較回数に等しい.

ところで, n 要素の順列には $n!$ 通りの可能性があるので, 決定木には少なくとも $n!$ 個の葉が存在しなければならない. 一方, 高さ h の 2 分木は, 深さ $0, 1, \ldots, h-1$ のすべての節点が 2 個の子をもつとき葉の個数が最大となるが, その数は 2^h である. したがって, $n!$ 個の葉をもつには

$$2^h \geq n!$$

つまり,

$$h \geq \log n! \geq cn \log n \text{ (大きな } n \text{ に対し, ただし } c \ (< 1) \text{ は定数)}$$

でなければならず, 比較回数の最悪の場合の下界値 $\Omega(n \log n)$ が得られる. ただし, 右側の不等式はスターリング (J. Stirling) によるつぎの近似式を用いている.

$$\log n! \simeq n \log n - n$$

なお, 議論をさらに精密化することによって, 比較回数の平均値 (すなわち, 根から葉への路の長さの平均値) についても, 下界値 $\Omega(n \log n)$ の成立することがわかっている.

4.7　第 p 要素の選択

本節では, n 要素をもつ配列 A から p 番目の大きさの要素を選択するアルゴリズムを考察する. とくに, $p = \lceil n/2 \rceil$ のときメディアン (median) あるいは中

央値と呼ばれる. もちろん, A をあらかじめ整列したのち, 前から p 番目の $A[p]$ をとれば目的を達せられるが, 整列のための時間がかかる. 以下, p 番目の大きさの要素を第 p 要素と呼ぶことにする (配列の前から p 番目に位置している要素と混同しないように). ここで紹介する 3 つのアルゴリズム QUICKSELECT, SELECT, LAZYSELECT は, いずれも整列を行わずに第 p 要素を出力する. QUICKSELECT と LAZYSELECT は確率アルゴリズムである (つまり, 計算の進行が確率的に定まり, 同じ入力に対しても実行の度に異なる計算経過をたどる). これに対し SELECT は確定的アルゴリズムである. 計算手間は, QUICKSELECT と LAZYSELECT が平均時間 $O(n)$, SELECT は最悪時間でも $O(n)$ である. この $O(n)$ が整列に要する $O(n \log n)$ より小さい点に注目願いたい.

4.7.1 QUICKSELECT と SELECT

クイックソートと同様, 軸要素 a を用いて, A を二つの部分配列 $A[0], A[1], \ldots,$ $A[k-1]$ と $A[k], A[k+1], \ldots, A[n-1]$ に分割する. 前の部分配列の要素の値はすべて a より小さく, 後の部分配列の要素の値は a 以上である. このとき, $p \le k$ $(p > k)$ であれば第 p 要素は第 1 (第 2) の部分配列に存在する. 前者ならば第 1 部分の第 p 要素, 後者ならば, 第 2 部分の第 $(p-k)$ 要素が求めるものである. いずれの場合も第 p 要素が存在する部分配列に対し, 同様の手続きを再帰的に適用していけば, 最終的に同じ値のみからなる部分配列が得られ, その要素の値を第 p 要素として出力できる. この方法を QUICKSELECT と呼ぶ.

この手続きをクイックソートと比べると, 分割された二つの部分配列の一方にのみつぎの分割が適用されるので, その分計算量を小さくできる可能性がある. QUICKSELECT は, 実用性も高く, また, たとえば, 軸要素をランダムに選ぶ場合, 平均時間量は $O(n)$ となる (ただし, 解析はクイックソートの場合よりかなり面倒であり, 省略する).

ここでは, 以下, 軸要素の選び方をさらに工夫して, 反復ごとに部分配列の大きさが組織的に減少するようにすると, 最悪時間量を $O(n)$ に抑えることができることを示す. そのアルゴリズムを SELECT と呼ぶ.

軸要素の選択 SELECT では n 要素から軸要素 a をつぎの手順で選ぶ. なお, 簡単のため, すべての要素は異なると仮定する. 同じ値の要素が複数個存在する場

合については，あとで簡単にふれる．

(1) n 要素を 5 個ずつのグループに分け，半端のでた最後のグループを別にして，$\lfloor n/5 \rfloor$ 個のグループを作る．各グループの 5 個の要素の中央値をとり出す．

(2) 選ばれた $\lfloor n/5 \rfloor$ 個の中央値からなる集合の中央値，すなわち $\lceil \lfloor n/5 \rfloor /2 \rceil = \lfloor (n+5)/10 \rfloor$ 番目の値をやはり SELECT によって求め，軸要素 a とする．

この選択の様子を図 4.11 に示す．各列は (1) で分けられた 5 要素ずつのグループを表し，上から下へ小さいものから順に整列されているとする．また図では，各列の中央値が左から右へ整列されるように，列の順序を定めて書いている（これは概念的なもので，実際に整列するわけではない）．こうすると，黒丸 a の左上の点線で囲まれた領域は a より小さな要素のみからなる（仮定によって同じ値の要素はない）．その個数は

$$3\lfloor (n+5)/10 \rfloor - 1$$

である．a より大きな要素も，図の a の右下部分を考えて，やはり同じ数以上存在する．容易に確かめられるように，$n \geq 50$ のとき，上の値は $n/4$ より大きいので，この軸要素 a を用いると，配列 A の分割によって得られる二つの部分配列の長さはどちらも $n/4$ と $3n/4$ の間にある．したがって，第 p 要素を含まないとして除

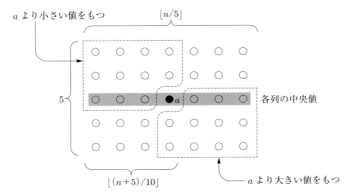

図 4.11 SELECT における軸要素 a の選定 (各列が一つのグループを表す)

かれる部分配列の長さは $n/4$ 以上である.

SELECT のプログラム　　以上のアイデアをまとめたプログラム例を図 4.12 に示す. この select(i, j, p, A) は $A[i], A[i+1], \ldots, A[j]$ (ただし, $j \geq i$) のうちの第 p 要素を求めるプログラムである. 配列 A の長さ $j-i+1$ が 50 より小さい場合には, A を直接整列して, 前から p 番目を選ぶという方法をとっている. この部分や, 一つのグループ内の 5 個の要素の整列には, 要素数も少ないので簡単な bubblesort を用いるが, もちろん他の整列アルゴリズムを用いてもよい. また, $m = \lfloor(j-i+1)/5\rfloor$ 個 (上の議論 (2) では $\lfloor n/5 \rfloor$ と書かれている) のグループの中央値の集合の中央値を選ぶためには, これら m 個の中央値を A の先頭部分に移動したのち, その部分に select を再帰的に適用している. なお, select の中で用いた bubblesort, partition, swap のプログラムは, それぞれ図 4.2, 図 4.9, 図 3.3 を参照のこと.

```
int select(int i, int j, int p, int *A)
/* 配列 A[i],...,A[j] から p 番目の大きさの要素
を出力 */
{
 int m, a, h, k;

 if(j-i+1 < 50)        /* A のサイズ小の場合 */
 {
  bubblesort(i, j, A);
  return(A[i+p-1]);
 }
 else                  /* A のサイズ大の場合 */
 {
  m = (j-i+1)/5;
  for(h=0; h<m; h++)
```

```
  {                 /* 5 要素ずつ m グループに分割 */
   bubblesort(i+5*h, i+5*h+4, A);
                    /* 各グループにバブルソート */
   swap(i+h, i+5*h+2, A);
                    /* 各グループの中央値を先頭へ */
  }
  a = select(i, i+m-1, (j-i+6)/10, A);
                    /* a: m 個の中央値の中央値 */
  k = partition(i, j, a, A);
                    /* a によって分割 */
  if(p <= k-i)      /* 部分配列へ再帰的適用 */
   return(select(i, k-1, p, A));
  else
   return(select(k, j, p-k+i, A));
 }
}
```

図 4.12　第 p 要素を選ぶ SELECT のプログラム例

SELECT の所要時間　　n 要素に対するプログラム select の最悪時間を $T(n)$ とする. $n < 50$ の場合は, n の上限が定まっているので, 適当な定数 c を用いて $T(n) \leq cn$ としてよい. $n \geq 50$ の場合は, 5 個ずつのグループに分け, 各グループの中央値を配列 A の前方へ移すために $O(n)$, 各グループの中央値の集合から軸要素 a を選ぶための select に $T(n/5)$, a にもとづく partition に $O(n)$, さらに, 再帰呼び出しの部分で select(i, k-1, p, A) (あるいは select(k, j, p-k+i, A)) に，つぎに調べるべき部分配列の長さが $3n/4$ 以下であることを考慮して，多くとも $T(3n/4)$ 必要である．これらをまとめて

$$T(n) \leq \begin{cases} cn, & n < 50 \\ dn + T(\frac{n}{5}) + T(\frac{3n}{4}), & n \geq 50 \end{cases}$$

を得る．ただし，d はある定数である．

この式より，適当な定数 b に対し $T(n) \leq bn$，つまり $T(n) = O(n)$ であることを帰納法によって示そう．$n < 50$ については $b \geq c$ とすれば明らか．一般に $i < n$ について $T(i) \leq bi$ を仮定すると

$$T(n) \leq dn + b\left(\frac{n}{5} + \frac{3n}{4}\right) = dn + \frac{19bn}{20}$$

を得る．したがって，$b = \max(c, 20d)$ と置けば，すべての n に対して

$$T(n) \leq \frac{bn}{20} + \frac{19bn}{20} = bn$$

となり証明は完了する．

同じ値の要素がある場合　同じ値の要素が存在するとき，select はうまく動作するとは限らない．たとえば，すべてが同じ値とすると，partition は配列 A を 2個の部分配列に分割できず，select はいつまでも終了しない．

これを避けるには，partition を変形し，軸要素 a より小さな要素を集めた第 1 の部分配列，a と同じ値の要素からなる第 2 の部分配列，および a より大きな要素からなる第 3 の部分配列の三つに分割するとよい．それぞれの配列長を k_1, k_2, k_3 とするとき，$p \leq k_1$ ならば p 番目の大きさの要素は第 1 の部分配列に，$k_1 < p \leq k_1 + k_2$ ならば第 2 の部分配列に（この場合その値は a であるので終了できる），それ以外の場合は第 3 の部分配列に存在する．したがって，第 1 と第 3 の場合にのみ再帰的に select を呼べば，やはり $O(n)$ 時間で目的を達することができる（問題 4.11）．

4.7.2 確率アルゴリズム LAZYSELECT

アルゴリズム SELECT は軸要素の選択法が複雑であるため, 時間量 $T(n) \leq bn$ の定数 b はかなり大きく, どちらかと言えば, 理論的興味から注目されたアルゴリズムである. 実用的には, 本節の最初で述べた QUICKSELECT, さらにここで述べる LAZYSELECT がよく用いられる. LAZYSELECT の平均時間量も $O(n)$ である.

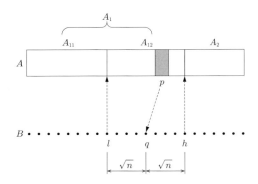

図 4.13 LAZYSELECT の図解

LAZYSELECT は, 配列 A の第 p 要素をつぎのように計算する (図 4.13 参照).

1. 配列 A の要素数 n が小さければ (たとえば $n < 50$), 適当な整列アルゴリズムを用いて A を整列し, 前から p 番目の要素を出力する. さもなければ配列 A から $n^{3/4}$ 個の要素をランダムに選び, 配列 B を作る.

2. A の第 p 要素の B における推定順位は $q = pn^{3/4}/n = pn^{-1/4}$ である. そこで, $l = \max\{\lfloor q - \sqrt{n} \rfloor, 0\}, h = \min\{\lceil q + \sqrt{n} \rceil, n^{3/4}\}$ (すなわち, q に $\sqrt{n}$ の幅をもたせた上下限) とし, B の第 l 要素 L と第 h 要素 H を求める (そのためには, B に LAZYSELECT を再帰的に適用する).

3. 配列 A に戻り, A を $A[i] < H$ をみたす要素の配列 A_1 とそれ以外の要素の配列 A_2 に分割する (たとえば QUICKSORT の `partition` を用いる). A_1 の要素数 $|A_1|$ が p より小であれば, A_2 の第 $p - |A_1|$ 要素を出力する (A_2 に LAZYSELECT を適用する). 一方 $|A_1| \geq p$ であれば, A_1 を $A[i] < L$ をみたす要素の配列 A_{11} とそれ以外の要素の配列 A_{12} に分割する. $|A_{11}| \geq p$ であれば

A_{11} の第 p 要素を出力する (A_{11} に LAZYSELECT を適用する). 残りの場合は, A_{12} の第 $p - |A_{11}|$ 要素を出力する (A_{12} に LAZYSELECT を適用する).

すなわち, A の身代わりに小さな規模の配列 B をランダムに構成し, A の第 p 要素と近似的に対応する B の要素 (B の第 q 要素) に注目するのが大事な点である. この要素は, A の第 p 要素ではないかもしれないが, 真の第 p 要素に近い大きさをもつ可能性が高いので, 適当な幅を設けて, A をその幅の中に入る (すなわち, $L \leq A[i] < H$ をみたす) 要素からなる部分配列である A_{12}, A_{12} のどの要素よりも小さな要素からなる部分配列 A_{11}, A_{12} のどの要素よりも大きな要素からなる部分配列 A_2 の三つに分割する. その後, A の第 p 要素が存在する部分配列に LAZYSELECT を再帰的に適用するというのが上記のアイデアである. このとき, B の要素数 $n^{3/4}$ と幅 $\sqrt{n}$ は, B に要する計算量が十分小さいこと, さらに, A の第 p 要素が部分配列 A_{12} に入る確率が十分高く, かつ A_{12} のための計算量が小さいこと, に着目して設定されている. その結果 LAZYSELECT の平均時間量が全体として $O(n)$ に収まるのである. ただし, これら計算量の確率的評価にはやや準備が必要なので, 本書では省略する.

出 典

整列アルゴリズムは, アルゴリズムの代表的な話題として, 第 1 章であげた教科書のほとんどで扱われている. 1-16) は整列法の解説を詳しく行っている. D. E. Knuth の 3-1) は, 整列法と探索法の集大成といえる. 外部整列法は 3-1, 2), 1-14) などに述べられている.

4.3 節のバケットソートと基数ソートは, パンチカードの整列法としてコンピュータの登場以前から用いられていた方法の一般化である. したがって, その歴史は, 1920 年代に遡ることができる. ヒープソート (4.4 節) は, データ構造であるヒープ (3.2 節) の自然な応用であって 3-16) によって提案され, 3-10) によって改良された. クイックソート (4.5 節) は C. A. R. Hoare が 3-13) において提案し, 細部についてはその後改良が加えられてきた. 問題 4.3 のシェルソートは D. L. Shell の 3-15) による. 問題 4.3 における h_k の列は 1-16) のものを用いた. 4.6 節の整列アルゴリズムに対する一般的な下界は 3-12) が最初とされている. 4.7 節の第 p 要素の選択法 SELECT は 3-9) からである. LAZYSELECT は 3-11) によって提

118 　 第 4 章　整列のアルゴリズム

案された．LAZYSELECT を含めて確率アルゴリズム全般を知るには，3-14) が
よい教科書である．

演 習 問 題

4.1 図 4.4 の配列 A にヒープソートおよびクイックソートを適用し，計算経過を追跡
せよ．

4.2 挿入ソート (insertion sort) は，つぎの手順を $i = 1, 2, \ldots, n-1$ について反復す
ることで，配列 $A[0], A[1], \ldots, A[n-1]$ を整列する．

> $A[0], A[1], \ldots, A[i-1]$ の部分はすでに整列されているとする ($i = 1$
> のとき，これは明らかに正しい)．$A[0] \leq A[1] \leq \ldots \leq A[i-1]$ の中で
> $A[k] \leq A[i]$ をみたす最大の番号 k を求め，その後ろに $A[i]$ を挿入す
> ると，$A[0] \leq \ldots \leq A[k] \leq A[i] \leq A[k+1] \leq \ldots \leq A[i-1]$ とな
> る．これらを新しい整列部分 $A[0], A[1], \ldots, A[i]$ とみなし，$i \leftarrow i+1$
> とおく．

挿入ソートをプログラムせよ．ただし，$A[i]$ を挿入するには，$A[i-1], A[i-2], \ldots, A[k+1]$ をこの順に一つずつ後ろへずらした後，$A[k]$ の直後へ入れる．ま
た，挿入ソート法の最悪時間量を求めよ．さらに，配列 A が計算の開始前にすでに
整列されている場合には，計算手間は $O(n)$ であることを示せ．

4.3 挿入ソートを高速化したアルゴリズムにシェルソート (Shell sort) がある．まず，
配列 $A[0], A[1], \ldots, A[n-1]$ を h (正整数) ごとに飛ばして集め，h 個のグループ
に分ける．

> $G_0 :$ 　 $A[0], A[h], A[2h], \ldots$
> $G_1 :$ 　 $A[1], A[1+h], A[1+2h], \ldots$
> $\vdots$
> $G_{h-1} :$ 　 $A[h-1], A[2h-1], A[3h-1], \ldots$

つぎに，グループ $G_j : A[j], A[j+h], \ldots$ の全要素を $B_j[0], B_j[1], \ldots, B_j[n_j-1]$
と書き，これらに問題 4.2 の挿入ソートを適用する．(ただし，実際には配列 A 上
の操作であるので，位置が h ずつ離れた要素間の計算となる．) これをすべてのグ
ループ G_j, $j = 0, 1, \ldots, h-1$ に適用する．

演習問題 119

シェルソートは上記の操作を，つぎの性質をみたす h の系列 $h_1, h_2, \ldots, h_m$ を用いて，それぞれの h_k に対し実行するものである．

$$n > h_1 > h_2 > \ldots > h_m = 1.$$

$h = 1$ のとき，上記の操作は挿入整列法そのものであるから，$h_m = 1$ を含むこのような計算によって A が整列されることは明らかである．

(a) $h_m = 1$ の他に，$h_1 > h_2 > \ldots > h_{m-1} (> 1)$ による操作を加えることによって，計算が高速化される理由を考察せよ．

(b) h の系列として

$$h_m = 1,$$
$$h_{k-1} = 3h_k + 1, \quad k = m, m-1, \ldots$$

(この系列が n を超える直前に h_1 となるように m を定めておく) を用いるとして，シェルソートをプログラムせよ．

4.4 4.2 節の最後に述べた大きなデータの処理法にしたがって，バブルソートのプログラムを書け．

4.5 アルファベット 26 文字 $a, \ldots, z$ と空白の合計 27 文字から，それらのいくつかを並べて得られる英単語の辞書式順序 (その定義は 2.4.2 節，p.58 の脚注にある) による整列を考える．基数ソートを用いるとして，4.3 節の K 桁の整数の整列と異なる部分を説明せよ．

4.6 4.3.2 節の基数ソートでは 1 桁目 (最小桁) から，2 桁目，... という順にバケットソートを適用した．これを最大桁から 1 桁目の方向に適用するとして同様な整列アルゴリズムを構成できるだろうか．検討せよ．

4.7 4.3.2 節の基数ソートを K 桁からなる 2 進数 (各桁の内容が 0 あるいは 1) に適用する場合を考える．このとき，各桁のバケットソートは，その桁の値が 0 である要素を 1 である要素の上方に置くだけでよいから，図 4.4(b) のようにポインタを利用したバケットを準備しなくても，要素の位置 $0, 1, \ldots, n-1$ を貯える 2 つの配列 $iA[N]$ と $iB[N]$ を準備し，各桁 $k = K-1, K-2, \ldots$ ごとに，つぎの作業を反復するだけでよい．まず，iA を iB へ移すが，このとき iB には k 桁目の値が 0 であるものを上に，1 であるものを下に置く．そのあと iB を iA へ戻す．ただ

し，その桁の値が 0 である要素の間では移動前の相互順序が保存されるようにしておかねばならない．値が 1 の要素についても同様である．以上の考察にもとづき，2 進数の基数ソートをプログラムせよ．

4.8 クイックソートにおいて軸要素の選定法 (c) を用いるとき，配列 A が最初から整列されている場合，あるいは逆順に整列されている場合には，$O(n^2)$ の計算手間を必要とすることを示せ．また，これらの場合も $O(n \log n)$ で済むようにするための軸要素の選択法の改善策を考えよ．

4.9 クイックソートにおいて軸要素 a をランダムに一つ選ぶとして，クイックソートの平均時間量を導出せよ．

4.10 4.6 節の計算量の下界の議論において，ヒープソートに対する決定木を書け ($n = 3$ の場合)．

4.11 4.7.1 節の SELECT において，同じ値の要素が存在するとき，図 4.12 のプログラムをどう修正すればよいか述べよ．

ひ・と・や・す・み

── ハードウェア・アルゴリズム ──

アルゴリズムとは，要は計算の実行の全ステップを指示するものであるから，C のようなプログラム言語で記号や文字を使って書かなければならない訳ではない．一つの極端な形態として，アルゴリズムを論理回路として，シリコンという石の上に直接焼き付けてしまうことも可能である．こうすれば，回路のあらゆる部分を使って計算を並行して進行させることができる．第 1 章で少し言及した並列・分散計算の一つの形である．

図 4.14 は，整列ネットワークと呼ばれる回路の一つである．一つのセルは，左から入った二つの数字の大きな方を H から，また，小さな方を L から出力するという機能をもつ比較器であって，論理回路として実現することができる．このセルを多数作り，図のように結線して配置すると，左から入った 8 個の数字が右端から整列されて出てくる．図はその一つの例を示しているが，どのような数字の組合せであっても，必ず整列されることを確かめてほしい．

このようなハードウェア・アルゴリズムは本書には含めていないが，大変重要な分野であって，実用と理論の両面から活発な研究が進められている．

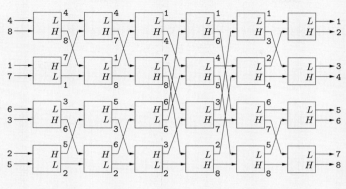

図 4.14　整列ネットワーク (バイトニック整列法)

5

アルゴリズムの設計

　現実の問題に対してアルゴリズムを考案し, プログラムとして実現するには, これまで述べてきたデータ構造やアルゴリズムを自由に応用できることが大切である. 本章では, そのような際に有用となるいくつかの基本的な知識を整理しておく. とりあげた話題は, 整列データの処理, 分割統治法, および動的計画法である. これらは, いろいろなアルゴリズムに姿を変えながら, ひんぱんに用いられるものである.

5.1　整列データの処理

　整列されたリストの処理は, 整列されていない一般のリストにくらべ効率良く実行できることが多い. 以下, そのような場合をいくつか整理しておく.

5.1.1　整列配列の併合

　n_A 要素の配列 $A[0], A[1], \ldots, A[n_A - 1]$ と n_B 要素の配列 $B[0], B[1], \ldots, B[n_B - 1]$ は, それぞれ小さい要素から大きい要素へ整列されているとする. 配列 A と B を整列された ($n_A + n_B$ 要素をもつ) 一つの配列 C に併合 (merge) することを考えよう.

　この目的には, 2 つの添字 i_A と i_B を配列 A と B の左から右へ, 要素値の小さな方の添字を一つ増加するというルールで走査させながら, 対応する要素を配列 C へ移していけばよい. ただし, $n_A > 0$ と $n_B > 0$ を仮定する.

(1) $i_A = 0$, $i_B = 0$, $i_C = 0$ から始める.

(2) $i_A < n_A$ であり, $i_B < n_B$ かつ $A[i_A] \leq B[i_B]$ であるか, あるいは $i_B = n_B$ ならば, $C[i_C] \leftarrow A[i_A]$ および $i_A \leftarrow i_A + 1$ とする. それ以外ならば $C[i_C] \leftarrow B[i_B]$ とし, $i_B \leftarrow i_B + 1$ とする. また, いずれの場合も $i_C \leftarrow i_C + 1$ とする.

(3) $i_A = n_A$ かつ $i_B = n_B$ ならば計算終了. さもなければ (2) へ戻る.

この手順のプログラム例 merge を図 5.1 に与える. ただし, ここでは, 5.2.1 節のマージソートでの利用を考慮して, 配列 A と B を併合して配列 C の第 i 要素以降に入れるというアルゴリズムになっている. 上の説明は $i = 0$ の場合に相当する. 必要な手間は, 反復のたびに i_C が 1 増加し, $i_C = n_A + n_B - 1$ で終了すること, さらに 1 回の反復は明らかに定数時間でよいことから, 全体で $O(n_A + n_B)$ という線形時間である.

```
void merge(int *A, int nA, int *B, int nB,
 int i, int *C)
/* 整列配列 A[0],...,A[nA-1] と B[0],...,
B[nB-1] を併合し整列配列 C[i],...,C[i+nA+nB-1]
に入れる */
{
 int iA, iB, iC;
  /* iA は A の添字, iB は B の添字, iC は合計 */

 iA = iB = iC = 0;            /* 併合の開始 */
 while(iC <= nA+nB-1)
 {
  if(iA >= nA)               /* A は既に空 */
  {C[i+iC] = B[iB]; iB = iB+1;}
  else
```

```
  {
   if(iB >= nB)             /* B はすでに空 */
   {C[i+iC] = A[iA]; iA = iA+1;}
   else  /* A[iA] と B[iB] の小さい方を C へ */
   {
    if(A[iA] <= B[iB])
    {C[i+iC] = A[iA]; iA = iA+1;}
    else
    {C[i+iC] = B[iB]; iB = iB+1;}
   }
  }
  iC = iC+1;
 }
 return;
}
```

図 5.1 整列データの併合のプログラム例

共通要素の列挙 上のアルゴリズムの変形として, 整列された二つの配列 A と B の両方に共通して存在する要素をすべて出力する問題を考える. この目的には, 上と同じように i_A と i_B を動かしながら (この場合, 配列 C およびその添字 i_C はいらない), (2) において $A[i_A] = B[i_B]$ が成立し, しかも一つ前に出力した要素と異なっているならば, $A[i_A]$ を出力するようにすればよい. すべてを出力するた

めの手間はやはり $O(n_A + n_B)$ である.

もし A と B がどちらも整列されていなければ, 共通要素を知るためには, A の各要素に対して, 同じものが B に存在するかを見るために B の全体を走査しなければならない. つまり, 全体で $O(n_A n_B)$ 時間が必要である. これから整列データの効果を見ることができよう (なお, 問題 5.1 も参照のこと).

5.1.2　2 分探索

n 要素の配列 $A[0], A[1], \ldots, A[n-1]$ があるとき, 集合操作 MEMBER(x, A) を適用する. すなわち, A の中に要素 x が存在するかどうかを判定する問題である. A が整列されているならば, 2.4 節の辞書のデータ構造を用いなくても, 左添字 i_L と右添字 i_R およびそれらの中点 i_M を用いた, つぎの簡単なアルゴリズムで効率良く実現できる. 図 5.2 に進行の一例を与える. この例では, 4 回目の反復で x を発見して終了している.

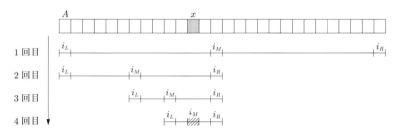

図 5.2　2 分探索の進行 (反復ごとの i_L, i_R, i_M を示している)

(1) $i_L \leftarrow 0$, $i_R \leftarrow n-1$ とおく. $A[i_L] = x$ あるいは $A[i_R] = x$ であれば, yes を出力して終了. また, $x < A[i_L]$ あるいは $x > A[i_R]$ ならば no を出力して終了.

(2) $i_M \leftarrow \lfloor (i_L + i_R)/2 \rfloor$ とおく. $A[i_M] = x$ であれば yes を出力して終了. $A[i_M] < x$ であれば $i_L \leftarrow i_M$ とおく. 一方, $A[i_M] > x$ であれば $i_R \leftarrow i_M$ とおく.

(3) $i_R - i_L \leq 1$ ならば no を出力して終了. さもなければ (2) へ戻る.

126 | 第 5 章 アルゴリズムの設計

計算の開始時 (つまり (1)), 添字 i_L と i_R は配列の左端と右端を示している. (2) へ進んだとすると,

$$A[i_L] < x < A[i_R] \tag{5.1}$$

が成立している. (2) では i_L と i_R の中点 $i_M = \lfloor (i_L + i_R)/2 \rfloor$ に対して, $A[i_M]$ と x を比較するが, その結果定まる新しい i_L と i_R (一方だけが更新される) に関してやはり式 (5.1) が成立することが容易に示せる. さらに区間長 $w = i_R - i_L + 1$ は (2) の反復のたびにその半分 $\lceil (w+1)/2 \rceil$ 以下になる. したがって, 区間長は最初 n だったので, $n/2^{\lceil \log_2 n \rceil} \le 1$ より, 多くとも $\lceil \log_2 n \rceil$ 回の反復で (3) の条件 $|i_R - i_L| \le 1$ が成立して, 終了する (それ以前に x が発見されて終了する場合もある). 1 回の反復の手間は $O(1)$ であるから全体では $O(\log n)$ である.

このアルゴリズムは **2 分探索** (binary search) と呼ばれている (3.3 節の 2 分探索木と混同しないこと). プログラム例を図 5.3 に与える.

```
#include <stdio.h>
#define N 100              /* 最大配列長 */
enum yn {yes, no};         /* 列挙型データ yn */
/* 関数の宣言 */
enum yn bsearch(int x, int *A, int n);


main()
/* 配列 A 上の 2 分探索のテストプログラム */
{
 int A[N], n, x;
 enum yn ans;
 … データの入力 …
 ans = bsearch(x, A, n);
 … 結果の出力 …
}



enum yn bsearch(int x, int *A, int n)
```

```
/* 整列配列 A[0],...,A[n-1] 上で x の 2 分探索;
yes あるいは no の出力 */
{
  int iL, iR, iM;
             /* iL は左, iR は右, iM は中央の添字 */

  iL = 0; iR = n-1;
  if(A[iL]==x || A[iR]==x) return(yes);
                    /* 初期条件でのチェック */
  if(x<A[iL] || x>A[iR]) return(no);
  while(iR-iL>1)              /* 2 分探索 */
  {
   iM = (iL+iR)/2;            /* 中央値 */
   if(A[iM] == x) return(yes);
   if(A[iM] < x) iL = iM;     /* 新しい添字 */
   else iR = iM;
  }
  return(no);
}
```

図 5.3 配列 A 上の 2 分探索のプログラム例

単調関数の零点の計算　図 5.4 のような一つの実数変数 x をもつ非減少連続関数 $f(x)$ を考える. 非減少とは $x < x'$ ならば $f(x) \le f(x')$ が成立することをいう. さらに, 関数値は実数で, 区間 $[a, b]$ 上で定義されており, $f(a) < 0$ と $f(b) > 0$ を

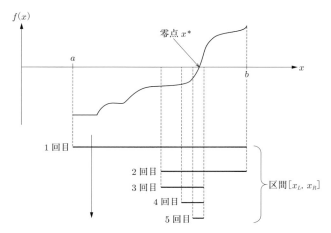

図 5.4 単調関数の零点と 2 分探索

仮定する．ここで $f(x)$ の零点，すなわち $f(x) = 0$ をみたす $x = x^*$，を求める問題を考えよう．

ところで，すべての実数値 x の位置にその値 $f(x)$ をもつような配列を仮想的に考えれば (x は実数なのでそのサイズは無限大)，f の非減少性は，配列の要素 $f(x)$ が小さいものから大きいものへ整列されていることを意味する．したがって，零点を求める問題は，整列された配列上で MEMBER 操作を実行することに相当する．その結果，上記の 2 分探索を適用でき，つぎのように計算される (図 5.4 を参照のこと)．ただし，この場合，x と $f(x)$ の両方が実数であることから，誤差の許容量 $\varepsilon \,(> 0)$ と $\delta \,(> 0)$ を用いて，$|x - x^*| \leq \varepsilon$ あるいは $|f(x)| \leq \delta$ をみたす解 x を一つ出力することを目的とする．[*1]

(1) $x_L \leftarrow a, x_R \leftarrow b$ とおく．($f(x_L) < -\delta$ と $f(x_R) > \delta$ を仮定する．) $|x_R - x_L| \leq \varepsilon$ ならば，x_L (あるいは x_R) を出力して終了．

(2) $x_M \leftarrow (x_L + x_R)/2$ とおく．$|f(x_M)| \leq \delta$ ならば，x_M を出力して終了．$f(x_M) < -\delta$ であれば $x_L \leftarrow x_M$，また $f(x_M) > \delta$ であれば $x_R \leftarrow x_M$ とおく．

(3) $x_R - x_L \leq \varepsilon$ ならば x_L (あるいは x_R) を出力して終了．さもな

[*1] $|\cdot|$ は絶対値を示す．

128 第 5 章 アルゴリズムの設計

ければ (2) へ戻る.

前記の配列の場合と同様, 反復のたびに区間 $[x_L, x_R]$ の幅は (この場合は正確に) 半分に減少するので,

$$(b-a)(1/2)^n \le \varepsilon \quad つまり \quad n \ge \lceil \log_2 \frac{b-a}{\varepsilon} \rceil$$

をみたす反復回数 n でその幅は ε 以下になる. つまり, このときの x_L (および x_R) は求める零点 x^* の ε-近似解である. したがって, 一つの x に対する $f(x)$ の計算が定数時間で可能であるとすれば, この 2 分探索の時間量は $O(\log \frac{b-a}{\varepsilon})$ と評価できる.

以上の手順のプログラム例を図 5.5 に与える. 実数を扱っているので, float のデータ型が用いられている. プログラム内の epsilon は上記の ε, また delta は

```
#include <stdio.h>
#include <math.h>
float epsilon=0.0001;
                 /* 外部変数; x の許容誤差 */
float delta=0.0001;
                 /* 外部変数; f の許容誤差 */
/* 関数の宣言 */
…


main()
/* 零点の探索のテストプログラム */
{
 float a, b, x;

 a = 0.0; b = 10.0;   /* 上下限 a,b の設定 */
 x = findzero(a, b);
 … 結果の出力 …
}


float findzero(float a, float b)
/* 非減少連続関数 f() の零点を区間 [a, b] 内で 2
分探索により求める */
{
 float xL, xR, xM, fx;
            /* xL は左、xR は右、xM は中央値 */
```

```
 xL = a; xR = b;            /* 初期設定 */
 if(f(a)>delta || f(b)<-delta)
 {                          /* 零点なし */
  printf("There is no zero f(x)=0.\n");
  exit(1);
 }
 while(xR-xL>epsilon)          /* 未収束 */
 {
  xM = (xL+xR)/2.0;              /* 中点 */
  fx = f(xM);
  if(fabs(fx) <= delta) return(xM);
            /* 関数値の絶対値は十分小; 零点発見 */
  if(fx <= 0.0) xL = xM; else xR = xM;
                       /* 新しい区間の設定 */
 }
 return(xL);                /* 零点を返す */
}


float f(float x)
/* 関数値 f(x) を与えるプログラム */
{
 float fx;

 fx = x*x*x-10.0;
 return(fx);
}
```

図 5.5　2 分探索による関数の零点の計算のプログラム例

δ のことである. x に対する関数値 $f(x)$ の計算部分は, 簡単な例として $x^3 - 10.0$ を用いているが, 実際にはそれぞれの応用ごとに準備しなければならない.

5.1.3 ニュートン法による零点の計算

実数関数 $f(x)$ の零点を求める問題において, f が単調増加 (つまり, $x < y$ ならば $f(x) < f(y)$ が成立) かつ微分可能であると, 数値計算でよく利用されるニュートン法 (Newton method) を適用することができる. 関連の話題としてここで説明しておこう.

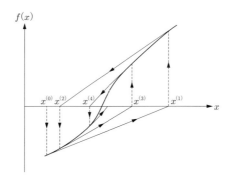

図 5.6 ニュートン法による $f(x)$ の零点の計算

ニュートン法では, 図 5.6 に示すように, 現在の試行解 $x^{(i)}$ に対し, $f(x^{(i)})$ のところで接線を引き, それが x 軸と交わるところを $x^{(i+1)}$ とする. この解は, $x^{(i)}$ における f の微係数 $f'(x^{(i)})$ を用いて (f に対する仮定によって $f'(x^{(i)}) > 0$ が成立),

$$x^{(i+1)} = x^{(i)} - (f(x^{(i)})/f'(x^{(i)})) \tag{5.2}$$

と書ける. この反復によって生成される点列 $x^{(0)}, x^{(1)}, \ldots$ は零点 x^* に近づいていくので, パラメータ δ (> 0) を用いて, $|f(x^{(i)})| \leq \delta$ が成立した時点で終了し, その時の $x^{(i)}$ を x^* の近似解として出力する. 図 5.7 はニュートン法のプログラム例である. ただし, `delta` は上記の δ, また `zero` (> 0) は微係数が 0 になる点 (その場合ニュートン法は動作しない) のチェックに用いる微小な定数である.

ここで, ニュートン法の収束速度について考察を加える. 関数の形によっては,

130 | 第 5 章 アルゴリズムの設計

```c
#include <stdio.h>
#include <math.h>
float zero=0.001;
            /* 外部変数; 微係数>0 の許容範囲 */
float delta=0.0001;
              /* 外部変数; |f(x)|の許容範囲 */
/* 関数の宣言 */
...


main()
/* 零点の探索のテストプログラム */
{
 float xinit, x;

 xinit=5.0;              /* 初期解の設定 */
 x=newton(xinit);    /* ニュートン法の実行 */
 … 結果の出力 …
}


float newton(float xinit)
/* 微分可能増加関数 f(x) の零点を x=xinit から
ニュートン法により求める.  関数 f(x) とその微係
数 df(x) はプログラムによって与える */
{
 float x, y, dy;

 x=xinit;
 y=f(x);
 while(fabs(y)>delta)  /* Newton 法の反復 */
```

```c
 {
  dy=df(x);
  if(fabs(dy)<zero)      /* 誤り; 微係数＝0 */
  {
   printf("Derivative at x = %f is 0.\n",
    x);
   exit(1);
  }
  x=x-y/dy;                      /* 次の反復解 */
  y=f(x);
 }
 return(x);                    /* 結果を返す */
}


float f(float x)
/* 関数値 f(x) を与えるプログラム */
{
 float fx;

 fx=x*x*x-10.0;
 return(fx);
}


float df(float x)
/* f(x) の微係数を与えるプログラム */
{
 float d;

 d=3*x*x;
 return(d);
}
```

図 5.7 ニュートン法による関数の零点の計算のプログラム例

初期解 $x^{(0)}$ を零点 x^* から遠く離れたところにとると, ニュートン法は必ずしも収束せず, そのような例を容易に作ることができる (問題 5.2). しかし, $x^{(i)}$ が x^* の近くに来ると, その周辺で f の形が妥当なものであれば (その意味はあとで説明する), x^* への急速な収束を示すことができる.

まず, f の $x^{(i)}$ のまわりのテイラー展開 (Taylor's expansion) を思い起こそう.

$$f(x) = f(x^{(i)})+f'(x^{(i)})(x-x^{(i)})+(1/2)f''(x^{(i)})(x-x^{(i)})^2+\dots \quad (5.3)$$

$x^{(i)}$ から $x^{(i+1)}$ への反復において,

$$x^{(i+1)} - x^* = x^{(i)} - \frac{f(x^{(i)})}{f'(x^{(i)})} - x^* + \frac{f(x^*)}{f'(x^{(i)})}$$

$$\text{(式 (5.2) と } f(x^*) = 0 \text{ による)}$$

$$= \frac{1}{f'(x^{(i)})}(f(x^*) - f(x^{(i)}) - f'(x^{(i)})(x^* - x^{(i)}))$$

と書けるので, 式 (5.3) を用いて $x = x^*$ への距離を評価すると

$$|x^{(i+1)} - x^*| \le \frac{f''(x^{(i)})}{2f'(x^{(i)})}|x^{(i)} - x^*|^2 \tag{5.4}$$

を得る. ただし, ここで式 (5.3) において (正確にはもう少し厳密な議論がいるが) 3 次以降の影響は無視できるとしている. さらに, $x^{(i)}$ の近傍において, $f''(x^{(i)}) < \gamma,\ 1/f'(x^{(i)}) < \beta$ をみたす定数 γ, β が存在すると仮定すると (これらが上記の妥当性の意味である), 式 (5.4) は $\alpha = \gamma\beta/2$ を用いて

$$|x^{(i+1)} - x^*| \le \alpha|x^{(i)} - x^*|^2 \tag{5.5}$$

と書ける. すなわち, $x^{(i)}$ が x^* に近づき $|x^{(i)} - x^*|$ の値が小さくなると, つぎの解 $x^{(i+1)}$ の x^* への距離はそれの 2 乗で抑えられ, 急速に 0 へ近づく. このような収束を **2 次収束** (quadratic convergence) という.

ところで, 5.1.2 節の 2 分探索による零点の計算では, 区間の幅が反復のたびに半分になるから, 大雑把にいうと (正確ではない)

$$|x^{(i+1)} - x^*| \le \frac{1}{2}|x^{(i)} - x^*| \tag{5.6}$$

であることを述べている. このような収束は **1 次収束** (linear convergence) と呼ばれる.

5.2 分割統治法

分割統治 (divide-and-conquer) 法は, 元の問題を小規模な部分問題に分割したのちそれらを解き, 部分問題の解を統合することで全体の解を得ようとする方法である. 分割は, 対象とする変数の集合をいくつかに分けたり, 定義領域を分割するなどの形をとり, 再帰的に反復して適用されるのが特長である. すでに述べた

132　第 5 章　アルゴリズムの設計

4.5 節のクイックソート, 4.7.1 節の SELECT などは, 分割統治法の例である. こ
こでは, 新しい適用例として, マージソートと長大数の掛け算という二つのアルゴ
リズムを説明する. 最後に, 5.2.3 節では, 分割統治法によく出てくる再帰方程式
の漸近解についてまとめる.

5.2.1　マージソート

　これは第 4 章で説明したどの整列法とも異なるが, やはり代表的な整列アルゴ
リズムの一つである. アルゴリズムの性質として, 配列の要素が遠くに移動する頻
度が少ないので, データ全体を一定サイズのページに分けて処理する場合には, 異
なるページ間の移動回数が少なくてすむ. そのため, 補助記憶 (通常, ページ方式
に基づいて動作する) を利用する際の外部整列法としてよく用いられる.

　マージ (併合) ソート (merge sort) は, 5.1.1 節で述べた整列配列の併合のアル
ゴリズムに基づいている. すなわち, 整列すべき配列 A の一つ一つの要素を長さ
1 の配列とみると, それぞれは整列済みである. したがって, 隣り合う二つの部分
配列を併合するには, 整列配列の併合アルゴリズムを適用すればよい. この操作は
つぎつぎと反復され, 部分配列の長さは次第に大きくなり, 最終的に整列された一
つの配列に併合される. この併合の様子は図 5.8 の下半分に示されている.

　この短い部分配列から長い部分配列への併合の進め方は, 全配列から部分配列
への分割を組織的に行った後, それを逆にたどることで実現する. すなわち, 最初
の配列 A (その長さ n, まだ整列されていない) に対し, 長さ $\lceil n/2 \rceil$ の前半部分と
長さ $\lfloor n/2 \rfloor$ の後半部分へ分けるという分割を再帰的に適用する (図 5.8 の上半分
に示されている). この手順によって, 長さ 1 の部分配列にまで分割しておいてか
ら, それらを逆にたどって併合しつつ整列を完成させるのである. 図 5.9 はマージ
ソートのプログラム例である. この中で, プログラム merge は, 図 5.1 を用いる.

　マージソートが分割統治法の典型的な例であることは改めて述べるまでもなか
ろう. 配列のより小さな部分配列への分割と, それらを併合することによる統治
(すなわち整列) が文字どおり実現されているからである.

　最後に, n 要素を整列するマージソートの時間量 $T(n)$ を評価する. まず, 上の
説明からわかるように ($\lfloor n/2 \rfloor$ を $n/2$ とするなど大雑把に評価),

$$T(n) = 2T(n/2) + cn \tag{5.7}$$

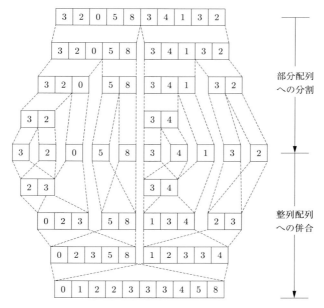

図 5.8 マージソートの進行

```
void mergesort(int i, int j, int *A)
/* 配列 A[i],...,A[j] をマージソートにより整
列 */
{
 int k, n, n1, n2, mid;
 int A1[N], A2[N];

 n = j-i+1;              /* 配列のサイズ */
 if(n > 1)
 {
  mid = i+(n-1)/2;   /* 中央値により分割 */
  mergesort(i, mid, A);     /* 前半の整列 */
  mergesort(mid+1, j, A);   /* 後半の整列 */
  n1 = mid-i+1;
  for(k=i; k<=mid; k++) A1[k-i] = A[k];
                         /* A1 は前半の部分配列 */
  n2 = j-mid;
  for(k=mid+1; k<=j; k++) A2[k-mid-1]=A[k];
                         /* A2 は後半の部分配列 */
  merge(A1, n1, A2, n2, i, A);    /* 併合 */
 }
 return;
}
```

図 5.9 マージソートのプログラム例

である.ただし,右辺の cn は長さ $n/2$ の二つの部分配列への分解とそれらが整列されたのち一つの部分配列へ併合するために要する手間である (5.1.1 節の議論参照).この解が

$$T(n) = cn \log_2 n$$

であることは，式 (5.7) に代入すれば確かめられる (正確には，このあとの 5.2.3 節の議論を参照). すなわち，マージソートの最悪時間量は $O(n \log n)$ と評価できる．

5.2.2 長大数の掛け算

r 進 n 桁の 2 数 x と y の掛け算 (multiplication) を考える．標準的な方法では，1 桁同士の掛け算を n^2 回と，繰り上げの計算や加算が必要である．しかし，以下のように分割統治法を用いると，1 桁同士の掛け算を $n^{\log_2 3}$ ($\simeq n^{1.59}$) 回に抑えることができる．(議論は省くが全体の時間量も $O(n^{\log_2 3})$ になる.)

n 桁の数字 x と y を図 5.10 のように $n/2$ 桁ずつに分ける．簡単のため $n = 2^k$ と仮定する．x と y の積は

$$\begin{aligned} xy &= (ar^{n/2} + b)(cr^{n/2} + d) = acr^n + (ad+bc)r^{n/2} + bd \\ &= acr^n + [ac + bd - (a-b)(c-d)]r^{n/2} + bd \end{aligned}$$

と書ける．r^n あるいは $r^{n/2}$ との積は桁シフトで実行できるので，掛け算とは考えなくてよい．上の最後の式は，$n/2$ 桁同士の掛け算を，$ac, bd, (a-b)(c-d)$ の 3 回含んでいる．

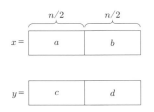

図 5.10 長大数 x と y の分割

n 桁の 2 数の積を求めるために必要な 1 桁同士の掛け算の回数を $T(n)$ と記そう．上の考察より

$$T(n) = 3T(n/2) \tag{5.8}$$

を得る．これを反復するとつぎの評価が得られる．

$$T(n) = 3T(n/2) = 3^2 T(n/2^2) = \cdots = 3^{\log_2 n} T(1) = 3^{\log_2 n} = n^{\log_2 3}.$$

5.2.3 再帰方程式の漸近解

マージソートや長大数の掛け算などのように, 分割統治法では, その解析に

$$T(n) = aT(n/b) + f(n) \tag{5.9}$$

の形の再帰方程式がよく現れる. ここで, このタイプの方程式の解の漸近的な形が, 定数 a, b と $f(n)$ の形によって, つぎのように分類されることを述べておく. ただし, $T(n/b)$ の n/b は, $\lceil n/b \rceil$ や $\lfloor n/b \rfloor$ であっても結果は変化しない.

(1) ある定数 $\varepsilon > 0$ に対して $f(n) = O(n^{(\log_b a) - \varepsilon})$ ならば, $T(n) = \Theta(n^{\log_b a})$.

(2) $f(n) = \Theta(n^{\log_b a})$ ならば, $T(n) = \Theta(n^{\log_b a} \log n)$.

(3) ある定数 $\varepsilon > 0$ に対して $f(n) = \Omega(n^{(\log_b a) + \varepsilon})$ であり, しかもある定数 $c < 1$ と十分大きな n に対して $af(n/b) \le cf(n)$ ならば, $T(n) = \Theta(f(n))$.

なお, 記号 Ω と Θ は, 1.3 節で説明したように, 前者は下界値, 後者は上下界値が一致するという意味である. 本節の式 (5.7) および式 (5.8) は, 方程式 (5.9) の特別な場合であり, この分類法を容易に適用できよう. たとえば式 (5.7) は $a = b$ と $f(n) = cn$ より分類法の (2) に相当し, $T(n) = \Theta(n^{\log_2 2} \log n) = \Theta(n \log n)$ となる.

なお, この分類法の証明は, a, b と $f(n)$ の場合に応じて, やや面倒な議論が必要となるので, 本書では省略する.

5.3 動的計画法

条件をみたす解の列挙にあたって, そのプロセスを状態 (state) 間の遷移として抽象的にとらえると, 多くの場合を一つの状態にまとめることができ, 列挙の手間を大幅に削減できることがある. これはいわゆる**最適性の原理** (principle of optimality) と呼ばれるものの中心概念であって, **動的計画法** (dynamic programming) はその上に組み立てられた計算法である. 動的計画法はいろいろな問題に適用されているが, ここでは SUBSET-SUM 問題と一つのスケジューリング

136 | 第 5 章 アルゴリズムの設計

問題を例にとって説明する．これらの他にも最短路問題 (6.2.2 節) やその他多様な問題に適用されている．

5.3.1 SUBSET-SUM 問題

この問題は，1.1 節にあったように，つぎのように書かれる．

SUBSET-SUM

入力：$n + 1$ 個の正整数 $a_0, a_1, \ldots, a_{n-1}, b.$

出力：$\sum_{j=0}^{n-1} a_j x_j = b$ をみたす 0-1 ベクトル $x = (x_0, x_1, \ldots, x_{n-1})$
　　　が存在すれば yes，存在しなければ no．

これを解くため，0-1 変数 $y_k(p)$ $(k = 0, 1, \ldots, n - 1, \quad p = 0, 1, \ldots, b)$ をつぎの漸化式にしたがって計算する．

$$y_0(p) = \begin{cases} 1, & p = 0 \text{ あるいは } a_0 \text{ の場合} \\ 0, & \text{その他の場合} \end{cases}$$

$$p = 0, 1, \ldots, b \qquad (5.10)$$

$$y_k(p) = \begin{cases} 1, & y_{k-1}(p) = 1 \text{ あるいは} \\ & \quad p - a_k \geq 0 \text{ かつ } y_{k-1}(p - a_k) = 1 \text{ の場合} \\ 0, & \text{その他の場合} \end{cases}$$

$$k = 1, 2, \ldots, n - 1, \quad p = 0, 1, \ldots, b$$

変数 $y_k(p)$ の意味は，

$\sum_{j=0}^{k} a_j x_j = p$ をみたす 0-1 ベクトル $(x_0, x_1, \ldots, x_k)$ が存在すれば
$y_k(p) = 1$, さもなければ 0,

と解釈できる．したがって，SUBSET-SUM の答は，$y_{n-1}(b) = 1$ ならば yes，そうでなければ no である．

漸化式 (5.10) において，$y_k(p)$ は $\sum_{j=0}^{k} a_j x_j = p$ をみたす 0-1 ベクトル $(x_0, x_1, \ldots, x_k)$ 全体を表す状態であると理解できる．この問題ではそのよう

5.3 動的計画法

なベクトルが存在するかどうかだけが重要であるので, $y_k(p)$ の値 0 と 1 でその結果を記憶しているわけである. すなわち, 一つの状態に対応するたくさんのベクトルを $y_k(p)$ というデータに集約することで, 列挙の数を減らし, 計算効率を高めている. これが動的計画法の考え方である.

$y_k(p)$ を計算するには, $k = 0, 1, \ldots, n-1$ の順に, 各 k ごとにすべての p について $y_k(p)$ を求めていけばよい. 一つの $y_k(p)$ を決定するには, $y_{k-1}(p)$ と $y_{k-1}(p - a_k)$ を見るだけでよいから定数時間であり, したがって, 全時間量は $O(nb)$ である.

```c
#include <stdio.h>
#define N 100           /* 最大配列長 */
#define B 10000         /* 係数b+1の最大値 */
enum yn {yes, no};      /* 列挙型データ yn */
/* 関数の宣言 */
...


main()
/* SUBSET-SUM問題のテストプログラム */
{
 enum yn ans;
 int a[N], b, n;

 … データ n,a[0],...,a[n-1],bの入力 …
 ans = dpssum(a, b, n);
 … 結果の出力 …
}


enum yn dpssum(int *a, int b, int n)
```

```c
/* 係数 a[0],...,a[n-1],bに対し SUBSET-SUM問
題の解の存在判定 */
{
 int y[N][B];           /* 動的計画法の計算表 */
 int k, p;

 for(k=0; k<n; k++) for(p=0; p<=b; p++)
  y[k][p] = 0;                    /* 初期設定 */
 y[0][0] = 1;
 if(a[0]<=b) y[0][a[0]] = 1;
 for(k=1; k<n; k++)     /* 動的計画法の反復 */
  for(p=0; p<=b; p++)
  {
   if(y[k-1][p] == 1) y[k][p] = 1;
   else if(p-a[k]>=0 && y[k-1][p-a[k]]==1)
    y[k][p] = 1;
  }
 if(y[n-1][b]==1) return(yes);   /* 結果 */
 else return(no);
}
```

図 5.11 SUBSET-SUM問題を解く動的計画法のプログラム例

図 5.11 は以上のアルゴリズムのプログラム例である. ただし, $y_k(p)$ を記憶するために 2 次元の配列を準備し, y[k][p] としてプログラムしている. データの問題例が解をもてば関数 dpssum は yes を出力し, そうでなければ no を出力する.

ところで, この問題を 1.2 節のようにすべての 0-1 ベクトル x を列挙して解くとすれば $O(n2^n)$ 時間かかる (1.3 節の 2 参照). したがって, b が極端に大きくない限り (正確には b が $O(2^n)$ より小さければ), 本節の時間量 $O(nb)$ が有利であり, これが動的計画法の効果であるといえる.

138 第 5 章　アルゴリズムの設計

【例題 5.1】　例 1.2 の問題例

$$a = (3, 7, 5, 8, 2), \quad b = 11$$

を上の方法で解いてみよう. 得られた $y_k(p)$ を表 5.1 に掲げる. $(y_{n-1}(b) =)$ $y_4(11) = 1$ が成立し, yes が出力される.

　具体的に x を求めることが必要ならば, $y_k(p) = 1$ が成立するとき, その理由が $y_{k-1}(p) = 1$ の場合は 0, $y_{k-1}(p - a_k) = 1$ ならば 1 を記憶しておく (表 5.1 の x_k 欄, ただし図 5.11 のプログラムには含まれていない). 前者は $x_k = 0$, 後者は $x_k = 1$ が成立することに対応している. この情報を利用しつつ, $y_{n-1}(b) = y_4(11)$ から逆にたどれば x を復元できる. 表 5.1 の ∗ 印はこの様子を示しており, 解 $x = (10010)$ が得られる.

表 5.1　例 5.1 の SUBSET-SUM に対する計算

p	$k=0$		$k=1$		$k=2$		$k=3$		$k=4$	
	$y_0(p)$	x_0	$y_1(p)$	x_1	$y_2(p)$	x_2	$y_3(p)$	x_3	$y_4(p)$	x_4
0	1	0	1	0	1	0	1	0	1	0
1	0	—	0	—	0	—	0	—	0	—
2	0	—	0	—	0	—	0	—	1	1
3	1∗	1	1∗	0	1∗	0	1	0	1	0
4	0	—	0	—	0	—	0	—	0	—
5	0	—	0	—	1	1	1	0	1	0, 1
6	0	—	0	—	0	—	0	—	0	—
7	0	—	1	1	1	0	1	0	1	0, 1
8	0	—	0	—	1	1	1	0, 1	1	0
9	0	—	0	—	0	—	0	—	1	1
10	0	—	1	1	1	0	1	0	1	0, 1
11	0	—	0	—	0	—	1∗	1	1∗	0

5.3.2　直線上の配達スケジューリング

　動的計画法の多様性をみるため, つぎのスケジューリング問題を考える. x 軸上に n 個の点 $1, 2, \ldots, n$ が位置 $x_1 = 0 < x_2 < \ldots < x_n$ に並んでいる. トラック

は点 1 から出発し, すべての点へ荷物を配達する. ただし, 点 i へは r_i 以後でなければ配達できない. つまり, トラックが点 i に着いた時刻が r_i 以前であれば, そこで r_i まで待ち, 配達を済ませてからつぎの点へ向かうか, あるいは点 i を単に通過して, 配達はあとで再び点 i に戻ってきて行うかを選択することができる. ただし, 配達に際して荷物の積み下ろしに要する時間は無視し, 0 であると仮定する. 点 i から点 j への移動にはその距離 $|x_j - x_i|$ と同じ時間が必要である. さて, すべての点への配達を完了する時刻を最小にするには, どのような順序で n 点の間を移動すればよいだろうか.

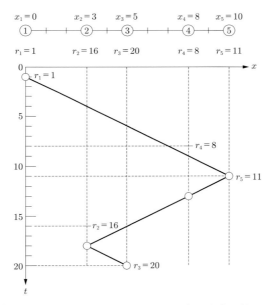

図 5.12 直線上の配達スケジューリング問題 (○ 印は配達が行われたことを示す)

図 5.12 は, 図の上部に書かれている例においてトラックの移動の様子を示したものである. 下部のダイアグラムは横軸に x 座標, 時間軸を下向きにとっている. この例では点 1, 5, 4, 2, 3 の順に配達し, 時刻 20 に配達を完了している (実はこれは最適スケジュールである). 最適スケジュールを計算するため, 以下の性質に着目しよう.

(a) トラックの移動スケジュールは, 配達を行う n 節点の順序のみが本質的で

ある．すなわち，配達の節点順序が決まったとき，点 i のつぎに点 j へ配達するには，点 i の配達が完了すると，ただちに点 j へ向けて移動し，点 j への到着時刻が r_j 以前であれば r_j まで待って配達を完了する（もちろん，それが r_j 以後であれば点 j への到着と同時に配達を済ませる）として一般性を失わない．この性質によって，トラックの移動スケジュールを一意的に決定することができる．

（b）　最適スケジュールでは，任意の時刻において，未配達の点の集合が配達済みの点を含まない一つの区間を形成しているとして一般性を失わない．これを図5.12 のスケジュールでみると，時刻 2 では [2, 5]，時刻 12 では [2, 4]，時刻 19 では [3, 3] がそのような区間である．この性質を逆に言えば，配達済みの点の集合は節点 1 からの区間 $I_1 = [1, j]$ と節点 n までの区間 $I_2 = [k, n]$（ただし，常に $j < k$ が成立，また I_1 と I_2 は空であることも許す）の二つに限定される．

この性質は，つぎのように考えれば納得できよう．最適スケジュールのある時刻に，未配達の点の区間 J_1 と J_2 が，配達済みの点の区間 I をはさんで，J_1, I, J_2 のように並んでいたとする．ただし，J_1, I, J_2 はどれも空集合ではない．このとき，J_1 と J_2 の両区間内の点へ配達するためには，トラックは I の区間を少なくとも1 回横切らねばならない．しかし，そうならば，I 区間の点への配達をこの横切るときまで延期しても，すべての点への配達完了時間は変化しない（荷物の積み下しに要する時間は 0 であるとしているため）．したがって，上の状況において，I も未配達の点の区間であると考えることができ，それらを一つの区間にまとめることができるのである．たとえば，図 5.12 のスケジュールでは，上の性質をみたすために，トラックが初めて点 4 へ到達したときではなく，2 回目の訪問のときに配達を行っている．

（c）　最適スケジュールを求めるため，状態 $([1, j], [k, n], j)$ および $([1, j], [k, n], k)$ を導入する．前者は，区間 $I_1 = [1, j]$ と区間 $I_2 = [k, n]$ が配達済みで，いま点 j の配達を終えたところ（トラックは点 j にいる），後者も同様であるが，点 k の配達を終えたところを表している．そこで，

　　　　$c(I_1, I_2, i)$: 状態 (I_1, I_2, i) を実現するために必要な最小時間，

と定義すると，つぎの動的計画法の方程式が成立する．

$$c([1,j],[k,n],j)$$
$$= \min[\max\{c([1,j-1],[k,n],j-1) + |x_j - x_{j-1}|, r_j\},$$
$$\max\{c([1,j-1],[k,n],k) + |x_k - x_j|, r_j\}],$$
$$1 \leq j < k \leq n+1. \tag{5.11}$$

$$c([1,j],[k,n],k)$$
$$= \min[\max\{c([1,j],[k+1,n],k+1) + |x_{k+1} - x_k|, r_k\},$$
$$\max\{c([1,j],[k+1,n],j) + |x_k - x_j|, r_k\}],$$
$$0 \leq j < k \leq n. \tag{5.12}$$

たとえば, 式 (5.11) は, 性質 (b) によって, 点 j への配達の一つ前には, 点 $j-1$ の配達かあるいは点 k の配達がなされたとしてよいから, その状態から点 j への移動が生じたとして導くことができる. ただし, 式 (5.11) (5.12) において区間 $[1,0], [n+1,n]$ が生じた場合は, それらは空区間を表す. また, 初期値として,

$$c([1,1],\emptyset,1) = r_1,$$
$$c(\emptyset,[n,n],n) = \max\{|x_n - x_1|, r_n\}, \tag{5.13}$$

さらに, 実際には生じない状態 (しかし, 式には出てくる) に対応して,

$$c([1,j],\emptyset,n+1) = \infty, \quad 1 \leq j \leq n$$
$$c(\emptyset,[k,n],0) = \infty, \quad 1 \leq k \leq n \tag{5.14}$$

と定める.

　以上の式の計算は I_1 と I_2 の区間長の和 $l = |I_1| + |I_2|$ $(= j + n - k + 1)$ の小さいものから大きいものへ, $l = 1, 2, \ldots, n$ の順に, その都度そのような状態のすべてを考慮していけば, 自然に進めることができる. すべての状態に対する c の値が求まると,

$$c^* = \min\{ \min_{1 \leq j \leq n} c([1,j],[j+1,n],j), \min_{1 \leq k \leq n} c([1,k-1],[k,n],k)\} \tag{5.15}$$

によって最適スケジュールの完了時刻が出る. 状態 $([1,j],[k,n],j)$ と $([1,j],$

142 第5章 アルゴリズムの設計

$[k, n], k)$ は j と k で決まるから, その個数は $O(n^2)$ である. また, 式 (5.11)
(5.12) はそれぞれ定数時間で計算できる. その結果, 必要な計算手間を $O(n^2)$ と
評価できる.

なお, 完了時刻だけでなく, 最適スケジュールを実際に求めるには, 式 (5.11)
(5.12) (5.15) の計算において, 最小値を実現する右辺の状態を記憶しておき, 式
(5.15) からそれらを逆にたどっていけばよい. この様子は, 例 5.1 の議論と同様で
ある.

出 典

5.1 節の内容は, アルゴリズムとデータ構造に関する参考書では大抵言及されて
いる. ニュートン法は数値計算の古典的な話題であって, たとえば 5-1, 2, 3) など
がある. 5.2 節の分割統治法のうち長大数の掛け算は 5-7) による. マージソート
は, 他の整列アルゴリズムと同様歴史は古く, D. E. Knuth 3-1) によれば, パンチ
カードによる併合アルゴリズムが 1938 年に発明され, また, 20 世紀の巨人と呼ば
れ, 計算機科学のパイオニアの一人である J. von Neumann は, 1945 年にマージ
ソートのプログラムを書いている, ということである. 5.2.3 節の漸近的評価の証
明は, たとえば 1-5) の第 1 巻にある.

5.3 節の動的計画法は, 1950 年代後半に, ベルマン (R. Bellman) によって開拓
された 5-4, 5). 組合せ問題のみならず, 制御問題, 配分過程, マルコフ決定過程な
ど広汎な応用をもつ一般的な計算原理である. 組合せ問題における動的計画法に
ついては 5-6) も参照のこと. SUBSET-SUM は動的計画法の基本的な応用例であ
る. 5.3.2 節の直線上の配達スケジューリングは 5-8) からとった.

なお, このあとの「ひとやすみ」で述べる素数判定の確率アルゴリズムは 5-10)
で提案された. この問題が実は多項式時間で解けることは, その後 5-9) によって
証明された.

演 習 問 題

5.1 m 個の (整列されていない) 配列 $A_1, A_2, \ldots, A_m$ が与えられたとき, すべての配
　　列に共通して存在する要素を列挙するアルゴリズムを考察せよ. $A_1, A_2, \ldots, A_m$
　　の要素数をそれぞれ $n_1, n_2, \ldots, n_m$ とするとき, 最悪時間量が $O(\sum_i n_i \log n_i)$
　　のアルゴリズム, および平均時間量が $O(\sum_i n_i)$ のアルゴリズムを与えよ.

| | ひとやすみ | 143 |

5.2 5.1.3 節のニュートン法が収束しない例を与えよ.

5.3 クイックソート (4.5 節) において軸要素をすべての要素の中央値に選ぶとする. 4.7 節の結果によれば中央値は $O(n)$ 時間で計算できる. ただし, n は整列すべき要素の数である. このとき, クイックソートの最悪時間量は $O(n \log n)$ であることを証明せよ.

5.4 $T(n)$ に関するつぎの再帰方程式の解の漸近的な挙動を評価せよ.

(a) $T(n) = 3T(n/2) + 5n$

(b) $T(n) = 3T(n/2) + 5n^2$.

5.5 5.3.1 節の SUBSET-SUM 問題において,

$$\sum_{j=1}^{n} a_j x_j \leq b$$

をみたし, $\sum_{j=1}^{n} a_j x_j$ を最大にする解を見出すとすれば, 式 (5.10) の動的計画法の扱いをどのように変更すればよいだろうか.

ひ・と・や・す・み

—— 確率アルゴリズム ——

本書でいうアルゴリズムは, 同じ問題例を入力するといつも同じ結果を出すことを暗黙の内に前提としている. しかし, その中に確率的な部分を積極的に含めておき, 走らせるたびに計算経過も異なり, 場合によっては結果さえも異なってよいとする場合がある. これを**確率アルゴリズム** (probabilistic algorithm, randomized algorithm) と呼ぶ.

確率アルゴリズムの例には, 4.5 節のクイックソート (軸要素をランダムに選ぶ場合), 4.7 節の QUICKSELECT と LAZYSELECT, その他には実用によく用いられるシミュレーションのプログラムなどがある. しかし, ここで述べたいのは, 確率アルゴリズムを用いることによって, 任意の誤り確率 $\varepsilon > 0$ に対し, 確率 $(1 - \varepsilon)$ で正しく解くことができ, しかも計算量を小さく抑え得る場合があることである.

そのような例として, Solovay と Strassen による素数判定法を説明しよう. 正整

数 $x \ (\geq 3)$ に対しつぎの集合 A と B を考える.

$$A = \{a \mid 1 \leq a \leq x-1, \ (a,x) = 1\}$$
$$B = \{a \mid 1 \leq a \leq x-1, \ (a,x) = 1, \ a^{(x-1)/2} \equiv \left(\frac{a}{x}\right) \ (\text{mod } x)\}$$

ただし, (a,x) は a と x の最大公約数を示し, したがって $(a,x) = 1$ は a と x が互いに素であるという意味である. また, $(\frac{a}{x})$ は整数論で用いられる Jacobi の記号である. ここでは, 定義は省略するが, 与えられた a に対する B 内の条件の判定が多項式時間で可能であることを注意しておく.

さて, この二つの集合 A と B は定義によって $B \subseteq A$ をみたす. さらに x が素数であれば $A = B$ であること, および x が合成数 (つまり, いくつかの素数の積に分解できる) ならば $|B| \leq \frac{1}{2}|A|$ (ただし, $|\cdot|$ は集合の位数を示す) となることが知られている. この事実に基づいて, つぎのアルゴリズムを考えることができる.

$1 \leq a \leq x-1$ なる正整数 a を k 個ランダムに選び, 集合 A と B への所属性を判定する.

その中に一つでも $a \notin A$ なるものがあれば, x は合成数と結論する (これは正しい). すべて a に対し $a \in A$ であっても, 一つでも B に含まれないものがあれば, やはり x は合成数と結論する (これも正しい). それ以外の場合は x は素数と結論する.

最後の場合の結論は $(1/2)^k$ の確率で誤っているかもしれないが, k を大きくすればこの確率は急速に小さくなる. このアルゴリズムの時間量は a が集合 A と B に属するかを k 回判定するだけであるから, 多項式オーダーである.

この問題が確定的な意味で多項式時間で解けるかどうかは, 長い間未解決であったが, その後, M.Agrawal らによって肯定的に解決された.

6
アルゴリズムの実現

　解決を求められている問題はさまざまな分野に多数存在する. 本章では, 代表的な応用分野から問題を選んで, 具体的にアルゴリズムとデータ構造を考察する. 扱う問題は, 最適化の分野 (6.1 節) から資源配分問題とナップサック問題, グラフに関する問題 (6.2 節) から, 最小木, 最短路, 深さ優先探索, 2 連結成分など, 文字列の照合問題 (6.3 節) から接尾辞木, 幾何学の問題 (6.4 節) からボロノイ図, 関係データベースの話題 (6.5 節) から結合操作, などである.

6.1　簡単な最適化問題

　最適化問題 (optimization problem) の中から, 簡単な資源配分問題と, 連続変数のナップサック問題の二つをとりあげる.

6.1.1　資源配分問題

　限られた資源をいくつかの活動に配分するとき, 経費や損失を最小化 (あるいは利益や満足度を最大化) したい. この種の問題を資源配分問題 (resource allocation problem) という. 1 種類の資源を扱う場合,

$$
\begin{aligned}
&\text{目的関数}\quad f(x_0, x_1, \ldots, x_{n-1}) \to \text{最小} \\
&\text{制約条件}\quad x_0 + x_1 + \ldots + x_{n-1} = N \\
&\qquad\qquad x_j : \text{非負整数}, \quad j = 0, 1, \ldots, n-1
\end{aligned}
\tag{6.1}
$$

と書かれる. ただし, N は与えられた正整数であって資源量を表す. なお, ここでは人, 車などの離散的な資源を対象とし, 変数は非負整数値をとるとしている.

一般に, 最適化問題において制約条件 (constraint) をみたす解 $x = (x_0, x_1, \ldots, x_{n-1})$ を実行可能解 (feasible solution, 許容解), 実行可能解の中で目的関数 (objective function) 値を最適化 (問題に応じて最小化あるいは最大化) するものを最適解 (optimal solution) という. 最適解を求めることが最適化問題の目的である.

さて, ここではさらに目的関数は分離形 (separable) であり, 各関数は区間 $[0, N]$ 上で有限値, かつ凸 (convex) であると仮定しよう (凸でない場合については問題 6.5 で扱う). つまり,

$$目的関数 \quad z = \sum_{j=0}^{n-1} f_j(x_j) \to 最小$$

$$制約条件 \quad \sum_{j=0}^{n-1} x_j = N, \tag{6.2}$$

$$x_j : 非負整数, \quad j = 0, 1, \ldots, n-1$$

である. 分離形であるとは, 目的関数が n 個の 1 変数関数 $f_j(x_j)$ の和として与えられることであり, また凸であるとは, 各 $f_j(x_j)$ が凸関数 (convex function), すなわち, 任意の 2 点 $x_j^{(a)}$ と $x_j^{(b)}$, および任意の $0 \le \alpha \le 1$ に対して

$$f_j(\alpha x_j^{(a)} + (1 - \alpha) x_j^{(b)}) \le \alpha f_j(x_j^{(a)}) + (1 - \alpha) f_j(x_j^{(b)}) \tag{6.3}$$

が成立することをいう. 1 変数凸関数の例を図 6.1 に与える. 式 (6.3) の意味は, 任意の 2 点 $(x_j^{(a)}, f_j(x_j^{(a)}))$ と $(x_j^{(b)}, f_j(x_j^{(b)}))$ を結ぶ線分 (図 6.1(a) の破線) が, 曲線 $f_j(x_j)$ の下側にくることはないということである. f_j が微分可能であるとき, この性質は, $f_j(x_j)$ の微係数 $f_j'(x_j)$ が x_j に関し非減少であることと言い換えてもよい (問題 6.1). ここでは, x_j の整数点にのみ興味があるので, 微分を差分で置きかえ,

$$d_j(y) = f_j(y) - f_j(y - 1) \tag{6.4}$$

に注目すると, $f_j(x_j)$ の凸性より

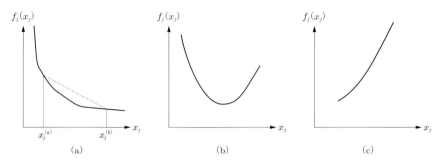

図 6.1 1変数凸関数の例

$$d_j(1) \leq d_j(2) \leq \ldots \leq d_j(N) \tag{6.5}$$

を得る．この性質から最適解をつぎのように特性づけることができる．

定理 6.1 非負整数ベクトル $x^0 = (x_0^0, x_1^0, \ldots, x_{n-1}^0)$ が資源配分問題 (6.2) の最適解であるための必要十分条件は，

$$\sum_{j=0}^{n-1} x_j^0 = N \tag{6.6}$$

が成立し，しかもある実数 λ が存在して，すべての j に対し，

(i) $x_j^0 = 0$ あるいは $d_j(x_j^0) \leq \lambda$

(ii) $d_j(x_j^0 + 1) \geq \lambda$ \hfill (6.7)

の両者が成立することである．ただし，$d_j(N+1) = \infty$ と定める．

[証明] 必要性：式 (6.6) は制約条件より自明．式 (6.7) が成立しないとき，$x_j^0 > 0$ をみたすすべての j に対し (6.7) の条件 (i) をみたす λ の最小値を求めると，$d_j(x_j^0+1) < \lambda$ なる j が存在するので，それより少し小さな値に λ を設定する．そうすると

$$d_{j_1}(x_{j_1}^0) > \lambda, \quad x_{j_1}^0 > 0, \quad \text{かつ} \quad d_{j_2}(x_{j_2}^0 + 1) < \lambda$$

をみたす $j_1 \neq j_2$ が存在する．そこでベクトル x' を

$$x'_j = \begin{cases} x_j^0 - 1, & j = j_1 \\ x_j^0 + 1, & j = j_2 \\ x_j^0, & \text{その他} \end{cases}$$

によって定めると, x' は条件 (6.6) をみたし, さらに

$$\sum_{j=1}^{n-1} f_j(x'_j) = \sum_{j \neq j_1, j_2} f_j(x_j^0) + f_{j_1}(x_{j_1}^0) - d_{j_1}(x_{j_1}^0) + f_{j_2}(x_{j_2}^0)$$

$$+ d_{j_2}(x_{j_2}^0 + 1) < \sum_{j=0}^{n-1} f_j(x_j^0)$$

となり, x^0 の最小性に反する.

十分性:x^0 は問題 (6.2) の制約条件をみたす. さらに, d_j の単調性 (6.5) を考慮すると, 制約条件をみたす任意の解 x' に対して, 上と同様にして, $\sum f_j(x_j^0) \leq \sum f_j(x'_j)$ を示せる. □

増分法 定理 6.1 と差分 d_j の単調性を利用すると, $x = (0, 0, \ldots, 0)$ からはじめ,

$$d_j(x_j + 1), \quad j = 0, 1, \ldots, n-1$$

を最小にする j の x_j を 1 増加するという操作を, $\sum x_j = N$ が成立するまで反復することで, 最適解を構成できることがわかる (問題 6.3). これを**増分法** (incremental method) あるいは**欲張り法** (greedy method) という. このプログラムの基本部分を図 6.2 に示す.

```
x = (0, 0, ..., 0);    (初期解)
while (∑_{j=0}^{n-1} x_j < N)     (増分ステップ)
{
  d_{j0}(x_{j0} + 1) == min_j{d_j(x_j + 1)} をみたす j0 を求める;
  x_{j0} = x_{j0} + 1;
}
```

図 6.2 資源配分問題に対する増分法の主要部分

容易にわかるように, 図 6.2 の while 内の計算は N 回反復される. プログラムの j_0 をすべての $d_j(x_j + 1)$, $j = 0, 1, \ldots, n-1$, を走査して求めるとすれば, 1

回あたり $O(n)$ 時間, 全体では $O(Nn)$ 時間である. ただし, 個々の $d_j(x_j + 1)$ の計算は定数時間と仮定している.

【例題 6.1】 つぎの f_j によって定まる資源配分問題を考えよう. ただし, $n = 5, N = 6$ とする.

$$f_0 = 1/(x + 1),$$
$$f_1 = (x - 2.5)^2,$$
$$f_2 = 1 + 0.1x^3,$$
$$f_3 = -1 + (x - 2)^2,$$
$$f_4 = 3 - \sqrt{x}.$$

$x = (0, 0, 0, 0, 0)$ から始めると,

$$d(1) = (-0.5, \ -4, \ 0.1, \ -3, \ -1)$$

を得るので, 増分法によれば, 最小の値をとる $d_1(1) = -4$ が選ばれ, $x = (0, 1, 0, 0, 0)$ となる. 以下, 同様の反復によって

$$x = (0, 0, 0, 0, 0) \rightarrow (0, 1, 0, 0, 0) \rightarrow (0, 1, 0, 1, 0) \rightarrow (0, 2, 0, 1, 0)$$

$$\rightarrow (0, 2, 0, 2, 0) \rightarrow (0, 2, 0, 2, 1) \rightarrow (1, 2, 0, 2, 1)$$

が生成され, 反復 6 回で最適解 $x = (1, 2, 0, 2, 1)$ が得られる.

ヒープによる増分法の実現 増分法において, 要素 $d_j(x_j+1)$, $j = 0, 1, \ldots, n-1$ を 3.2 節で述べたヒープに貯えよう. こうすると最小の $d_j(x_j + 1)$ を見つけヒープから除去する DELETEMIN は $O(\log n)$ 時間で可能である. また, ヒープに一つの要素 (増分された変数 x_j の新しい $d_j(x_j + 1)$) を加える操作 INSERT も同じ $O(\log n)$ でよい. したがって, 図 6.2 の while 内の 1 回の実行が $O(\log n)$ 時間でなされ, ヒープを準備する時間の $O(n)$ も含め N 回の反復の総時間は $O(n + N \log n)$ となる. これは, 先程の $O(Nn)$ の改良になっている.

150 | 第 6 章 アルゴリズムの実現

　ヒープを用いた増分法のプログラム resource を図 6.3 に与える．目的関数
の $f_j(x_j)$ はプログラムの関数 fn(x[j], j) によって求めるようにしているので，
$d_j(x_j + 1)$ は fn(x[j]+1, j)-fn(x[j], j) とすればよい．また，ヒープを値
$d_j(x_j + 1)$ と添字 j の対からなる構造体の配列 inc[M] によって構成している．そ
の結果，3.2 節のプログラム heapify(), downmin() と deletemin() (図 4.7 と
図 3.3) などでは，要素の移動のときに構造体のすべての成分を移動しなければな
らない等，若干の変更が必要になる (さらに heapify の中では downmin を用いる
こと)．変更の様子を見るため，swap() のみプログラムを与えておく．なお，この
プログラムの関数 fn は例 6.1 に対応している．fn 内の switch(j) は，その中の
case(j) を実行し f を求める．このとき j の値が case になければ default を実
行する．

　他のアルゴリズム　　定理 6.1 から，資源配分問題 (6.2) を解くには，行列

$$\begin{bmatrix} d_0(1) & d_1(1) & \ldots & d_{n-1}(1) \\ d_0(2) & d_1(2) & \ldots & d_{n-1}(2) \\ \vdots & \vdots & & \vdots \\ d_0(N) & d_1(N) & \ldots & d_{n-1}(N) \end{bmatrix} \tag{6.8}$$

から，小さいものから順に N 個の要素を選べばよいことがわかる．換言すれば，
これら Nn 個の第 N 番目の大きさの要素を見つければよい．この目的に，4.7 節
の SELECT を直接用いても $O(Nn)$ 時間となるだけで利点はないが，式 (6.8) は
各列がすでに整列されているという特徴をもつため (式 (6.5) 参照)，さらに改善
できる可能性がある．実際，この線に沿って，いくつかのアルゴリズムが提案され
(その一つを問題 6.4 とする)，最も速いものは $O(n + n \log N/n)$ 時間である．た
だし，このアルゴリズムはきわめて複雑である．

　なお，この資源配分問題の入力データ長は，各 f_j が定数長で入力できるとすれ
ば，$O(n + \log N)$ である ($\log N$ は整数 N の入力に必要)．したがってヒープに
よる時間量 $O(n + N \log n)$ はデータ長の多項式オーダーではない．しかし，上の
$O(n + n \log N/n)$ はデータ長の多項式オーダーであり，資源配分問題が多項式時
間で解けることを示している．

6.1 簡単な最適化問題　151

```c
#include <stdio.h>
#include <math.h>
#define M 100                    /* 最大配列長 */
struct value               /* 構造体 value */
{
float d; int j;
};
/* 関数の宣言 */
…
struct value deletemin …    /* 図 3.3 参照 */
void downmin …             /* 図 3.3 参照 */
void insert …              /* 図 3.5 参照 */
void upmin …               /* 図 3.5 参照 */
void heapify …             /* 図 4.7 参照 */


main()
…


void resource(int n, int N)
/* 増分法を用いて資源配分問題を解く． 変数の
個数 n，右辺の値 N. */
{
 struct value dj, min, inc[M];
             /* inc は増分量を貯えるヒープ */
 int j, i, x[M];              /* x は解 */
 float sum, fjx, fjx1;

 sum = 0.0;
 for(j=0; j<n; j++)          /* 初期化 */
 {
  x[j] = 0;                 /* 初期解 */
  fjx = fn(0.0, j); fjx1 = fn(1.0, j);
  sum = sum+fjx;
  inc[j].d = fjx1-fjx; inc[j].j = j;
 }
 heapify(inc, n);            /* 初期ヒープ */
 for(i=1; i<=N; i++)        /* 増分法の反復 */
 {
  min=deletemin(inc, n);
  x[min.j] = x[min.j]+1;
            /* 増分量最小の xj を 1 増加 */
```

```c
  sum = sum+min.d;
  fjx = fn(x[min.j], min.j);
  fjx1 = fn(x[min.j]+1.0, min.j);
  dj.d = fjx1-fjx; dj.j = min.j;
  insert(dj, inc, n-1);   /* ヒープの更新 */
 }
 printf("Solution x =");  /* 最適解の出力 */
 for(j=0; j<n; j++) printf("%d ", x[j]);
 printf("\n");
 printf("Objective value = %f\n", sum);
}


float fn(float x, int j)
/* 目的関数値 fj(x) を与えるプログラム例 */
{
 float f;

 switch(j)
 {
  case 0:  f = 1.0/(x+1.0); break;
  case 1:  f = (x-2.5)*(x-2.5); break;
  case 2:  f = 1.0+0.1*x*x*x; break;
  case 3:  f = -1.0+(x-2.0)*(x-2.0); break;
  case 4:  f = 3.0-sqrt(x); break;
  default:                /* j の誤りチェック */
  {
   printf("j = %d is out of range.", j);
   exit(1);
  }
 }
 return(f);
}


void swap(int i, int j, struct value *A)
/* 構造体 A[i] と A[j] の交換 */
{
 struct value temp;
 temp = A[i]; A[i] = A[j]; A[j] = temp;
 return;
}
```

図 6.3　資源配分問題に対する増分法のプログラム例

6.1.2 ナップサック問題

資源配分問題の制約条件をやや一般化すると同時に，目的関数を線形にしたつぎの問題を**ナップサック問題** (knapsack problem) という．(名前の由来は，a_j を品物 j の重さ，b をナップサックの最大許容重量と考えればわかる．c_j は品物 j の満足度である．)

$$\text{目的関数} \quad z = \sum_{j=0}^{n-1} c_j x_j \rightarrow \text{最大}$$

$$\text{制約条件} \quad \sum_{j=0}^{n-1} a_j x_j \leq b \tag{6.9}$$

$$0 \leq x_j \leq 1, \quad j = 0, 1, \ldots, n-1.$$

ただし，a_j, b はすべて正，また c_j は非負とし，さらに $\sum a_j > b$ を仮定する (そうでなければ，$x_j = 1$, $j = 0, 1, \ldots, n-1$ が最適解)．なお，変数に整数条件を課した 0-1 ナップサック問題 (0-1 knapsack problem) もよく議論されるが (問題 6.6)，ここでは実数値をとるとしている．この条件を強調して連続 (continuous) ナップサック問題ということもある．

この問題の最適解は次定理によって得られる．

定理 6.2 連続ナップサック問題 (6.9) の添字 j を必要ならば付け直し，

$$\frac{c_0}{a_0} \geq \frac{c_1}{a_1} \geq \ldots \geq \frac{c_{n-1}}{a_{n-1}} \tag{6.10}$$

を仮定する．また，添字 q を条件

$$\sum_{j=0}^{q-1} a_j \leq b \quad \text{および} \quad \sum_{j=0}^{q} a_j > b \tag{6.11}$$

によって定義する．このとき最適解 x^0 は，次式によって与えられる．

$$x_j^0 = \begin{cases} 1, & j = 0, 1, \ldots, q-1 \\ (b - \sum_{i=0}^{q-1} a_i)/a_q, & j = q \\ 0, & j = q+1, q+2, \ldots, n-1 \end{cases} \tag{6.12}$$

6.1 簡単な最適化問題 153

[証明] x^0 は明らかに問題 (6.9) の制約条件をみたす. 最適解 x' ($\neq x^0$) が存在するとすれば, ある $j_1 \leq q$ および $j_2 \geq q$ (ただし, $j_1 < j_2$) に対して

$$x^0_{j_1} > x'_{j_1} \quad \text{および} \quad x^0_{j_2} < x'_{j_2}$$

が成立する. そこで

$$\Delta = \min[a_{j_1}(x^0_{j_1} - x'_{j_1}), \quad a_{j_2}(x'_{j_2} - x^0_{j_2})]$$

を用いて, 新しい解 x'' を

$$x''_j = \begin{cases} x'_j + (\Delta/a_j), & j = j_1 \\ x'_j - (\Delta/a_j), & j = j_2 \\ x'_j, & \text{その他} \end{cases}$$

によって作る. x'' は式 (6.9) の制約条件をみたし, また, $j_1 < j_2$ と仮定 (6.10) より

$$\sum_{j=0}^{n-1} c_j x'_j \leq \sum_{j=0}^{n-1} c_j x''_j$$

である. すなわち, x' の最適性より, x'' も最適解である. $x'' \neq x^0$ ならば, x'' を上の x' とみなし, 再び同様の変形を加える. 反復の度に $x'_j = x^0_j$ をみたす添字 j の数は真に増加するので, 有限回の反復の後 x^0 が得られ, x^0 の最適性が判明する. □

最適解の構成 定理 6.2 を直接利用するには, すべての j に対し c_j/a_j を計算し, 大きいものから順に整列する必要がある. 整列の最悪時間量は $O(n \log n)$ であり (4.4～4.6 節), 定理中の他の計算は明らかに $O(n)$ であるので, この方法による最悪時間量は $O(n \log n)$ となる.

理論的には, ナップサック問題の最悪時間量を $O(n)$ にまで下げることができる. すなわち, 証明をよくみると, 式 (6.11) の q は, 添字 j が式 (6.10) のように整列されていなくても

$$c_j/a_j \geq c_q/a_q, \qquad j = 0, 1, \ldots, q-1$$
$$c_j/a_j \leq c_q/a_q, \qquad j = q+1, q+2, \ldots, n-1 \tag{6.13}$$

を満足してさえおればよい. そこで, 4.7 節の SELECT を用いて, c_j/a_j ($j = 0, 1, \ldots, n-1$) の第 $\lceil n/2 \rceil$ 番目の大きさの要素 (中央値) を求める. 必要な時間量

は $O(n)$ である. 得られた中央値を m とし, 集合 $J = \{0, 1, \ldots, n-1\}$ を

$$J_+ = \{j \mid c_j/a_j > m\}, \ J_- = \{j \mid c_j/a_j < m\}, \ J_0 = \{j \mid c_j/a_j = m\}$$

の三つに分割する. 定義より

$$|J_+|, |J_-| \leq \lfloor n/2 \rfloor, \quad |J_0| > 0$$

および, 以下の性質が成立する.

(i)　$\sum_{j \in J_+} a_j > b$ ならば $q \in J_+$.

(ii)　(i) でなく $\sum_{j \in J_+ \cup J_0} a_j > b$ ならば $q \in J_0$.

(iii)　それ以外は, $q \in J_-$.

したがって, (i) あるいは (iii) の場合は, J_+ あるいは J_- を改めて J とみなし, 同様の手順を適用することができる. これに対し (ii) の場合は, すべての $c_j/a_j (j \in J_0)$ が同じ値をとるので, 式 (6.11) によって直接 q を定めることができる. 最悪の場合, (i) あるいは (iii) が何度も繰り返されるが, その都度対象とする集合 J の大きさは半分以下になるので, SELECT の反復に要する総時間は

$$O(n) + O(n/2) + O(n/2^2) + \ldots = O(2n),$$

つまり $O(n)$ である. いったん q が定まると, 式 (6.12) による x^0 の決定は $O(n)$ 時間でよい. したがって, このアルゴリズムの最悪時間量は $O(n)$ である.

6.2　グラフに関するいくつかの問題

　グラフ (graph) は実用的に重要であり, 本書でも 2.3 節で基本的な定義を与えたのち, しばしば言及してきた. 本節では, グラフのデータ構造について述べたのち, 最小木と最短路のアルゴリズム, さらに, 与えられたグラフのすべての枝を走査する深さ優先探索と, その応用として 2 連結成分を求めるアルゴリズムを紹介する.

　グラフのデータ構造　無向あるいは有向グラフが与えられたとき, その節点集合と枝集合を貯える最も直接的なデータ構造は, **接続行列** (incidence matrix) と **隣接行列** (adjacency matrix) である.

6.2 グラフに関するいくつかの問題

接続行列の各行は節点に対応し,各列は枝に対応する.すなわち,無向グラフでは,節点 u が枝 e の端点であるとき,(u,e) 要素を 1,そうでなければ 0 とする.有向グラフでは,方向を示すため,有向枝 $e = (u,v)$ に対し,行列の (u,e) 要素は 1,(v,e) 要素は -1,それ以外は 0 とする.図 6.4(b) と図 6.5(b) は,それぞれ無向グラフ (図 6.4(a)) と有向グラフ (図 6.5(a)) の接続行列である.

これに対し隣接行列では,行と列ともに節点に対応する.枝 (u,v) に対し,無向グラフの場合は (u,v) 要素と (v,u) 要素がともに 1 である.有向グラフの場合は

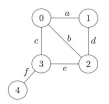

(a) 無向グラフ

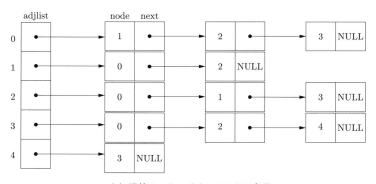

(b) 接続行列　　　　　　　　(c) 隣接行列

(d) 隣接リストのポインタによる表現

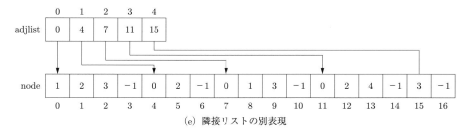

(e) 隣接リストの別表現

図 6.4 無向グラフのデータ構造

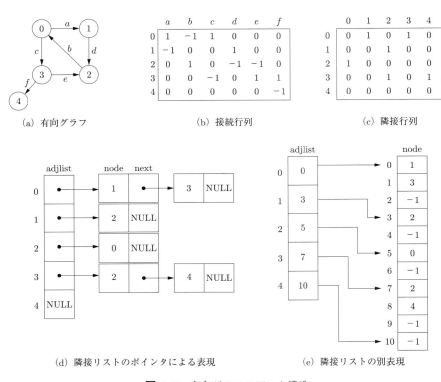

図 6.5 有向グラフのデータ構造

(u, v) 要素のみが 1 である．どちらの場合も，その他の要素は 0 である．隣接行列の例を図 6.4(c) と図 6.5(c) に与える．

このような行列による表現では，

$$n = |V|, \quad m = |E|$$

とするとき，接続行列は $O(mn)$, 隣接行列は $O(n^2)$ の領域を必要とする．したがって，枝を多くもつ密なグラフであれば，これらの実用性は高いが，疎なグラフではほとんどの要素が 0 となり，無駄が多い．

疎なグラフには，図 6.4 と図 6.5 の (d) のようなポインタによる**隣接リスト** (adjacency list) が有効である．いずれも，それぞれの節点 j に接続する枝 (の相手の節点) を adjlist[j] から連結リスト状 (2.1 節) に格納したものである．有向グ

ラフでは，そこから出る有向枝のみを列挙している．どちらの場合も必要な領域量は $O(m+n)$ である．同様なデータは，図 6.4 と図 6.5 の (e) のように保持することもできる．すなわち，配列 node には，adjlist$[j]$ の位置から節点 j に隣接する節点名が順に入り，-1 のところで終了する．実際の計算では，これら基本的なデータ構造に対し，データの利用の仕方に応じて適宜変更が加えられる．たとえば，隣接リストのポインタを双方向にする，また有向グラフの場合，各節点へ入る枝のリストも作る，などである．さらに，枝にラベル (名前) がついているか，あるいは両端点の節点名で識別されるのかによっても扱いは異なる．

6.2.1 最小木

連結無向グラフ $G = (V, E)$ とその枝長 $d : E \to R$ が与えられたとき，その最小木を計算しよう．最小木の定義はすでに 1.1 節 (図 1.3) にあり，1.2 節ではクラスカルのアルゴリズム (図 1.8) を証明なしに与えた．ここではその正当性を示す．

G の枝集合 E の部分集合 T が無向木 (その定義は 2.3 節の図 2.17 参照) を表し，しかも G のすべての節点を連結するとき T は**全域木** (spanning tree, **生成木**) であるという．[*1] また，全域木 T の補集合 $E - T$ を**補木** (cotree) と呼ぶ．図 6.6 に示すように，T に補木の枝 e を 1 本加えると，e と T の枝を通る閉路がちょうど一つ形成される．これを基本閉路と呼び，$C_T(e)$ と記す．

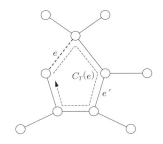

図 6.6 全域木 T (実線) と $C_T(e)$

補題 6.1 全域木 T が最小木であるための必要十分条件は，それぞれの補木

[*1] 正確には，節点集合を含めてグラフ (V, T) を考えるべきであるが，簡単のため以後このような言い方をする．

枝 $e \in E - T$ に対し,

$$d(e) \geq d(e'), \quad e' \in C_T(e) \tag{6.14}$$

が成立することである (つまり, e は $C_T(e)$ 中の最大枝長をもつ).

[証明] 必要性: T を最小木とし, ある $e \in E - T$ と $e' \in C_T(e)$ に対し $d(e) < d(e')$ と仮定する. このとき, T から e' を除き, そのかわり e を加えると新しい全域木 $T' = T \cup \{e\} - \{e'\}$ が得られるが (図 6.6 参照), $d(T') < d(T)$ が成立する. ただし,

$$d(T) = \sum_{a \in T} d(a)$$

などである. これは T の最小性に矛盾する.

十分性: 条件 (6.14) をみたす T に対し, 最小木 T^* ($\neq T$) の存在を仮定する (図 6.7). $e \in T^* - T$ を一つ選び $C_T(e)$ を作ると, T^* が閉路を持たないことから, $C_T(e)$ 中には $e' \in T - T^*$ が存在する. そのような e' は一般に複数個存在するが, ここではつぎのように選ぶ. $e = (u, v)$ とし, T^* から e を除いた部分グラフで u に連結している成分を T_u^*, v に連結している成分を T_v^* と記す. 閉路 $C_T(e)$ の e 以外の部分を u から v へたどると, その中に T_u^* と T_v^* を渡す枝が必ず存在する. それらの一つを e' とするのである. このとき, $e \in C_{T^*}(e')$ が成立するので, 新しい全域木 $T'' = T^* \cup \{e'\} - \{e\}$ を作ることができる. 式 (6.14) より

$$d(T'') \leq d(T^*)$$

が成立し, 仮定より T'' も最小木である. $T'' \neq T$ ならば, T'' を改めて T^* とみなし同

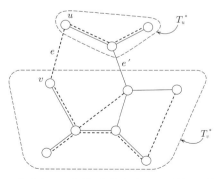

図 6.7 全域木 T (実線) と最小木 T^* (破線) の枝の交換

様の操作を続けると，$|T - T^*|$ は反復ごとに減少し，最終的に $T = T^*$，つまり T の最小性がいえる． □

定理 6.3 クラスカルのアルゴリズム (1.2 節図 1.8) は正しく最小木を計算する．

[証明] クラスカルのアルゴリズムでは，枝 e を $d(e)$ の小さいものから順に，閉路を生じないかぎり，枝集合 tree に加えていく．したがって最終的に得られた $T = $ tree が条件 (6.14) をみたすことは明らかであり，補題 6.1 より最小木である． □

クラスカルのアルゴリズムのプログラム 以上のアルゴリズムのプログラム例を図 6.8 に与える．このプログラムでは，グラフ $G = (V, E)$ の枝のデータを枝長と両端点からなる構造体 edge の配列 E で入力する．得られた最小木は構造体 edge の配列 T によって出力する．枝のその長さによる整列はクイックソートによって行っているが，整数の配列でなく構造体 edge の配列が対象であるので図 4.9 のプログラムに若干の修正が必要である．参考のため swap() のみ与えてある．計算の途中生成される連結成分の集合は，構造体 sets (図 2.41 参照) で定義された comp (図 1.9 参照) に貯えられる．ここに出てくる，ある節点を含む連結成分 (節点集合) の計算と，連結成分の併合は 2.5 節の森による実現を用いている．使用しているプログラム treemerge() と treefind() は図 2.40 と同一である．

クラスカルのアルゴリズムの時間量は，節点数を n，枝数を m とするとき，枝集合の整列に $O(m \log n)$，あとの併合の過程に $O(m\alpha(m))$ かかる (2.5 節)．結局，両者を合わせ $O(m \log n)$ 時間である．領域量は容易にわかるように $O(m)$ でよい．

最小木に対するプリムの方法 グラフ $G = (V, E)$ の最小木を求めるもう一つの代表的なアルゴリズムにプリム (R. C. Prim) の方法がある．このアルゴリズムは適当な節点 $s \in V$ を選び $P = \{s\}$ から始める．一般に $P \subseteq V$ であり，P 内のすべての節点を連結する最小木が枝集合 T に保持されている．各反復では，各 $v \notin P$ に対し，P から v へ接続する枝の中で最小の長さ $d^*(v)$ をもつ枝 $e^*(v)$ を記憶しておき，$d^*(v_{\min}) = \min\{d^*(v) \mid v \notin P\}$ をみたす $v_{\min} \notin P$ を選んで

$$P \leftarrow P \cup \{v_{\min}\}, \quad T \leftarrow T \cup \{e^*(v_{\min})\}$$

と更新する．$P = V$ が成立したとき (つまり，$n - 1$ 回の反復) で計算を終了する．

第 6 章　アルゴリズムの実現

```
#include <stdio.h>
#define N 100              /* 最大節点数 */
#define M 500              /* 最大枝数 */
struct edge               /* 構造体 edge */
{
float d;                         /* 枝長 */
int end1, end2;             /* 両端点 */
};
struct sets               /* 構造体 sets */
{
int size[N]; int root[N]; int parent[N];
};
/* 関数の宣言 */
…
void quicksort …          /* 図 4.9 参照 */
int partition …           /* 図 4.9 参照 */
int pivot …               /* 図 4.9 参照 */
void treemerge …          /* 図 2.40 参照 */
int treefind …            /* 図 2.40 参照 */


main()
/* 最小木のテストプログラム */
{
 struct edge E[M], T[N-1];
                      /* 枝集合 E, 最小木 T */
 … データの入力 …
 kruskal(E, T, n, m);
 … 結果の出力 …
}


void kruskal(struct edge *E, struct edge
*T, int n, int m)
/* 節点数 n, 枝数 m, 枝集合 E をもつグラフの最
小木を求めるクラスカルのアルゴリズム; 結果を T
```

```
に入れる */
{
 struct sets comp;        /* 集合族 (森表現) */
 int i, j, k, s1, s2;
 for(j=0; j<n; j++)       /* comp の初期化 */
 {
  comp.size[j] = 1; comp.root[j] = j;
  comp.parent[j] = -j-1;
 }
 quicksort(0, m-1, E);  /* 枝集合 E の整列 */
 k = 0; i = 0;
 while(k < n-1)         /* 最小木構成の反復 */
 {          /* 枝 E[i] の両端点の集合 s1 と s2 */
  s1 = treefind(E[i].end1, &comp);
  s2 = treefind(E[i].end2, &comp);
  if(s1 != s2)          /* s1 と s2 の併合 */
  {
   treemerge(s1, s2, &comp);
   T[k] = E[i];
   k = k+1;
  }
  i = i+1;
 }
 return;
}


void swap(int i, int j, struct edge *A)
/* 構造体 A[i] と A[j] の交換 */
{
 struct edge temp;

 temp = A[i]; A[i] = A[j]; A[j] = temp;
 return;
}
```

図 6.8　最小木を求めるクラスカルのアルゴリズムのプログラム例

そのときの T は G の最小木を与える. 全体の手順はつぎのようにまとめられる.

ステップ 0 (初期設定): $P \leftarrow \{s\}$, $d^*(s) \leftarrow 0$, $T \leftarrow \emptyset$, $d^*(v) \leftarrow \infty$ $(v \in V - \{s\})$, $u \leftarrow s$, $k \leftarrow 0$ とおく.

ステップ 1 (T の成長): (i) u からの枝 $(u, v) \in E$ の中で $v \notin P$ をみたすものに対し

$$d^*(v) \leftarrow \min\{d^*(v),\ d(u,v)\} \tag{6.15}$$

とする．このとき, $d^*(v)$ が更新されたならば $e^*(v) \leftarrow (u,v)$ とおく．

(ii) $v \notin P$ の中で最小の $d^*(v)$ をもつ節点 $v_{\min}$ を選び,

$$P \leftarrow P \cup \{v_{\min}\},\ T \leftarrow T \cup \{e^*(v_{\min})\},\ k \leftarrow k+1$$

とする．

(iii) $k = n-1$ ならば計算終了 (ただし, $n = |V|$). T は最小木を与える． $k < n-1$ ならば $u \leftarrow v_{\min}$ として (i) へ戻る． $\qquad\square$

　図 6.9 はこの方法を同図 (a) のグラフ (図 1.9(a) と同じ) に適用した結果である．図中の実線は T に保持されている最小木の枝, 破線は各 $v \notin P$ に対し P からの最小の長さ $d^*(v)$ をもつ枝 $e^*(v)$ を示している． 4 回の反復で計算は終了し, 最小木が求まる． もちろん, この結果はクラスカルの方法による図 1.9(g) と同一である． プリムの方法で最小木が正しく求まることの証明は, やはり補題 6.1 を用いて容易に証明できるので, 問題 6.7 とする．

　プリムのアルゴリズムをプログラムするには, 集合 $d^*(v), v \notin P$ をヒープ (3.2 節) に記憶しておけばよい． このようにすると, ヒープ内には $n - |P| (< n)$ 個の要素が保持され, 反復ごとに必要となる $v_{\min}$ の選択が $O(\log n)$ 時間で実行できる． 全反復では $O(n \log n)$ 時間である． 各反復で新しい節点 u が P に加えられると, u と $V - P$ の節点を結ぶ枝の存在をチェックし, 式 (6.15) の更新を行う必要があるが, 3.2 節の最後で述べた DECREASEKEY の操作によって, 一つあたり $O(\log n)$ の手間で可能である． したがって, 全部の枝を考えても (全計算を通じて同じ枝が 2 度以上考察されることはない) $O(m \log n)$ でよい． 以上をまとめ, プリムの方法の計算手間は $O(m \log n)$ と評価できる．

　プリムの方法のプログラム例は省略するが, その構造は次節の最短路問題に対するダイクストラ法と非常に似ているので, ダイクストラ法のプログラム例を修正すれば簡単に実現できる (問題 6.10).

最小木アルゴリズムの改良　最小木問題はグラフ理論の基本的な問題の一つであるので, そのアルゴリズムを理論的にどこまで高速化できるかは, 大きな関心事

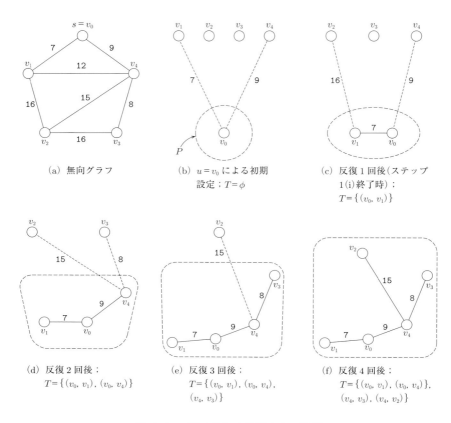

図 6.9 プリム法による最小木の計算

となってきた．上記のクラスカル法とプリム法に新しいアイデアとデータ構造の工夫を加えることで，確率アルゴリズム (第 5 章後の「ひとやすみ」参照) の意味ならば線形時間 $O(n+m)$ のアルゴリズムがある．確率を含まない通常のアルゴリズムでも枝長を整数に限り，数字のビット演算を許した計算モデル (第 1 章の RAM よりやや能力が高い) ならば，やはり線形時間で可能であることがわかっている．通常の RAM モデルによる最高速の計算手間は，現在のところ $O(m\alpha(m,n))$ である．ただし，$\alpha(m,n)$ は，2.5 節の最後でふれたアッカーマン関数の逆関数である．

6.2.2 最短路問題

実用上よく現れる**最短路問題** (shortest path problem) は，つぎのように定義される．

SHORTEST-PATH
入力: 無向グラフ $G = (V, E)$, 枝長 $d : E \to R$, および始点 $s \in V$.
出力: s から V のすべての節点 v への最短路．

ただし，路 π (定義は 2.3 節) の重み付きグラフでの長さ $d(\pi)$ とは，そこに含まれる枝 e の長さ $d(e)$ の和をいう．s から v への路の中で最小の長さをもつものを s から v への**最短路**という．

ここで，始点 s から各 $v \in V$ への路を考え，

$$f(v) = (s \text{ から } v \text{ までの最短路長})$$

と定義しよう．すなわち，$f(v)$ は，s から v へのすべての路の集合 (という状態) を代表するデータと考えることもできる．$f(v)$ はつぎの動的計画法 (5.3 節) による方程式を満足する．

$$\begin{aligned} f(s) &= \min[0, \min\{f(u) + d(u,s) \mid (u,s) \in E\}] \\ f(v) &= \min\{f(u) + d(u,v) \mid (u,v) \in E\}, \quad v (\neq s) \in V. \end{aligned} \quad (6.16)$$

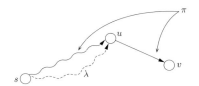

図 6.10 節点 v への最短路 π

この意味を式 (6.16) の下式について説明しよう．図 6.10 に示すように，s から v への最短路 π (その長さは $f(v)$) において，v の一つ手前の節点を u とする．このとき，π の s から u への部分は，s から u への最短路であって，その長さは $f(u)$ である．なぜなら，u へのもっと短い路 λ が存在したとすれば，λ に枝 (u, v) を加えた v への路は π より短く，π の最短性に矛盾するからである．これより

$$f(v) = f(u) + d(u,v)$$

を得る.しかし,実際には節点 u は未知なので,v に接続するすべての枝 $(u,v) \in E$ を考慮しなければならず,式 (6.16) を得るのである.

式 (6.16) の $f(s)$ も同様で,$f(v)$ との違いは,s のみから成る長さ 0 の路も考慮しなければならない点にある.

しかし,式 (6.16) をそのまま解くことは容易ではない.$f(v)$ を得るには右辺の $f(u)$ が既知でなければならないが,$f(u)$ を得るためには他の節点 w に対する $f(w)$ を知らなければならない.G が閉路を含む場合,この議論は巡回的になる.最短路を求めるいろいろなアルゴリズムは,それぞれ,この困難を何らかの方法で解決しているのである.本章では,その中で代表的なアルゴリズムの一つであるダイクストラ法を紹介する.

最短路木 以下の議論では,枝長はすべて非負である.すなわち,

$$d(e) \geq 0, \quad e \in E \tag{6.17}$$

を仮定する.現実の応用に現れる多くの場合,たとえば地図上の最短路問題はこの仮定をみたす.この仮定の下では,式 (6.16) の最初の式は $f(s) = 0$ と簡単化できる.また,s から他のすべての節点への最短路は,図 6.11 のような s を根とする根付き木に表すことができ,これを**最短路木** (shortest path tree) と呼ぶ.

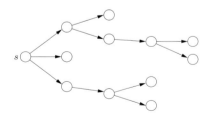

図 6.11 s からの最短路木

このように根付き木に表せる理由を述べるため,そうでない,つまり s からある節点 u と v への最短路 π と λ が,途中の交点 w まで異なる路 π' と λ' をとるとする (図 6.12).そうすると,この π' と λ' はどちらも s から w への最短路であり (そうでなければ π と λ の最短性に矛盾),$d(\pi') = d(\lambda')$ である.したがっ

6.2 グラフに関するいくつかの問題

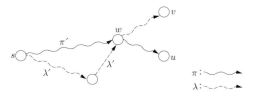

図 6.12 2本の最短路 π と λ

て，たとえば λ の λ' の部分を π' に置きかえても v への最短路が得られる．これは λ' において w に入る最後の枝（図 6.12 の破線の枝）を除いて表現することに相当する．このような操作を可能なかぎり続けると，最終的に s を根とする根付き木が得られる．

なお，負の長さの枝を許すと，閉路をまわることによっていくらでも長さを負に大きくできる可能性があり，以上の議論は成立しない．

ダイクストラ法 この方法はダイクストラ (E. W. Dijkstra) によって提案された．$P = \{s\}$ から始め，各反復で集合 P に一つの節点を加え，$P = V$ が成立したところで終了する．各節点 $v \notin P$ に対し $d^*(v)$ を計算するが，この値は，s を始点とし，その時点の P のどれかの節点から枝 1 本で v に到達できる路の中で最短のものの長さである（そのような枝を $e^*(v)$ と記す）．$v \notin P$ に対する $d^*(v)$ の値は計算の進行とともに減少し，$v \in P$ となったとき，$d^*(v)$ は s から v への最短路長 $f(v)$ となっている．すなわち，いつの時点においても P に属する節点に対しては最短路が求まっているので，その部分の最短路木を T に保持しておく．アルゴリズムの全体は以下のように書かれる．

ステップ 0（初期設定）: $P \leftarrow \{s\}$, $d^*(s) \leftarrow 0$, $T \leftarrow \emptyset$, $d^*(v) \leftarrow \infty$ $(v \in V - \{s\})$, $u \leftarrow s$, $k \leftarrow 0$ とおく．

ステップ 1（最短路木の成長）: (i) u からの枝 $(u, v) \in E$ の中で $v \notin P$ をみたすものに対し

$$d^*(v) \leftarrow \min\{d^*(v),\ d^*(u) + d(u, v)\} \qquad (6.18)$$

とする．このとき，$d^*(v)$ が更新されたならば $e^*(v) \leftarrow (u, v)$ とおく．

(ii) $v \in V - P$ の中で最小の $d^*(v)$ をもつ節点 $v_{\min}$ を選び,

$$P \leftarrow P \cup \{v_{\min}\}, \ T \leftarrow T \cup \{e^*(v_{\min})\}, \ k \leftarrow k+1$$

とする. (このとき, $d^*(v_{\min}) = f(v_{\min})$ が成立する.)

(iii) $k = n - 1$ ならば計算終了 (ただし, $n = |V|$). T は最短路木を与える. $k < n - 1$ ならば $u \leftarrow v_{\min}$ として (i) へ戻る. □

ダイクストラ法の正しさを証明するため, 帰納法によって, 計算の各時点で T が節点集合 P の部分の最短路木であることを示す. 計算の開始時, $P = \{s\}$ および $T = \emptyset$ に対し, この性質は明らかに成立している. そこで, 一般の k において, ステップ 1(ii) で選ばれた $v_{\min}$ に対し, 枝 $e^*(v_{\min})$ を加えた T が s から節点集合 $P \cup \{v_{\min}\}$ への根付き木であることと, $d^*(v_{\min})$ が s から $v_{\min}$ への最短路長 $f(v_{\min})$ を与えることを示せばよい. 前者は, ステップ 1(i) の $e^*(v)$ の定め方より明らかである. 後者を示すために, $d^*(v_{\min})$ が最短路長でないと仮定し, 矛盾を導く. すなわち, s から $v_{\min}$ への最短路 π を一つ選ぶと

$$d(\pi) < d^*(v_{\min}) \tag{6.19}$$

である. π は図 6.13 のように, P から $V - P$ への枝 (u', v') を通ったのち, いくつかの枝を経て $v_{\min}$ に到る. 帰納法の仮定によって, π の u' までの部分 π' は $d(\pi') = d^*(u')$ をみたす. その結果, π の v' までの部分 π'' は $d(\pi'') = d^*(u') + d(u', v') \geq d^*(v')$ (ステップ 1(i) の d^* の更新法より) をみたす. したがって, 枝長の非負性を考慮して

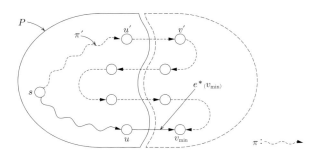

図 **6.13** ダイクストラ法の正しさの証明

$$d(\pi) \geq d(\pi'') \geq d^*(v') \geq d^*(v_{\min}) \tag{6.20}$$

を得るが (最後の不等号はステップ 1(ii) の $v_{\min}$ の選び方による), これは式 (6.19) に矛盾する. よって, ダイクストラ法の正しさが証明された.

【例題 6.2】 図 6.14(a) の例に, 左下の始点 $s = 0$ からダイクストラ法を適用する. 表 6.1 は計算の進行の最初の部分を示したものである. 図 6.14 の節点 j は表 6.1 では v_j と記されている. また, 表 6.1 の $d^*(v)$, $v \in V - P$ の欄の v の肩に付された $*$ 印はステップ 1 (ii) の $v_{\min}$ を示す. この反復を 16

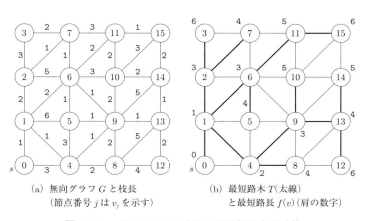

(a) 無向グラフ G と枝長　　　(b) 最短路木 T (太線)
　　(節点番号 j は v_j を示す)　　　と最短路長 $f(v)$ (肩の数字)

図 6.14 ダイクストラ法による最短路木の計算

表 6.1 ダイクストラ法の進行 (v_i^* はステップ 1(ii) の $v_{\min}$ を示す)

反復	$f(v), v \in P$	$d^*(v), v \in V - P$	T への追加枝
0	$f(s) = 0$	$d^*(v_1^*) = 1$, $d^*(v_4) = 3$, 他は ∞	
1	$f(v_1) = 1$	$d^*(v_2) = 3$, $d^*(v_4^*) = 2$, $d^*(v_5) = 7$, $d^*(v_6) = 3$, 他は ∞	(v_0, v_1)
2	$f(v_4) = 2$	$d^*(v_2^*) = 3$, $d^*(v_5) = 5$, $d^*(v_6) = 3$, $d^*(v_8) = 4$, $d^*(v_9) = 3$, 他は ∞	(v_1, v_4)
3	$f(v_2) = 3$	$d^*(v_3) = 6$, $d^*(v_5) = 5$, $d^*(v_6^*) = 3$, $d^*(v_7) = 4$, $d^*(v_8) = 4$, $d^*(v_9) = 3$, 他は ∞	(v_1, v_2)
…	…	…	…

回繰り返すと，図 6.14(b) の最短路木 T (太線) が得られる．各節点 v の肩の数字は $f(v)$ を示している．

ダイクストラ法のプログラム例 dijkstra を図 6.15, 6.16 に与える．簡単のため，節点名を $0, 1, \ldots, n-1$ とし，また $s = 0$ を始点としている．ここではグラフ $G = (V, E)$ のデータは，main() の中で枝集合のデータ E として読み込んだ後，図 6.4(d) の隣接リストのデータ構造に作りなおしている．このとき，構造体 cell を用いて，相手の端点とともに枝番号も合わせてポインタで連結している．枝番号 i がわかると枝のリスト E (枝 e_i の長さ $d(e_i)$ と両端点が記憶されている) から容易にその長さを取り出すことができるからである．ダイクストラ法の計算に必要な $d^*(v)$ $(v \in V - P)$ は，構造体 value を用いて，v と対にしてヒープ heap[N] に格納している．また，節点 v の情報がヒープの何番目のセルにあるかを参照できるように，配列 loc[N] を準備している．このため，ヒープの演算に関して loc の更新も必要となり，図 3.3 と図 3.5 に与えたヒープのプログラムを少し変更しなければならない (配列 A が構造体を要素とする点も変更を要する部分である)．しかし，変更はほぼ自明であるので，これらのプログラムは省略し，参考のため swap のみ図 6.16 に含めておく．

以上のプログラムによると，ステップ 1(ii) の $v_{\min}$ を見つけるための計算は $O(\log n)$ 時間で (3.2 節のヒープの議論を参照)，同様に，ステップ 1(i) の $d^*(v)$ の更新も一つあたり $O(\log n)$ 時間で実行できる．$v_{\min}$ の計算は $n-1$ 回，また $d^*(v)$ の更新は枝の本数の m 回行われるから，前者の合計時間は $O(n \log n)$，また後者は $O(m \log n)$ である．それ以外の計算は容易にわかるように $O(m + n)$ あれば十分であるから，グラフの連結性から $m \geq n-1$ を考慮して，ダイクストラ法の計算時間は $O(m \log n)$ と評価できる．領域量は枝集合 E と隣接リストの格納に必要な $O(m + n)$ である．

最短路問題のその他の話題　最短路問題の計算をどこまで速くできるかは，この分野の大きな話題の一つである．上記のヒープによる実現では $O(m \log n)$ 時間であることが示されたが，これを 3.2 節の最後で説明したフィボナッチヒープを用いて実現すると $O(m + n \log n)$ 時間に下げることができる．これは，ダイクストラ法の細部をみると，INSERT を n 回，DECREASEKEY をたかだか m 回と

6.2　グラフに関するいくつかの問題　　169

```c
#include <stdio.h>
#include <stdlib.h>
#define N 100              /* 最大節点数 */
#define M 500              /* 最大枝数 */
#define ZERO 0.0001   /* 丸め誤差の許容値 */
struct edge              /* 構造体 edge */
{
 float d; int end1, end2;
};
struct value             /* 構造体 value */
{
 float d; int node;
};
struct cell              /* 構造体 cell */
{
 int node; int edge; struct cell *next;
};
/* 関数の宣言 */
…
struct value deletemin …   /* 図 3.3 参照 */
void downmin …             /* 図 3.3 参照 */
void insert …              /* 図 3.5 参照 */
void upmin …               /* 図 3.5 参照 */


main()
/* 最短路問題のテストプログラム */
{
 struct edge E[M], T[N-1];
          /* 枝集合 E, 最短路木の枝集合 T */
 float dstar[N];        /* 節点への最短路長 */

 … データの入力 …
 dijkstra(E, T, dstar, n, m);
 … 結果の出力 …
}


void dijkstra(struct edge *E, struct edge
 *T, float *dstar, int n, int m)
/* 節点数 n, 枝数 m, 枝集合 E をもつグラフの最
短路木を求めるダイクストラのアルゴリズム; 結果
を T (最短路木) と dstar (最短路長) に入れる */
{
 int i, j, k, h, u, v1, v2, vadj, nh;
 int P[N];
        /* u∈P ならば P[u]==1, さもなければ 0 */
 int loc[N];
        /* 節点 u はヒープの loc[u] 番目に格納 */
```

```c
int edge[N];
        /* edge[v] は v への最短路の候補枝 */
float du;
struct cell *adjlist[N];   /* 隣接リスト */
struct cell *r, *q, *p;
struct value vh, vmin;
struct value heap[N-1];
        /* heap は (dstar[u], u) のヒープ */

P[0] = 1;                  /* P の初期化 */
for(j=1; j<n; j++) P[j] = 0;
for(j=0; j<n; j++)    /* 隣接リストの構成 */
{adjlist[j] = NULL; loc[j] = -1;}
for(i=0; i<m; i++)
{
 v1 = E[i].end1;
 v2 = E[i].end2;
 r = (struct cell *)malloc(sizeof(struct
  cell));
 r->node = v2; r->edge = i;
 r->next = adjlist[v1]; adjlist[v1] = r;
 q = (struct cell *)malloc(sizeof(struct
  cell));
 q->node = v1; q->edge = i;
 q->next = adjlist[v2]; adjlist[v2] = q;
}
nh = 0;
u = 0;                 /* 節点 0 から計算開始 */
du = 0.0; dstar[u] = 0.0;
for(k=0; k<n-1; k++)   /* 最短路木の反復 */
{
 p = adjlist[u];
   /* u からの枝による更新 (ステップ 1(i)) */
 while(p != NULL)
 {
  vadj = p->node;      /* vadj は u に隣接 */
  if(P[vadj] == 0)
  {
   if(loc[vadj] == -1)
   {              /* vadj をヒープへ入れる */
    vh.d = du+E[p->edge].d; vh.node=vadj;
    edge[vadj] = p->edge;
    insert(vh, heap, loc, nh);
    nh = nh+1;
   }
   else  /* すでにヒープにある vadj の更新 */
   {
    j = loc[vadj];
```

図 6.15　最短路問題に対するダイクストラ法のプログラム例 (1/2)

第 6 章　アルゴリズムの実現

```
  if(heap[j].d > du+E[p->edge].d+ZERO)        T[k] = E[edge[u]];    /* edge[u] を T へ */
  {                                         }
   heap[j].d = du+E[p->edge].d;            return;
   edge[vadj] = p->edge;                  }
   upmin(j, heap, loc, nh);
  }                                        void swap(int i, int j, struct value *A,
 }                                          int *loc)
}                                          /* ヒープ A における構造体 A[i] と A[j] の交換 */
 p = p->next;                              {
}                                           struct value temp;
vmin = deletemin(heap, loc, nh);
        /* ステップ 1(ii):  vmin の選択 */     temp = A[i]; A[i] = A[j]; A[j] = temp;
nh = nh-1;     /* u=vmin.node を P へ移動 */   loc[A[i].node] = i; loc[A[j].node] = j;
u = vmin.node;                                                    /* loc の更新 */
du = vmin.d;                                 return;
P[u] = 1; dstar[u] = du;                   }
```

図 6.16　最短路問題に対するダイクストラ法のプログラム例 (2/2)

DELETEMIN を n 回用いているので，フィボナッチヒープのところで述べたよ
うに，$O(m + n \log n)$ のならし時間量で実行できるからである．ダイクストラ法
によるかぎり，これ以上の改善は不可能に思える．というのは，ダイクストラ法で
は，最短路長 $f(v)$ の小さい節点 v から順に P へ移しているので，結局，集合 V の
$f(v)$ による整列を行っていることになり，整列の $O(n \log n)$ 時間がどうしても必
要となるからである．しかし，理論的な改善はこの壁を超えてさらに続いており，
最近ではダイクストラ法を必ずしも $f(v)$ の小さい順に P に入れなくてもよいよ
うに変形し，さらに巧妙なデータ構造を採用することによって，枝長が非負整数の
場合についてではあるが，線形時間 $O(m)$ にまで下げられている．

　なお，本節のダイクストラ法は無向グラフを前提にして述べたが，これを有向グ
ラフに拡張することは容易である (問題 6.9)．

　G に負の長さの枝が存在するときダイクストラ法は正しく動作しないが (問題
6.8)，そのようなネットワークの最短路木を求めるアルゴリズムも種々知られてい
る．また，始点 s を一つに定めず，任意の節点から任意の節点への最短路をすべて
求めるという全節点対最短路問題についても多くの研究がある．

6.2.3 深さ優先探索と関節点の計算

与えられたグラフ G のすべての枝を組織的に訪問することで，グラフがもつ何らかの性質を明らかにしたいことがある．グラフが有向木である場合については，すでに 2.3 節で木のなぞりとして，深さ優先探索による三つの方法を与えた (2.3 節では節点の走査という形で述べたが，枝の走査と考えても本質的な相違はない)．ここでは，木とは限らない一般の無向グラフ G を対象とし，やはり深さ優先探索を適用する．簡単のため，G の連結性を仮定する．作戦の大筋は以下の通りである．

1. 適当に選んだ節点 u_0 から始める．すべての節点 ($\neq u_0$) と枝は未走査．
2. 現在 u に居るとして，つぎの手順を実行する．
   (a) u に接続する未走査の枝があればその一つ (u, v) を選び走査する．このとき v が未走査であれば走査を v へ進める (つまり $u \leftarrow v$ として 2 へ戻る)．v が走査済みであればそのまま 2 へ戻る．
   (b) u に接続する枝がすべて走査済みならば，u への最初の走査を行った枝 (y, u) を y へ後戻り (backtrack) する (つまり $u \leftarrow y$ として 2 へ戻る)．
   (c) $u = u_0$ であり，しかも (b) の条件が成立すれば計算を終了する．

深さ優先探索の実行例を図 6.17 に示す．ある節点 u に来たとき，未走査の枝が 1 本以上あれば，その中からランダムに選んでつぎへ進むというルールを用いて得たものである．枝に付された番号および節点内に書かれた番号はそれぞれ枝と節点の走査の順番を示している．節点 v の走査番号を $\mathrm{num}(v)$ とする．図の実線は，各節点 u について，u を最初に訪問したときの枝とその方向を表示したもので，u_0 を根として全節点を結ぶ有向木となる．これを $T(G)$ と記す．

深さ優先探索のプログラム例は，つぎの 2 連結成分のところ (図 6.21, 6.22 の dfs) で与えるので，ここでは方針のみ述べる．探索において，v に $\mathrm{num}(v)$ が与えられたとき (つまり，v に初めて到達したとき) の走査枝を $(\mathrm{pre}(v), v)$ とする．$\mathrm{pre}(v)$ を記憶しておけば，$T(G)$ のすべての枝が得られる．$\mathrm{escan} \subseteq E$ によってすでに走査済みの枝の集合を表す．[*2] 探索が u_0 (つまり，$\mathrm{num}(u_0) = 0$) に戻り，

[*2] プログラムでは枝 i が未走査なら $\mathrm{escan}[i] = -1$，走査済ならば枝 i の走査番号を入れている．$\mathrm{escan}[i] \geq 0$ なる i の集合が走査済の枝集合である．

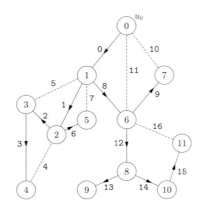

図 6.17 グラフの深さ優先探索 (実線は $T(G)$, 節点内の番号は num, 枝の矢印は走査方向, また数字は走査番号を表す)

しかも escan= E が成立するならば探索は終了である.

深さ優先探索の手順は, $T(G)$ の枝のみに注目すれば 2.3 節の木のなぞりと基本的に同様である. したがって, 前順に対する図 2.24 のように, 再帰呼び出しを用いるとコンパクトに構成できる.

探索中, 節点 u で, u に接続する枝 (u,v) のうち未走査の枝 $(u,v) \notin$ escan を選ぶには, G のデータを図 6.4(d) のように, 各節点ごとに隣接リストを用いて貯えておき, 条件 $(u,v) \notin$ escan をみたす最初の枝を出力するようにすればよい. (なお, その枝を記憶しておき, 以後の (u,v) の探索はそのつぎから始めるようにする.)

以上の方法によれば, 各枝を最終的に往復するので, ちょうど 2 回チェックすることになる. 各節点 u からの時間量は $O(|E(u)|)$ (ただし, $E(u)$ は u に接続する枝の集合) となり, すべての u に対する合計は

$$\sum_{u \in V} O(|E(u)|) = O(m)$$

である. また, 集合 escan の処理には, 全体を通して $O(m)$ かかる. その他の処理にともなう手間も含め, 深さ優先探索の時間量は $O(m+n)$ となる.

グラフの 2 連結成分 連結無向グラフ $G = (V,E)$ の節点集合 $V_i \subseteq V$ が 2 連結成分 (2-connected component) であるとは, V_i がつぎの性質をもつ極大集合 (V_i にどの節点を加えてもこの性質を保てない) であることをいう.

「任意の $u, v \in V_i$ に対し, $(u, v) \in E$ であるか, u と v を通る単純閉
路が V_i の生成部分グラフ内に存在する.」

また, 相異なる 2 連結成分 V_i と V_j の両方に属する節点 v が存在すれば, それを関節点 (articulation node) と呼ぶ. 図 6.18 にこれらの例を示す. 関節点 v は, G から v とそれに接続する枝を除くと, G の残った部分の連結性が失われるという性質によっても特徴づけできる (問題 6.11). あるいは, 2 連結成分 V_i と V_j を結ぶ路が必ず v を通るといってもよい. V_i と V_j が関節点を共有するならば, それは唯一つ存在する.

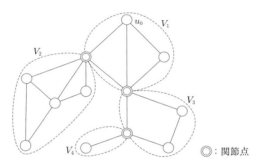

図 6.18　グラフの 2 連結成分 V_i と関節点

関節点の計算　関節点が求まれば 2 連結成分はただちにわかるので, ここでは関節点の計算を考える. そのため, G に深さ優先探索を適用し, その結果を利用する. 図 6.19 は, 深さ優先探索の結果であり, 図 6.17 と同一であるが, 有向木 $T(G)$ (実線) だけでなく, それ以外の枝 (破線) にも走査の方向を示す矢印を付している. 破線の枝は, つぎの補題に示す理由によって上昇枝と呼ばれる.

補題 6.2　(u, x) を深さ優先探索の上昇枝 (その方向は u から x) とすると, $T(G)$ において u は x の子孫である.

これは, 深さ優先探索において, 図 6.20(a) の (u, x) や (u, x') のような破線は存在しないことを主張している. 証明は問題 6.12 とする. また, 容易に示せるように, $T(G)$ における u の子孫 v (ただし, $u \neq v$) に対し, 常に $\mathrm{num}(u) < \mathrm{num}(v)$

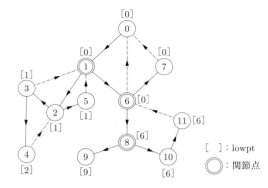

図 6.19 関節点の計算 (節点内の番号は num, $[\cdot]$ の番号は lowpt)

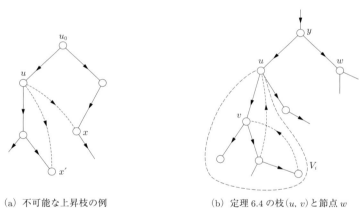

(a) 不可能な上昇枝の例 (b) 定理 6.4 の枝 (u, v) と節点 w

図 6.20 有向木 $T(G)$ の構造

が成立する (問題 6.13).

そこで, $u \in V$ に対しつぎの定義を行う.

> lowpt(u): num(u), および $u \xrightarrow{*} v \cdots > x$ の形で到達できる
> すべての節点 x がもつ num(x) の最小値.

ただし, $u \xrightarrow{*} v$ は $T(G)$ 上の路 ($u = v$ の場合も含む) を示し, $v \cdots > x$ は上昇枝をちょうど 1 本通ることを意味する. 図 6.19 には, lowpt の値を $[\cdot]$ を用いて示している. これらを用いて, 関節点をつぎのように判定できる.

6.2 グラフに関するいくつかの問題 | 175

定理 6.4 連結無向グラフ G において節点 u が関節点であるための必要十分条件は, つぎの条件をみたす枝 (u, v) と節点 w $(\neq u, v)$ が存在することである (図 6.20(b) 参照).

(a) (u, v) は $T(G)$ の有向枝である.

(b) $\mathrm{lowpt}(v) \geq \mathrm{num}(u)$.

(c) $T(G)$ において, w は v の子孫でない.

[証明] 十分性: 補題 6.2 と条件 (a)(b) から, $T(G)$ において v の子孫 (v 自身も含む) から出た上昇枝は必ず u かあるいは v の子孫へ入る (図 6.20(b)). したがって, G から節点 u とそれに接続する枝を除くと, G は v を含む連結グラフと (c) の w を含む連結グラフに分離する. つまり, u は関節点である.

必要性: u を 2 連結成分 V_i と V_j の関節点とする. まず u が $T(G)$ の根 u_0 ではない場合を考える. このとき, $T(G)$ において u に入る枝 (y, u) と出る枝 (u, v) を $y \notin V_i, v \in V_i$ (あるいは $y \notin V_j, v \in V_j$) をみたすように選べる. 一般性を失うことなく前者を仮定する (図 6.20(b) 参照). すなわち, 条件 (a) は成立する. この v が, $\mathrm{lowpt}(v) < \mathrm{num}(u)$ をみたすとすれば, $\mathrm{lowpt}(v) = \mathrm{num}(x)$ をみたす節点 x は $T(G)$ 上 y に等しいかあるいは y の先祖に位置し (補題 6.2 と lowpt の定義), したがって, $x \notin V_i$ かつ u, v, x の 3 節点を通る単純閉路が存在する. これは u が V_i と V_j の関節点であることに矛盾する. よって, 条件 (b) がいえる. 条件 (c) をみたす w の存在も明らかである (たとえば $w = u_0$ とすればよい).

つぎに, $u = u_0$ の場合を考える. $T(G)$ の枝 (u, v) の u と v は両方が 2 連結成分 V_i に属するとする. すると条件 (a)(b) は自明. $T(G)$ における u の子の中には V_i 以外の 2 連結成分に属するものが存在するので (これは u_0 から $T(G)$ の枝が 2 本以上出ているという条件と同じ), それを w とすれば, 条件 (c) が成立する. □

プログラム例と計算量 以上のアルゴリズムのプログラム例を図 6.21, 6.22 に与える. 関数 artic は, 各枝の両端点をもつ配列 E[M] から図 6.4(d) のような隣接リスト adjlist を構成し, そのあと dfs を呼ぶ. dfs は節点 u からの深さ優先探索のプログラム例であり, G の探索と同時に num および lowpt を計算している. dfs における節点 u からの探索は, それに接続する節点を adjlist[u] を用いてポインタで走査しながら dfs を再帰的に呼び出すことで実行している. dfs は v, e, lowpt という整数をもつ構造体 data を値として返すが, data.v はつぎの num 番号, data.e はつぎに走査する枝の走査番号, data.lowpt は u の子孫の

第 6 章 アルゴリズムの実現

```c
#include <stdio.h>
#define N 100              /* 最大節点数 */
#define M 500              /* 最大枝数 */
struct edge               /* 構造体 edge */
{
 int end1, end2;
};
struct cell               /* 構造体 cell */
{
 int node; int edge; struct cell *next;
};
struct number            /* 構造体 number */
{
 int v, e, lowpt;
};
/* 関数の宣言 */
…


main()
/* グラフの関節点を求めるテストプログラム */
{
 struct edge E[M];        /* グラフの枝集合 */
 int art[N];
     /* j が関節点なら art[j]==1，なければ 0 */
 int n, m;
 … データの入力 …
 artic(E, art, n, m);
 … 結果の出力 …
}


void artic(struct edge *E, int *art, int
 n, int m)
/* 節点数 n，枝数 m，枝集合 E をもつグラフのす
べての関節点を求める．結果は配列 art へ */
{
 int i, j, k, u, v, v1, v2, ucount;
 int num[N], pre[N], lowpt[N];
 int escan[M];
             /* 枝 i の走査番号；未走査なら-1 */
 struct number data;
 struct cell *r, *q, *adjlist[N];
                           /* 初期化 */
 for(i=0; i<m; i++) escan[i] = -1;
 for(j=0; j<n; j++)
 {
  num[j] = pre[j] = -1; art[j] = 0;
  adjlist[j] = NULL;
```

```c
}
 ucount=0;
         /* 始点 0 から出る T(G) の枝の本数 */
 for(i=0; i<m; i++)
 {                    /* 隣接リスト adjlist の構成 */
  v1 = E[i].end1; v2 = E[i].end2;
  r = (struct cell *)malloc(sizeof(struct
   cell));
  r->node = v2; r->edge = i;
  r->next = adjlist[v1]; adjlist[v1] = r;
  q = (struct cell *)malloc(sizeof(struct
   cell));
  q->node = v1; q->edge = i;
  q->next = adjlist[v2]; adjlist[v2] = q;
 }
 u = 0;              /* 始点 0 から深さ優先探索 */
 num[u] = 0; lowpt[u] = num[u];
 data.v = 1; data.e = 0;
 data = dfs(u, data, adjlist, num, pre,
  lowpt, escan);
 for(v=0; v<n; v++)
 {           /* 関節点の条件 (定理 6.4) チェック */
  u = pre[v];
  if(u == 0) ucount = ucount+1;
  if(u>0 && lowpt[v]>=num[u]) art[u] = 1;
                          /* u は関節点 */
 }
 if(ucount > 1) art[0] = 1;
                     /* 節点 0 の条件チェック */
 return;
}

struct number dfs(int u, struct number
 data, struct cell **adjlist, int *num,
 int *pre, int *lowpt, int *escan)
/* 隣接リスト adjlist を用いて u から深さ優先探
索；u に関するデータを出力 */
{
 int i, uadj;
 struct cell *p;

 p = adjlist[u];     /* u の隣接リストを探索 */
 while(p != NULL)
 {
  i = p->edge;
  if(escan[i] == -1)        /* 枝 i は未走査 */
  {
   escan[i] = data.e;
   data.e = data.e+1;
```

図 6.21 深さ優先探索によって関節点を求めるアルゴリズムのプログラム例 (1/2)

```
uadj = p->node;                      }
if(num[uadj] == -1)                  else            /* uadj は探索済 */
{        /* 枝 i の先の節点 uadj は未探索 */   {
 num[uadj] = data.v;                  if(num[uadj]<lowpt[u])
            /* T(G) に uadj を追加 */     lowpt[u] = num[uadj];
 pre[uadj] = u;                       }
 lowpt[uadj] = num[uadj];            }
 data.v = data.v+1;                 p = p->next;      /* 隣接リストの次の枝 */
   /* uadj から深さ優先探索の再帰呼出し */   }
 data = dfs(uadj, data, adjlist, num,  data.lowpt = lowpt[u]; /* lowpt の更新 */
  pre, lowpt, escan);               return(data);
 if(data.lowpt<lowpt[u])          }
  lowpt[u] = data.lowpt;
```

図 6.22 深さ優先探索によって関節点を求めるアルゴリズムのプログラム例 (2/2)

計算の結果更新された lowpt[u] の値である.

dfs による G の探索が終了すると, artic では $T(G)$ の各枝 (u,v) が定理 6.4 の条件をみたすかどうかを判定し, u が関節点ならば art[u] = 1, そうでなければ art[u] = 0 とする. ucount は条件 (c) をみるために, 始点 u_0 から $T(G)$ の枝が何本出るかをカウントするために用いられる.

以上の計算に必要な時間量は, $n = |V|, m = |E|$ として, 深さ優先探索に対してすでに述べたように $O(m+n)$, また定理 6.4 の条件の判定は節点一つあたり定数時間でよいので全体で $O(n)$, 両者を合わせて $O(m+n)$ である. 領域量も容易にわかるように線形の $O(m+n)$ でよい.

6.3 文字列の照合

文章などの文字列を扱うとき, 手元にあるテキスト (text) の中に指定された文字列パターン (pattern) が部分系列として含まれているかどうかを判定する (含まれていれば, その位置も求める) ことがしばしば要求される. **文字列照合問題** (string pattern matching problem) である. たとえば, 図 6.23 は, 15 文字からなるテキスト t の中に 4 文字のパターン $p = $ abaa が 3 箇所含まれていることを示している.

以後, テキストはアルファベット $\sum$ から (反復を許して) 選ばれた n 文字の系列 $t = t[0]t[1]\cdots t[n-1]$ であり, パターンは m 文字 $p = p[0]p[1]\cdots p[m-1]$ で

178 第 6 章 アルゴリズムの実現

テキスト　$t = \mathrm{b\,c\,a\,b\,a\,a\,b\,a\,a\,c\,a\,a\,b\,a\,a}$

パターン　$p = \mathrm{a\,b\,a\,a}$

図 6.23　文字列パターン p の照合

あるとする. ただし, $m \le n$ である. また, パターン p が複数箇所に含まれている場合, その位置をすべて出力するものとする. なお, 本節ではアルファベットのサイズは定数として扱い, その結果, 計算量の評価に陽には出てこない.

　素朴な照合アルゴリズム　つぎのアルゴリズムは, テキスト t のすべての位置で p との重なりを調べる.

> **ステップ 1** (初期設定): $h \leftarrow 0$.
> **ステップ 2** (照合): $j = 0, 1, \ldots, m-1$ のすべてに対し $p[j] = t[h+j]$ が成立するならば, h を出力する.
> **ステップ 3** (反復): $h < n-1$ ならば $h \leftarrow h+1$ としてステップ 2 へ戻る. $h = n-1$ ならば終了. □

　容易にわかるように, このアルゴリズムの時間量は $O(mn)$ である. より高速のアルゴリズムとして, Knuth-Morris-Pratt 法と Boyer-Moore 法が知られている. どちらも最悪時間量は $O(m+n)$ であって, 大きな改善を実現している.

　ところで, 実際の応用では, テキストの文字数 n は非常に大きいがパターンの m は数文字という例が多い. さらに同じテキストに対し, 何回ものパターン問合せが生じるのが普通である. そのため, テキストの処理には少々計算量をかけても, 問合せに対して高速, つまり $O(m)$ 時間で動作するものが望まれる. 次に, そのような目的に開発されたデータ構造を紹介する.

　接尾辞木による文字列の照合　以下では, テキストの最後尾にアルファベットに含まれない特殊な文字 \$ を付し, 長さ $n+1$ の文字列 $t = t[0]t[1] \cdots t[n-1]t[n]$ とする. $t[n] = \$$ である. t において, $t[i]$ から最後尾までの文字列を t の**接尾辞** (suffix) という. $i = 0, 1, \ldots, n$ なので, 全部で $n+1$ 個の接尾辞がある. 接尾辞全体を, 図 6.24 のように一つの根付き木で表し, これを**接尾辞木** (suffix tree) という. 図からわかるように, 根から下へそれぞれの接尾辞をたどることができるが,

各接尾辞において他と共通する最初の部分は1本にまとめて作られていて，最初に異なる文字のところではじめて分岐している．

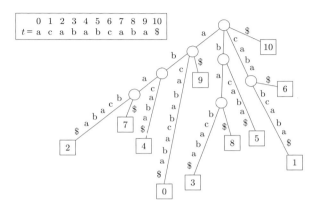

図 6.24 テキスト t と接尾辞木の例

図は $n = 10$ のテキスト t に対するものであるが，根から $n+1$ 個の葉へのそれぞれの路が接尾辞に対応している．葉は四角の節点で描かれていて，その中の番号 i は $t[i]$ から始まる接尾辞であることを示している．たとえば，葉7への路は，接尾辞 $t[7]t[8]t[9]t[10] = $ aba\$ を表す．なお，枝に複数の文字の文字列が付されている場合，1文字ごとに節点を入れることもできるが，図からわかるように，(根以外で) 子節点を一つだけ持つ節点は省略して描かれている．その結果，接尾辞木では，根と葉以外の節点はすべて2個以上の子節点をもつ．

接尾辞木を用いると，指定されたパターンがテキストのどこに存在するかを簡単に知ることができる．たとえば図 6.24 のテキストにパターン $p = $ ab の存在を判定するには，接尾辞木の根から下へ ab の路をたどればよい．接尾辞木では，その作り方からわかるように，パターンの文字列に沿って路が存在するならば，ちょうど1本だけである．この例では，到達した節点の下方に3個の葉 2, 7, 4 があるので，テキストの $t[2], t[7], t[4]$ から始まる3か所にパターン ab があることがわかる．なお，パターンに沿って路をたどるとき，枝の途中で終わることもある．たとえばパターン $p = $ bc がそうであるが，このときも到達位置の下に葉5があるので，$t[5]$ からパターン bc が始まることがわかる．パターンがテキスト中に存在しない場合は，その文字列にそって根から路をたどることができない．たとえば，p

180　第 6 章　アルゴリズムの実現

= bac がそのような例で, たしかにテキストに bac は存在しない.

　以上の説明から明らかなように, 接尾辞木があれば, テキスト t にパターン p が存在するかどうかの判定は, 根から長さ m の路をたどるだけでよいから $O(m)$ 時間でよい. パターン p のすべての位置を見つけるには, p の下に位置する葉をすべて見つけなければならないが, 後述するように, 葉の数が k ならば $O(k)$ 時間で可能である. 両者を合わせ $O(m+k)$ 時間であり, 非常に高速であって実用性が高いことがわかる.

　つぎに接尾辞木の構成について考える. まず, 定義に基づく素朴なアルゴリズムを与える. $t[i]$ から始まる接尾辞を $i = 0, 1, \ldots, n$ の順に, すでに出来ている部分をできるだけ利用しながら, 対応する葉への路を追加するというものである.

接尾辞木を構成する素朴なアルゴリズム

　　ステップ 1 (初期設定): 根となる節点を準備する.

　　ステップ 2 (路の追加) $i = 0, 1, \ldots, n$ に対して以下を反復する. 現在の木の根から文字列 $t = t[i]t[i+1]\cdots t[n]$ を可能なかぎりたどる. たどれなくなった最初の文字が $t[k]$ であるとすると, その場所が節点であればそこから文字列 $t[k]t[k+1]\cdots t[n]$ をもつ新しい枝を葉 i まで伸ばす. 一方その場所が枝の途中であれば, 新しい節点を作り, そこから上と同様の作業をする.

　　ステップ 3 (終了) 計算終了.　　　　　　　　　　　　　　□

　このアルゴリズムでは, 反復ごとに接尾辞の長さ $n+1, n, \ldots, 1$ の作業が必要になるから, 合わせた計算手間は $O(n^2)$ である. 得られた接尾辞木の大きさも, 文字数で評価すると $O(n^2)$ であってあまり実用的でない. しかし, アルゴリズムやデータ構造を工夫することによって, 以下述べるように, これらの計算量をさらに下げることができる.

　まず, 図 6.24 の接尾辞木は図 6.25 のように圧縮表現できることに注意しよう. 木の枝に付された記号は, 図 6.24 の枝の文字列を圧縮表現したものである. たとえば [5, 10] は, 文字列 t の $t[5]t[6]\cdots t[10]$ 部分を, また, 1 文字からなる [3] などは, t の 1 文字 $t[3]$ を示している. この表現の領域量は, 接尾辞木のような根付き木に関する次の補題に基づいて評価できる.

6.3 文字列の照合

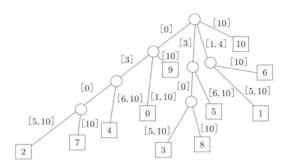

図 6.25 圧縮された接尾辞木

補題 6.3 $n+1$ 個の葉を持つ根付き木において，根と葉以外の節点はすべて 2 個以上の子節点をもつとする．このとき全節点の数は $n+2$ 以上 $2n+1$ 以下，全枝の数は $n+1$ 以上 $2n$ 以下である．

この補題の証明は問題 6.15 とする．図 6.25 の圧縮接尾辞木は明らかにこの条件をみたしている．さらに，各枝に付された記号の文字数は定数であるから，圧縮木の領域量は $O(n)$ である．

この補題を使うと，上述のパターン p の下にある葉の数 k を求めるには $O(k)$ 時間でよいこともわかる．つまり，圧縮接尾辞木においてパターン p を見つけた場所 (そこが枝の途中であれば仮の節点を作る) を根とみなし，その下の部分木を深さ優先で探索するのである．補題 6.3 によってこの部分木は $O(k)$ の節点数と枝数をもつので，6.2.3 節で述べたように，深さ優先探索は $O(k)$ 時間で実行できる．

つぎに，圧縮接尾辞木の高速構成法について考える．その後の研究によってこれが $O(n)$ 時間で可能であることが判明しており，素朴なアルゴリズムによる $O(n^2)$ に比べ大幅に改善している．ただし，そのアルゴリズムはかなり複雑であるので，ここではその概略を紹介するに止め，細部は文献にゆずることにする．

アルゴリズムの基本ステップではテキストの前半部分 $t[0]t[1]\cdots t[i]$ に対する圧縮接尾辞木 T_i を $i=0,1,\ldots,n$ の順に構成する．図 6.26 に T_5 と T_6 を示している．ここでは理解を助けるため，木には元の文字列を記しているが，実際には圧縮表現を用いて計算を進める．

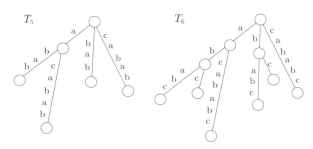

図 6.26 接尾辞木の反復構成

　図 6.26 の T_i では，テキストの末尾が $ ではないため，葉も丸の節点で書かれており，また，接尾辞の一部，たとえば T_5 の ab は枝の途中で終わっている．さて，T_5 と T_6 を比べると，ほとんど同じ構造で，T_6 には文字 $t[6] = $ c がいくつかの場所に追加されているだけである．また，T_5 の各枝を見ると，付された文字列が同じものが複数あることに気付く．したがって，それらを適当なポインタで結んで結合しておけば，同じタイプの計算を何回も行うことなく効率良く以上の計算を実行できそうである．実際，以上のような工夫を加え，各反復の計算量を詳細に評価して全体を求めると，最終の T_n，つまり求める圧縮接尾辞木が $O(n)$ 時間で得られることを示せるのである．

6.4　計算幾何の話題から

　コンピュータ応用の大きな分野に図形処理や画像処理がある．このような応用では，幾何学，それも 2 次元や 3 次元という低次元の幾何学の話題がひんぱんに現れる．計算やアルゴリズムの立場に立つと，従来とは異なる視点から幾何学を眺めることになり，**計算幾何学** (computational geometry) と呼ばれるようになった．本節では，この分野の代表的な問題である凸包やボロノイ図などをとり上げ，その計算法を考える．

6.4.1　初等幾何学の計算

　まず，2 次元の x-y 平面上の簡単な話題を考えてみる．相異なる 2 点 $p_1(x_1, y_1)$

と $p_2(x_2, y_2)$ を通る直線の式は

$$l_{12} : (x_2 - x_1)(y - y_1) = (y_2 - y_1)(x - x_1) \tag{6.21}$$

である．直線は x-y 平面を二つの領域に分けるが，直線の外にある点 $p_0(x_0, y_0)$ に対して，

$$(x_2 - x_1)(y_0 - y_1) < (y_2 - y_1)(x_0 - x_1)$$

ならば，p_0 からみて，p_1 と p_2 は l_{12} の上に時計回りに並んでいる (図 6.27)．また，反対の不等号ならば反時計回りに並んでいる．

図 6.27 p_1 と p_2 を通る直線と p_0 の位置

さらに，点 $p_3(x_3, y_3)$ と $p_4(x_4, y_4)$ を通る直線を

$$l_{34} : (x_4 - x_3)(y - y_3) = (y_4 - y_3)(x - x_3) \tag{6.22}$$

とするとき，l_{12} と l_{34} の交点は式 (6.21) と式 (6.22) の連立方程式を解いて

$$\begin{aligned} x &= \frac{(x_3 y_4 - y_3 x_4)(x_2 - x_1) - (x_1 y_2 - y_1 x_2)(x_4 - x_3)}{(y_4 - y_3)(x_2 - x_1) - (y_2 - y_1)(x_4 - x_3)} \\ y &= \frac{(y_3 x_4 - x_3 y_4)(y_2 - y_1) - (y_1 x_2 - x_1 y_2)(y_4 - y_3)}{(y_2 - y_1)(x_4 - x_3) - (y_4 - y_3)(x_2 - x_1)} \end{aligned} \tag{6.23}$$

で与えられる．なお，l_{12} と l_{34} が平行ならば，上式の分母は 0 になり ($l_{12} = l_{34}$ でないかぎり) 交点は存在しない．

凸包とその計算　以上のような計算を組み合わせることによって，n 個の点 (point) の集合

$$S = \{p_i(x_i, y_i) \mid i = 0, 1, \ldots, n-1\} \tag{6.24}$$

に対し，その凸包 (convex hull) を求めることができる．凸包とは，数学的には

$$\mathrm{Conv}(S) = \{(x,y) \mid x = \sum_{i=0}^{n-1} \lambda_i x_i,\ y = \sum_{i=0}^{n-1} \lambda_i y_i,$$
$$\sum_{i=0}^{n-1} \lambda_i = 1,\ \lambda_i \geq 0,\ i = 0, 1, \ldots, n-1\} \tag{6.25}$$

のように定義される集合である．図形的には，図 6.28 にあるように S の点を含む最小の凸多角形 (とその内部) である．凸多角形とは，直観的には "へこみ" のない多角形のことである．凸包を計算するとは，S 内の n 点のうち凸包の端点となるものを見出し，それらを接続する境界線分 (辺 (edge) と呼ぶ) をすべて求めることをいう．

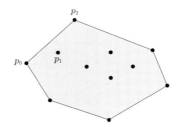

図 6.28 点集合 S とその凸包 (黒丸が S の点, アミの領域が $\mathrm{Conv}(S)$ を与える).

上記の直線と点に関する計算を組み合わせることによって凸包を計算するアルゴリズムを作ることは，それほど難しくはないだろう．$O(n^2)$ 時間のアルゴリズムは比較的簡単に作れるが (問題 6.17)，うまく作ることによって $O(n \log n)$ 時間にまで短縮できることが知られている．

6.4.2　ボロノイ図

x-y 平面上の n 点集合 S (式 (6.24) 参照) が与えられたとき，S の点の中では p_i が最も近いような x-y 平面上の領域を $P(i)$ と書く．$P(i)$ は p_i を内部に含む凸多角形 (図 6.29 参照) であり**ボロノイ多角形** (Voronoi polygon) と呼ばれている．すべての点 $p_i \in S$ の $P(i)$ をまとめて書くと図 6.30 のような**ボロノイ図** (Voronoi diagram) $\mathrm{Vor}(S)$ が得られる．ボロノイ図を構成する線分を辺 (edge)，辺の交点を頂点 (vertex) と呼び，それらの全体をそれぞれ $E(S)$ と $V(S)$ と記す．

図 6.29 点 p_i のボロノイ多角形 $P(i)$ (黒丸は集合 S の点を示す)

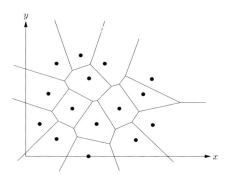

図 6.30 集合 S のボロノイ図 $\mathrm{Vor}(S)$

ボロノイ図の頂点と辺に対し,以下の性質が成立する.いずれも直観的に明らかにみえるが,厳密に証明するにはやや面倒な場合もある.ただし,ここでは証明はすべて省略する (問題 6.18). また,議論を簡単にするため,

「S 内のどの 4 点も一つの円の円周上に位置することはない」 (6.26)

と仮定する.

1. どの頂点もちょうど 3 辺の交点である.
2. 一つの頂点 $v_j \in V(S)$ に対し,S の点 p_i で v_j に最も近いものを求めるとちょうど 3 点存在し,v_j を中心にそれら 3 点を通る円が描ける.
3. 上記の円は,S 内のそれら 3 点が作る 3 角形の外接円,つまり,v_j はその 3 角形の外心である.
4. ボロノイ図の辺はどれも,上のように作られる 3 角形のどれか 1 辺の垂直 2 等分線になっている.

5. 上の2,3によってできる3角形をすべて集めたものをドロネー (B. Delaunay) の **3 角形分割** (Delaunay triangulation) と呼ぶ (図 6.31). ボロノイ図とそのドロネーの 3 角形分割はそれぞれを平面グラフとしてみるとき, グラフ理論でいう双対の関係にある.

6. ボロノイ多角形 $P(i)$ のあるもの (すなわち, 外側に位置するもの) は有界ではない. $P(i)$ が有界ではないための必要十分条件は $p_i \in S$ が凸包 $\mathrm{Conv}(S)$ の端点であることである.

7. $\mathrm{Vor}(S)$ の辺の個数は $3n - 6$ 以下, 頂点の個数は $2n - 5$ 以下である. ただし, $n = |S|$.

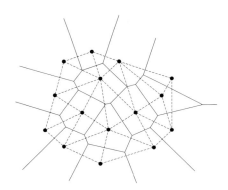

図 6.31 ドロネーの 3 角形分割 (破線)

ボロノイ多角形 $P(i)$ を点 p_i の勢力範囲を示していると考えれば, ボロノイ図は S のすべての点の勢力範囲を 2 次元図形として明瞭に表示するものである. この勢力とは, ある場合には, 森に住む生物の食物捕獲の容易さであり, また, 分子構造論における原子の結合力の強さであることもある. このように, ボロノイ図は, さまざまな分野に広い応用をもつ.

分割統治法によるボロノイ図の計算　　ボロノイ図の計算とは, それを構成するすべての頂点の座標と, それらを結ぶ辺 (その両端点の名前を与える, あるいは辺の端が発散している場合は発散方向) を与えることをいう.

集合 S の点が 2 点あるいは 3 点からなる場合は, そのボロノイ図は図 6.32(a) と (b) のようになる. その計算は初等幾何の議論を適用すれば容易である.

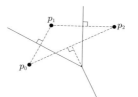

(a) $|S|=2$ の場合(ボロノイ辺は線分 $p_0 p_1$ の垂直 2 等分線)

(b) $|S|=3$ の場合(ボロノイ辺は 3 角形 $p_0 p_1 p_2$ の外心から発する 3 本の垂直 2 等分線)

図 6.32 2 点あるいは 3 点よりなる S のボロノイ図

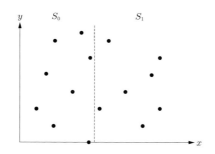

図 6.33 集合 S の x 座標による 2 分割

$|S| \geq 4$ の場合は,5.2 節の分割統治法を適用することができる.すなわち,S の点集合を x 座標にしたがって,左右の領域 S_0 と S_1 に 2 分割する.ただし,このとき,両領域の点の個数がほぼ等しくなるようにしておく(図 6.33).S_0 と S_1 それぞれのボロノイ図 $\mathrm{Vor}(S_0)$ と $\mathrm{Vor}(S_1)$ を構成したあと(図 6.34),両者を分ける折れ線 σ を求めることによって,σ を境界に $\mathrm{Vor}(S_0)$ と $\mathrm{Vor}(S_1)$ を併合することができる(図 6.35).$\mathrm{Vor}(S_i)$ をそれを構成する頂点と辺の集合と考えるとき,併合とは,$\mathrm{Vor}(S_0)$ で σ の左にある部分 (左に位置する頂点の集合と,左に位置する辺の集合,さらに σ によって切断される辺はその左部分の線分) と $\mathrm{Vor}(S_1)$ で σ の右にある部分,さらに σ 自身を構成する頂点と辺の和集合を求めることをいう.したがって,$\mathrm{Vor}(S)$ の計算はつぎの再帰アルゴリズムに記述できる.

アルゴリズム　VORONOI(S)
入力: n 個の点よりなる平面上の点集合 S.

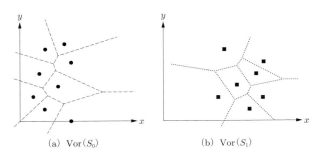

図 6.34 2分割された S の左と右のボロノイ図

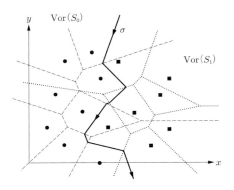

図 6.35 $\mathrm{Vor}(S_0)$ と $\mathrm{Vor}(S_1)$ の併合

出力: $\mathrm{Vor}(S)$ のすべての頂点とすべての辺.

ステップ 1: 集合 S を x 座標にしたがって,左と右にほぼ等分割し,それぞれ S_0 と S_1 とする.

ステップ 2: $\mathrm{Vor}(S_0)$ と $\mathrm{Vor}(S_1)$ をアルゴリズム $\mathrm{VORONOI}(S_1)$ と $\mathrm{VORONOI}(S_2)$ を再帰的に呼ぶことによって構成する.

ステップ 3: $\mathrm{Vor}(S_0)$ と $\mathrm{Vor}(S_1)$ の境界を作る折れ線 σ を計算し,両者を併合し $\mathrm{Vor}(S)$ を構成する. □

つぎの項で説明するように,σ の計算および $\mathrm{Vor}(S_0)$ と $\mathrm{Vor}(S_1)$ の併合は $O(|S|)$ 時間で可能である.したがって,n 個の点に対するボロノイ図の計算時間を $T(n)$ とすると,

$$T(n) = 2T(n/2) + cn \tag{6.27}$$

6.4 計算幾何の話題から

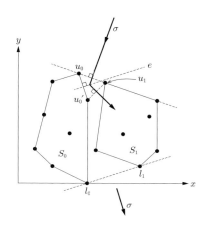

図 6.36 境界の折れ線 σ の開始と終了

が成立する．ただし，c は適当な定数である．したがって，5.2.3 節で述べた漸近解を使うと $T(n) = O(n \log n)$ を結論できる．つまり，n 点に対するボロノイ図は $O(n \log n)$ 時間で構成可能である．

境界の折れ線 σ の計算　σ は S_0 と S_1 の点を分ける上から下への単調な(左右のジグザグはあっても，上下のジクザクは生じない)折れ線であって，各辺は S_0 のある点 p_i と S_1 のある点 p_j を結ぶ線分の垂直 2 等分線の一部となっている (詳しい証明は省略)．

σ の開始と終了の部分は，図 6.36 に示すように，点集合 S_0 と S_1 を渡して上から接する線分 $u_0 u_1$ と下から接する線分 $l_0 l_1$ (すなわち，S の凸包の境界辺のうち S_0 と S_1 を渡す 2 辺) によって決定される．すなわち，σ の開始部分は，$u_0 u_1$ への垂直 2 等分線の上部分，終了部分は $l_0 l_1$ への垂直 2 等分線の下部分である．

上の性質を用いて σ の開始部分，すなわち，線分 $u_0 u_1$ への垂直 2 等分線をまず決定する．この直線が最初に交差する $\mathrm{Vor}(S_0)$ あるいは $\mathrm{Vor}(S_1)$ の辺を e とする．一般性を失うことなく，e は S_0 の二つの点 p_i と p_j の境界辺であって $P(i)$ と $P(j)$ に属しているとする．すなわち，$p_i = u_0$ および $p_j = u_0'$ とすると，σ のそのつぎの辺は線分 $u_0' u_1$ への垂直 2 等分線の一部である (図 6.36)．以下，この議論は反復することができて，σ の辺はボロノイ図のある辺 e に交差する度に方向を変え，その方向は新しく決まる線分 vw (ただし，$v \in S_0$ および $w \in S_1$) への垂

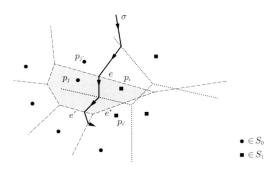

図 6.37 $P(j)$ 内の σ の動き (アミ部分がボロノイ多角形 $P(j)$ を示す)

直 2 等分線となっている．この様子は，図 6.36 の σ をよく見ると理解できよう．

ところで，σ が S_0 のある $P(j)$(図 6.37 のアミ領域) に辺 e を横切って上から侵入したとしよう．σ は単調で連続であるから，いずれ $P(j)$ の他の辺 e' を横切って下へ出て行く．このとき，$P(j)$ の中で σ は ($\mathrm{Vor}(S_1)$ の辺を横切ることによって) 右方向に折れ曲がることはあっても左へ曲がることはない．その理由は，σ の現在の部分が $\mathrm{Vor}(S_1)$ の $P(i)$ 内に位置しているとすると，それは線分 $p_j p_i$ への垂直 2 等分線となっているが，$\mathrm{Vor}(S_1)$ の辺を横切ることによって，p_j の相手が p_i から $p_{i'}$ へ (交点からみて) 時計回りに変わるため，線分 $p_j p_{i'}$ への垂直 2 等分線が右へ曲がるためである．これに対し $P(j)$ が $\mathrm{Vor}(S_1)$ の多角形であれば σ はその中で左方向にのみ曲がり得る．したがって，上記の e' を求めるには，$p_j \in S_0$ の場合，図 6.37 に示すように，$P(j)$ の辺を e から始め，p_j を中心に時計方向 (つまり，$e \to e^* \to e'$ の方向) に回りながら，σ が折れ曲がるたびに，それが直線状に伸びたときに交わる $P(j)$ の辺を追跡していけばよい．$p_j \in S_1$ の場合も，議論を対称に修正することによって，反時計回りに追跡していけばよいことがわかる．その結果図 6.37 では，σ が垂直に交わる相手の線分が $p_{j'} p_i$, $p_j p_i$, $p_j p_{i'}$, … のように移り変わっていくのが見てとれる．

以上の計算は，σ が S の凸包の下側の線分 $l_0 l_1$ への垂直 2 等分線になったところで終了する．上の辺の追跡方法から，同じ辺を 2 度以上考える必要がないことと，先に述べたように辺の個数は $3n - 6$ 以下，つまり $O(n)$ であることから，σ の計算が $O(n)$ 時間で可能であることが導かれる．σ の計算とともに，$\mathrm{Vor}(S_0)$ から σ の右部分を除く計算，さらに $\mathrm{Vor}(S_1)$ から σ の左部分を除く計算が必要である

が，これも，上記の $P(j)$ の辺の時計回りあるいは反時計回りの際に済ますことができ，これらを含めても $O(n)$ の手間でよい．

これでボロノイ図の計算アルゴリズムの記述は完了である．ただし，以上のアルゴリズムをプログラムするには，幾何学的な位置の特別な場合 (たとえば，直線が水平あるいは垂直になる場合，二つの辺が平行である場合，発散する辺の扱いなど) を考慮しなければならず，結構複雑となる．(試作してみたところ，約 10 ページにもなったので本書に掲載することはできない．) ある程度の期間をかけて開発する課題としては適当であろう．

6.5 関係データベースの処理

コンピュータの現実の応用をみると，数値計算より，むしろ大量のデータを格納し，それらを高速に処理する機械として利用されることが多い．したがって，これらのデータをどのようなデータ構造で記憶し，どのように処理するかは，きわめて重要である．データベース理論はそのような問題を扱う分野であって，最近では，オブジェクト指向データベース，マルチメディアデータベース，ネットワーク上に分散されたデータベースなどさまざまな話題に発展してきている．しかし，ここでは，データベースの基本として，表の形に格納されたデータを扱う関係データベース (relational database) に話題をしぼり，その簡単な紹介の後，基本的な演算の一つである結合 (join) を，データ構造との関連の下で検討する．

関係データベース　　関係データベースでは，データの集合を関係 (relation) と呼ばれる表の形式に貯える．その各列は一つの**属性** (attribute) に対応し，各行 (tuple) は，それぞれ一つのデータに対応していて，各属性の値が書かれている．たとえば，R_1: A 大学科目表 (図 6.38) の第 1 行から，科目数学 A の担当教官が鈴木であること，第 2 行から数学 B の担当教官が中曽根であることがわかる．行の並ぶ順序には特別な意味はない．関係の集まりを関係データベースという．

関係データベースに対し，さまざまな**質問** (query) が発せられる．たとえば，

    (a)　A 大学でデータベースを教えている教官名は？

    (b)　A 大学で群馬県在住の教官が教えている科目名は？

    (c)　A 大学と B 大学で共通に開講されている科目名は？

192　第6章　アルゴリズムの実現

R_1：A大学科目表

科　目	担当教官
数学 A	鈴木
数学 B	中曽根
データベース	田中
アルゴリズム論	福田
情報理論	田中
データベース	橋本
⋮	⋮

R_2：A大学教官住所録

教　官	住　所
鈴木	岩手県…
竹下	島根県…
田中	新潟県…
中曽根	群馬県…
橋本	岡山県…
福田	群馬県…
⋮	⋮

R_3：B大学科目表

科　目	担当教官
数値解析	佐藤
数学 A	鈴木
数学 B	小渕
⋮	⋮

R_4：B大学教官住所録

教　官	住　所
小渕	群馬県…
佐藤	山口県…
鈴木	岩手県…
⋮	⋮

図 6.38　関係データベースの例

などである．これらの質問に答えるには，単に記憶されているデータを読むだけでなく，何らかの加工を施さねばならないこともある．質問 (a) に答えるには R_1 を見るだけでよいが，質問 (b)(c) は複数の表に関係しているので，それらをうまく処理して答えを引き出さねばならない．**関係代数** (relational algebra) は，このような目的に用いられるデータ演算を対象とする数学分野である．代表的な演算に以下のようなものがある．

　(1)　**射影** (projection)：一つの関係から，いくつかの属性に関する部分 (すなわち列) のみを切り出す演算．たとえば，R_1 から属性 "科目" について射影演算を適用すると，図 6.39(a) の表が得られる．このとき，得られた結果に同一の行が複数個存在すれば，それらを一つにまとめる (すなわち，集合として扱う)．

　(2)　**選択** (selection)：一つの関係から，いくつかの属性について与えられた条件を満足する行を取り出す演算．たとえば，図 6.38 の R_1 から，属性 "科目" の値がデータベースであるという条件で選択を実行すると

　　　(データベース, 田中)
　　　(データベース, 橋本)

科　目
数学 A
数学 B
データベース
アルゴリズム論
情報理論
⋮

科　目	教　官	住　所
数学 A	鈴木	岩手県…
数学 B	中曽根	群馬県…
データベース	田中	新潟県…
アルゴリズム論	福田	群馬県…
情報理論	田中	新潟県…
データベース	橋本	岡山県…
⋮	⋮	⋮

(a) R_1 の "科目" に　　　(b) R_1 と R_2 の結合
　　よる射影

図 6.39　データベース上の演算

という行が得られる. これによって, 上の質問 (a) に答えることができる.

(3)　**合併** (union), **差** (difference), **共通部分** (intersection): それぞれ, 各表を行の集合とみたときの集合演算に対応する. 例として, 上の質問 (c) に答えるには, R_1 と R_3 に属性 "科目" による射影を行った後, 得られた 2 個の表 (それぞれ属性 "科目" のみをもつ) の共通部分をとればよい.

(4)　**結合** (join): p 個の属性をもつ関係 R と q 個の属性をもつ関係 R' において, R のある属性 (簡単のため一番最後の第 p 列とする) と R' のある属性 (簡単のため第 1 列とする) の値域が同じであるとき, この二つの属性に関する結合は, R の行 $(x_1, x_2, \ldots, x_p)$ と R' の行 $(y_1, y_2, \ldots, y_q)$ で, $x_p = y_1$ を満足するすべての対から $(x_1, x_2, \ldots, x_p, y_1, \ldots, y_q)$ という行を作ることで構成される. x_p と y_1 の列を重ねて $(x_1, x_2, \ldots, x_p, y_2, \ldots, y_q)$ と書くこともある.

上の質問 (b) に答えるには, R_1 の "担当教官" と R_2 の "教官" に基づいて, R_1 と R_2 の結合をとった後 (図 6.39(b)), 住所が群馬県であるすべての行を選択すればよい.

結合演算の結果, 表の規模がかなり大きくなる可能性がある. たとえば, R に属性 A の値が a である行が m 本, R' に同じ属性 A の値が a である行が n 本存在するとき, A に関する結合をとると, これらの行から mn 本の行が生成される.

なお, ここに述べた結合は, 正確には等結合 (equijoin) あるいは自然結合 (natural join) と呼ばれるもので, [*3] より一般的には, 属性値が等しくなくても, 指定され

[*3] 厳密には, 上の (4) の説明で, x_p と y_1 の両方を残す場合を等結合, 一方を残す場合を自然結合と区別する.

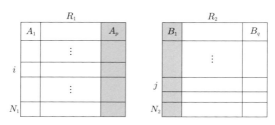

図 6.40 関係 R_1 と R_2

た条件をみたすならば結合を実行するという場合,あるいは複数の属性に基づいて結合を考える場合などがある.

データベースに発せられるさまざまな質問を効率良く処理するには,演算の順序や適用法をよく考える必要がある.たとえば,上の質問 (b) の場合,あらかじめ R_2 から住所が群馬県である行のみを選択しておき,得られた表と R_1 の結合をとれば,計算量を節約できる.このような,質問に応じた処理法についてさまざまな研究がなされている.本節では,時間量を最も必要とする結合演算について,そのアルゴリズムをデータ構造との関連の下に検討してみよう.

結合の直接的な実現 以下では,図 6.40 の二つの関係 R_1 と R_2 の結合演算を考える.ただし,R_1 は属性 $A_1, A_2, \ldots, A_p$ をもち,R_2 は属性 $B_1, B_2, \ldots, B_q$ をもつ.結合は A_p と B_1 に関して行う.R_1 (R_2) の行数は N_1 (N_2) とする.なお,関係 R_1 の行 i における属性 A_l の値を $R_1[i].A_l$ のように記す.R_2 についても同様である.

結合の直接的な作り方は,R_1 の各行 i ごとに R_2 のすべての行を走査し,A_p と B_1 の値が一致すれば,両行を合わせた行を出力するものである.時間量は,条件 $R_1[i].A_p = R_2[j].B_1$ のテストや,結合によって得られた一つの行の出力がそれぞれ定数時間で可能であるとして,$O(N_1 N_2)$ である.

整列を利用した結合手順 結合の計算効率を上げる一つの方策として,あらかじめ R_1 と R_2 の行を,それぞれ属性 A_p と B_1 の値にしたがって整列してみよう.こうしておけば,各行 $R_1[i]$ に対し $R_1[i].A_p = R_2[j].B_1$ をみたす j を探索するのに R_2 のすべての行をみる必要はない.具体的には,i と j をそれぞれ 1 から始め,$R_1[i].A_p$ と $R_2[j].B_1$ の大小に応じて,小さい方の添字を一つずつ増加して

いけばよい. $R_1[i].A_p = R_2[j].B_1$ が成立した場合には, $R_1[i].A_p = R_2[j+k].B_1$ をみたすすべての $k = 0, 1, \ldots$ について, 結合行 $(R_1[i], R_2[j+k])$ を出力した後, i を一つ増やし, 同様の手順を続ける. このアルゴリズムはマージスキャン法 (merge-scan method) と呼ばれている.

ところで, 以上の方法は 5.1.1 節の整列配列の併合で述べたものと本質的に同一である. この方法のプログラムも, 図 5.1 を参考にすれば容易に作れる.

R_1 と R_2 のすべての行を整列するには, 第 4 章の適当なアルゴリズムによるとして, それぞれ $O(N_1 \log N_1)$ 回および $O(N_2 \log N_2)$ 回の行の交換が必要である (このとき, 各行が長いものであれば, 4.2 節の最後のところ (図 4.3) で述べたように, それらを指すポインタを準備し, 行は動かさず, ポインタのみを整列すればよい). その後の時間量は, R_1 の A_p 列 (あるいは R_2 の B_1 列) がすべて異なる値をとるという仮定の下で, $O(N_1 + N_2)$ であることを示せる. したがって, 全体の時間量は $O(N_1 \log N_1 + N_2 \log N_2)$ となり, 直接法より小さい. もちろん, A_p 列と B_1 列の両方に同じ値が多数存在すれば, この結果は成立しない. 極端な例として, A_p と B_1 列の値がすべて同じならば, 出力される行数は $N_1 N_2$ となり, 計算手間も $O(N_1 N_2)$ である.

ハッシュ表を利用した結合手順　ハッシュ表を利用すると, 平均時間の意味でさらに改善できる. すなわち, R_2 の B_1 列[*4]のすべての値をハッシュ表 H に格納する. 2.4.2 節で述べたように, H の大きさを適当に選んでおくと, その準備に要する平均時間は $O(N_2)$ である. 値 x の要素が H に存在するかどうかは MEMBER(x, H) を使うが, 2.4.2 節の議論を少し変更して, 値 x をもつ R_2 の行番号 j が出力されるようにしておく. このとき, R_2 のいくつかの行が同じ値 x をもつことも考えられるので, 一般には MEMBER(x, H) はそのような j の集合 J を出力するものとする. 値 x をもつ行がなければ空集合 $\emptyset$ を出力する.

ハッシュ表 H を利用して R_1 と R_2 の結合をとるには, A_p 列の各要素 $R_1[i].A_p$ について, $R_2[j].B_1 = R_1[i].A_p$ をみたす j の集合 J を $J \leftarrow$ MEMBER$(R_1[i].A_p, H)$ によって求め, 各 $j \in J$ に対し行 $(R_1[i], R_2[j])$ を出力すればよい. この方法はハッシュジョイン (hash join) 法と呼ばれている. このプログラムの大体の

[*4] $N_1 < N_2$ のときは R_1 の A_p 列をとる方がよい. ここでは簡単のため, このように想定する.

196 第 6 章 アルゴリズムの実現

```
...
struct relation1          /* R1 の構造体 */
{
...
};
struct relation2          /* R2 の構造体 */
{
...
};
...

void hashjoin(struct relation1 *R1, struct
  relation2 *R2)
/* 関係 R1 の属性 Ap と関係 R2 の属性 B1 による結合
をハッシュ表を利用して求め、得られた行をすべて
出力する */
```

```
{
  int i, j;
  set J;

                            /* B1 のハッシュ表 */
  R2 の B1 列のすべての値をハッシュ表 H にいれる;
                            /* 結合 */
  for(i=0; i<N1; i++)
  {                        /* N1 は R1 の行数 */
    J=MEMBER(R1[i].Ap, H);
    if(J != ∅)
    {
      すべての j∈J に対し (R1[i], R2[j]) を出力;
    }
  }
}
```

図 6.41 ハッシュ表を用いた R_1 と R_2 の結合 (概略)

様子を図 6.41 に掲げる. ただし, ハッシュ表の具体的な構成は, 2.4.2 節の方法による. また, データ型の set は C 言語にはないので, これも集合を扱う適当な方法 (2.4.1 節) によって実現しなければならない.

R_2 の B_1 列の要素がすべて異なるとき, MEMBER(x, H) の平均時間は, 2.4.2 節で述べたように定数オーダーである. したがって, $|J|$ が定数 (通常は 1) とすると, すべての i を走査しつつ結果を出力する部分の平均時間量は $O(N_1)$, これに H の構成に要する時間 $O(N_2)$ を合わせ, 全体では $O(N_1 + N_2)$ である. なお, A_p 列および B_1 列に同じ値が多く存在する場合, あるいはハッシュ表の構成, 操作を最悪時間で考えると, 全時間量は, この方法でも $O(N_1 N_2)$ となり, 前二者と同じである.

その他の考察　二つの関係の結合を一般化した n 個の関係の結合もしばしば登場する. 結合演算 $\bowtie$ は結合則 (associative law) をみたすので, たとえば

$$(R_1 \bowtie R_2) \bowtie R_3 = R_1 \bowtie (R_2 \bowtie R_3) \tag{6.28}$$

などが成立する (問題 6.20). したがって, n 個の関係の結合は, 2 個ずつの結合を反復すれば実現でき, 結果はその順序によらない. しかし, 必要な計算量は 2 個ずつの結合演算の順序に大きく依存する. そのため, 計算量の意味で最適な結合順序に関する研究がなされている.

つぎに, 現実のデータベースでは, 扱うデータ量が多いので, 関係表はディスク
やドラムなどの外部記憶に置くのが普通である. したがって, 外部記憶と主記憶の
間のデータ転送量とその回数を減らすことが重要である. この観点から, 外部整列
アルゴリズムや (文献は第 4 章の出典を参照), データベースの諸演算の実現法に
関するいろいろな研究がある.

出　典

6.1.1 節の資源配分問題については $O(n + n \log N/n)$ 時間のアルゴリズムや他
の形の問題の記述も含めて 6-5) に詳しい. ナップサック問題は, 組合せ最適化を
扱っている書物の多くに取り上げられているが, これらは主に問題 (6.9) に整数
条件を加えた 0-1 ナップサック問題を対象としていて 6-7) に詳しい. 連続ナッ
プサック問題に SELECT を適用するという 6.1.2 節のアイデアは 6-1) などに最
初に現れた. なお, 組合せ最適化に関する一般的参考書は多数に上るが, たとえば
6-2, 3, 4) などがある.

6.2 節のグラフのデータ構造も, データ構造の教科書 (第 1 章) には必ず含まれ
ている. グラフ理論全般の教科書として, 6-8, 9, 14, 15, 16, 21, 23) などをあげて
おく. 他にも種々出版されている. 最小木を求めるクラスカルとプリムの方法は,
それぞれ 6-18) と 6-19) によって提案された. 6-13) によれば, チェコスロバキア
のボルブカ (O. Borůvka) の研究 (1926 年) にまで遡ることができる. データ構造
を含めた議論は 6-21) などにある. 最小木アルゴリズムの改良のところで述べた
線形時間の確率アルゴリズムは 6-17), 拡張 RAM モデルによる線形時間アルゴリ
ズムは 6-12), 通常の RAM モデルの高速アルゴリズムは 6-10) に書かれている.

6.2.2 節の最短路問題のところで与えたダイクストラ法は 6-11) で提案された.
「最短路問題のその他の話題」の項で述べた $O(m + n \log n)$ 時間のアルゴリズム
は 3-6) にある. 線形時間 $O(m)$ のアルゴリズムは 6-22) で発表された.

6.2.3 節のグラフの深さ優先探索と 2 連結成分の計算は 6-20) に始まり, 6-8,
21), 1-2) その他の教科書にも書かれている.

6.3 節の文字列の照合における接尾辞木のアルゴリズムは 6-25, 27) に詳しい.
とくに後者はデータ圧縮について詳細に解析している. $O(m + n)$ 時間のアルゴ
リズムとして言及した Knuth-Morris-Pratt 法や Boyer-Moore 法は 6-25, 26) な
どにある. 文字列の処理に関する広範な話題は 6-24) などに述べられている. こ

198 第6章 アルゴリズムの実現

の種の話題は，最近では，遺伝子の DNA におけるタンパク質の系列の解析にも関連して興味を集めている 6-25).

6.4 節の計算幾何学の全般的な解説は 6-28, 30, 31, 32) などにある．これらには，6.4.1 節の凸包の計算法や 6.4.2 節の分割統治法によるボロノイ図の計算法なども例外なく書かれている．ボロノイという名称はその原典 6-33, 34)，またドローネーの 3 角形分割は原典 6-29) の，いずれも著者名からきている．ボロノイ図は，Dirichlet 領域，Thiessen 多角形，Wigner-Seitz セルなどとも呼ばれている．

6.5 節のデータベース，特に関係データベース全般については，6-35, 37, 38) などに詳しい．ハッシュジョイン法は 6-36) によって最初に提案された．

演 習 問 題

6.1 微分可能な関数 $f(x)$ が凸関数であるための必要十分条件は，$f'(x)$ が非減少であることを示せ．

6.2 つぎの資源配分問題の最適解を 6.1.1 節の増分法によって求めよ．

$$\text{目的関数} \quad 2x_1^2 + (x_2^3 - 2x_2) + e^{x_3} \to \text{最小}$$
$$\text{制約条件} \quad x_1 + x_2 + x_3 = 6$$
$$x_1, x_2, x_3 : \text{非負整数}.$$

6.3 6.1.1 節の増分法によって正しく最適解が求まることを示せ．

6.4 簡単のため，式 (6.8) の $d_j(i)$ の値はすべて異なると仮定する．5.1.2 節の 2 分探索法を利用することで，以下の計算が n と $\log N$ の多項式時間で可能であることを示せ．

    (a) 与えられた実数 λ に対し

        $p(\lambda) = (d_j(i) \leq \lambda,\ j \in \{0, 1, \ldots, n-1\},\ i \in \{1, 2, \ldots, N\},\ を$
        みたす $d_j(i)$ の個数)

    を求めること．

    (b) 与えられた一つの $j \in \{0, 1, \ldots, n-1\}$ に対し $p(\lambda) = N$ をみたす $\lambda = d_j(i)$（ただし，$i \in \{1, 2, \ldots, N\}$）の存在を判定すること．

    (c) 式 (6.8) から N 番目の大きさの $d_j(i)$ を求めること（これは資源配分問題を解くことに等しい）．

演習問題 199

6.5 式 (6.2) の分離形資源配分問題において f_j は必ずしも凸ではないとする. 最適解を求めるアルゴリズムを 5.3 節の動的計画法にしたがって構成せよ.

6.6 6.1.2 節のナップサック問題 (6.9) に整数条件を加えたつぎの **0-1** ナップサック問題を考える.

目的関数 $\quad z = \sum_{j=0}^{n-1} c_j x_j \rightarrow$ 最大

制約条件 $\quad \sum_{j=0}^{n-1} a_j x_j \leq b$

$\qquad\qquad x_j = 0, 1, \quad j = 0, 1, \dots, n-1.$

この問題の最適解を求めるアルゴリズムを, やはり 5.3 節の動的計画法にしたがって構成せよ.

6.7 6.2.1 節のプリム法が正しく動作することを証明せよ.

6.8 最短路木を求めるダイクストラ法 (6.2.2 節) は, 負の長さの枝が存在すると正しく動作しないことがある. これを例をあげて示せ.

6.9 6.2.2 節のダイクストラ法を有向グラフ G に対しても適用できるようにするには, アルゴリズムをどのように変更すればよいか述べよ.

6.10 プリム法 (6.2.1 節) とダイクストラ法 (6.2.2 節) の構造がよく似ていることを利用して, 図 6.15, 図 6.16 のダイクストラ法のプログラムを基に, プリム法のプログラムを作成せよ.

6.11 連結無向グラフ G において, 節点 v が相異なる 2 連結成分 V_i と V_j の両方に属すること (すなわち v は関節点) と, G から v とそれに接続する枝を除くと G の残った部分の連結性が失われるという性質は等価であることを示せ.

6.12 6.2.3 節の補題 6.2 を証明せよ.

6.13 深さ優先探索の有向木 $T(G)$ において, u の子孫 v (ただし, $u \neq v$) に対し, $\mathrm{num}(u) < \mathrm{num}(v)$ が成立することを示せ.

6.14 図 6.42 のグラフのすべての関節点を 6.2.3 節のアルゴリズムを用いて求めよ. このとき, すべての節点に対し, 定理 6.4 の条件を確かめよ.

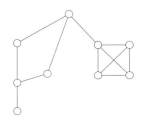

図 6.42 問題 6.14 の無向グラフ

6.15 補題 6.3 の証明を与えよ．

6.16 二つのテキスト t_1 と t_2 が与えられたとき，両方に共通して含まれる最長の文字列を見出したい．この目的に接尾辞木を用いるアルゴリズムを考案せよ．

6.17 n 点の凸包を計算するアルゴリズムを考案せよ．ただし．$O(n^2)$ 時間のアルゴリズムでよい．

6.18 6.4.2 節で述べたボロノイ図の性質 2, 3, 4 を証明せよ (ただし，式 (6.26) の仮定を置く)．

6.19 図 6.38 の関係データベースにおいて，「A 大学と B 大学の両方で教えている教官の在住県名は?」という質問に答えるには，どのような操作を加えればよいか．

6.20 関係データベースにおいて三つの関係表 R_1, R_2, R_3 を結合したい．このとき，式 (6.28) の結合則が成立することを示せ．また，式 (6.28) の左辺と右辺の実行のために必要な計算量は一般には異なることを，マージスキャン法を例にとって説明せよ．

ひ・と・や・す・み

── C から C++ へ ──

C 言語は 1972 年頃 D. Ritchie と K. Thompson によって開発された．その発展形である C++ は，1980 年代の初頭に B. Stroustrup によって世に出ている (C

における演算子 ++ の意味を考えるとこの命名の意図がわかるであろう). C と比べると, 抽象データ型とオブジェクト指向によるプログラミングを支援している点が大きな特徴である. その他にもさまざまな改良が加えられており, さらに C++ 自身も進化を続けている.

C++では, 新しいデータ型を定義することで, 言語そのものを拡張するという機能が種々備わっている. また関数の多重定義やテンプレート関数の利用が可能であり, さらにオブジェクト指向の根幹をなすクラスの概念を適用することができる. これらの正確な意味となぜこれらが有効なのかは, C++の専門書によらねばならないが, その結果, 個々のアプリケーションの開発に際してプログラミングの労力が大いに軽減される. 大変有力な機能である.

今後, C 言語の流れは, C++や他のオブジェクト指向言語へ移っていくと考える人は多い. 言語の使いやすさも進化している. ただし, 本書で述べたような基本的なアルゴリズムとデータ構造の部分では, 本質的な差はない. また, C 言語の基本を身につけておれば, 他の言語を学ぶことは決して困難ではない.

付記： Ｃメモ

　本書の理解を容易にするため, C 言語の要点をまとめておく. しかし, C 言語を用いてプログラムするには, さらに詳しい知識が必要となるので, 適当な機会に C 言語の参考書 (第 1 章の文献参照) に進むようお勧めする.

― プログラムの基本構成 ―

　C のプログラムはいくつかの関数から構成される. 図 1.4 のプログラムを例に取って説明すると, 関数は英文字 (含, 数字および "_", また大文字と小文字は区別される) の名前のあとにカッコを付して gcd() のような形をしている. 関数の一つは必ず main() であり, 計算はここから始まる. 計算の途中, たとえば main の中で関数を gcd(a0, a1) のように呼ぶと, その時点の a0 と a1 の値をもって gcd が実行され, その結果が関数値として返される. 図 1.4 では main の中の実行文 printf("GCD=%d\n", gcd(a0, a1)) がこれに当たり, gcd の値が出力結果としてプリントされる (ここでは, GCD=63 のように出力される). 関数のカッコの中の変数は引数と呼ばれる.

　関数のプログラムは, 関数の名前と関数値のデータ型および引数を宣言するヘッダと, その関数で実行される計算の内容を書くボディから成る. ボディ内の最初の部分は, その中で用いる変数 (引数はすでにヘッダで定義されているので除く) のデータ型の宣言である. 変数と引数の名前も関数と同様に英文字を用いて定める. データ型とは, その変数が何を表すかを指定するもので, int (整数型), float (浮動小数点型), char (文字型) などが代表的である. 宣言は, int a0; float x; char letter; のように行う. ヘッダ部の関数値のデータ型の宣言も同様の記号を使って行う. 値を返さない関数ならば void というデータ型になる.

　関数のボディ部ではそのあと計算の実行内容の記述が続く. 記述は制御文と実行文から成るが, これについてはあとで説明する. 関数 gcd でいえば, a=a0; b0=a1; while(b!=0){temp=a%b; a=b; b=temp;} がこれにあたる. なお, 記号 ; は, 一つの実行文が完了したという区切りに用いられる. そのつぎの return(a); は, 関数 gcd の計算はここで終わり, この関数を呼んだ元のプログラム (この場合は main)

へ戻るという意味である. このとき a を計算の結果の関数値として返すのである.

C では, 計算のブロックを中カッコで {···} のように囲んで明示する. したがって, たとえば main() の最初の { と最後の } はプログラム記述の始まりと終了を示す. また, if(a0 < a1) のあとの {temp=a0; a0=a1; a1=temp;} は, この部分が if 条件が成立しているとき実行される一つのブロックであることを示している. C では, 等号 = を右辺の値を左辺の変数に代入するという意味に用いる. なお, 左辺と右辺が等しいことを示す等号記号は == であり, 等しくないことは != で示す.

プログラムの中にはしばしば /*···*/ のように囲まれた文章が書かれる. これはコメント文であって, 計算の実行に際しては無視される. したがって, プログラムに対する説明や注釈をこの部分に書いて, 内容の理解を助けることができる. また, プログラムの中に書かれた改行や複数個並んだ空白も実行にあたって無視される. その結果, 図 1.4 の関数 gcd の部分は

```
int gcd(int a0, int a1){int a, b, temp; a=a0; b=a1;
while(b!=0){temp=a%b; a=b; b=temp;} return(a);}
```

と書いても同じである (プリプロセッサ文のみ例外；後述). しかし, わかり易いように空白や改行を入れて分かち書きをするのが普通であって, 人によっていろいろ好みのスタイルがある.

― データの入力と結果の出力 ―

プログラムは, 多くの場合, データの入力, それに対する計算, そして結果の出力, という手順をとる. データは, GCD のプログラム (図 1.4) のようにキーボードから手で入力したり, あるいは SUBSET-SUM のプログラム (図 1.6) のように, 他のデータファイルから読み込むことが多い. 結果を出力するプログラムも図 1.4 と図 1.6 にその例がある. すなわち,

```
printf("a0 = %d\n", a0);
```

は a0 = と出力したのち, %d (10 進数) の形式で変数 a0 の内容 (そのデータ型は int) を出力せよという命令である. \n は整数の出力のあとの改行を指示している. %d のところが %f ならば実数 (浮動小数点形式), %c は文字, さらに %s ならば文字列を出力する (もちろんこれらは変数のデータ型と合っていなければならない).

付記：C メモ | 205

　プログラムにおいて入出力部分はかなり繁雑になることが多い．そのため，記述を容易にするためのライブラリ関数も種々準備されている．詳しくは適当な参考書を参照願いたい．

― 計算の実行と算術演算子 ―

　算術演算子を用いた式は，a = b*c+d; のように書かれる．すでに述べたように，記号 = は右辺の式の結果を左辺に代入することを意味する．方程式における等号とは異なるので注意が必要である．

　算術演算子には，+ (足し算)，− (引き算)，* (掛け算)，/ (割り算)，% (割り算の余り) などがある．カッコ () も通常の算術式のように用いることができる．たとえば，a = (b*c+d)%e; は，b と c の積に d を加えた結果を e で割り，その余りを a に代入するという意味である．演算子の間の優先順位 (たとえば b*c+d は b と c の積をとったのち d を加える)，また各変数のデータ型の整合 (たとえば b と c が整数型で d が浮動小数点型のとき b*c+d の型は?) など細かい約束がある．これも適当な参考書をご覧いただきたい．

　C ではさらに，

```
a = a+1; b = a;    ⇔    b = ++a;
b = a; a = a+1;    ⇔    b = a++;
b = c; a = b;      ⇔    a = b = c;
a = a*2;           ⇔    a* = 2;
```

などの略記法が許されている．これらは慣れてくると便利であるが，はじめはとまどうので本書ではなるべく用いないようにする．

― 制御文 ―

　C でよく用いられる制御文には以下のものがある．

　(1)　if(条件) {…} else {…}
　(2)　while(条件) {…}
　(3)　do {…} while(条件);
　(4)　for(i=0; i<n; i++) {…}

これらの意味は, 英語の文章として読めば大体予想できよう. (1) は if のカッコ内の条件が成立すればそのあとの {···} を実行し, 条件が成立しなければ else のあとの {···} を実行する. {···} は通常いくつかの実行文 (それぞれは; で終わる) から成るブロックであるが, 一つだけの実行文であれば { } を省略してもよい. (2) の while は (条件) が成立している限りは {···} を反復実行する. while(1) とすれば条件がつねに成立していることを意味する. このような場合ループから抜け出すには break; を用いる. (3) は do のあとの {···} をひとまず実行したのち while の (条件) が成立していれば何度も戻って {···} を実行するというものである. (4) の for は (カウンタの初期化; 条件テスト; カウンタの更新) のように制御され, その間うしろの {···} が実行される. 上の例では, i=0 から始め, i<n が成立しているかぎり {···} が実行される. ただし, 1 回ごとに i が 1 増加するので (i++は i=i+1 の略記法であることに注意), n 回の反復で終わり, 計算はつぎに進む. 同様に for(i=n; i>0; i--){···} は i=n から始め, i が正であるかぎり計算を反復し, そのたびに i を 1 減少させるという制御文である. したがって, この場合も, 反復は n 回である.

if とか while のつぎに書かれる条件文は

== (等号), >= (以上), <= (以下), > (大), < (小),
&& (かつ), || (あるいは)

などを使って書かれる. たとえば (a>=b || (c==d && e<=f)) は, a が b 以上であるか, あるいは c と d が等しくかつ e が f 以下である, という条件を表している.

場合分けによって実行内容を変えたい場合には, 以上の他にも switch という制御文があって, 用例が図 6.3 にある.

― 変数の記憶クラス ―

C の変数には大きく分けて三つの記憶クラスがあり, **自動変数**, **外部変数**および**静的変数**と呼ばれる. ほとんどの場合は自動変数だけでよい. 自動変数とは, それが宣言された関数の中でのみ有効となる変数で, 異なる関数の中では, 仮に同じ名前であっても異なる変数とみなされる. 関数内でデータ型を int x; のように宣言すれば, 暗黙の内に自動変数と解釈される. 自動変数であっても, 他の関数を呼ぶとき変数引数を用いると, 実質的に同じ変数が他の関数に引きつがれていく.

（変数引数については C メモ「引数の受け渡し」を参照のこと．変数の名前自体は
仮引数の名前へと変化する．）

　外部変数は，プログラムの全体，すべての関数に共通して用いられる変数である．
main を含めたすべての関数の外でそのデータ型を宣言すれば外部変数と解釈され
る．図 5.5 と 5.7 にそのような使用例がある．

　静的変数は，自動変数と同様，関数の中で static int x; のように宣言する．
その動作範囲は宣言された関数の中に限定されるが，自動変数と異なるところは，
その関数の実行が終わり，元のプログラムへ制御が戻っても，その変数の値はその
まま残る点にある（自動変数の場合は，値はクリアされる）．したがって，その関数
を呼んだ回数を記録する変数として用いるなど，特殊な用途がある．

― 列挙データ型と構造体 ―

　C ではあらかじめ準備された基本データ型（すでに述べたように，int（整数型），
float（浮動小数点型）など）の他に，自分で新しいデータ型を定義することができ
る．その一つは列挙データ型で，

```
enum yn {yes, no};
enum week {sunday, monday, tuesday, ...(略)..., saturday};
```

のように，可能な値をすべて列挙することによって，有限個の値からなるデータ型
enum yn, enum week などを定義できる．このあとプログラムの中で

```
enum yn ans;
enum week slot;
```

のように宣言すれば，ans は yes あるいは no の値をとる変数，slot は sunday,
monday, ..., saturday のどれかの値をとる変数と解釈されるわけである．

　いろいろなデータ型をもつ変数を一つにとりまとめて構造体（struct）を定義
できる．たとえば

```
struct class
{
 char subject[K];
```

```
    char teacher[L];
    int students;
    enum week slot;
};
```

は class という構造体が科目名 (subject; K 文字), 先生名 (teacher; L 文字),
生徒数 (students; 整数) およびスロット (slot; 列挙データ型の week) から構
成されていることを示すテンプレートである. このような構造体は, 本文でもいろ
いろなプログラムで用いられている.

　ところで, 上の構造体 class をもつ変数を導入するには,

```
    struct class mathA;
```

のように宣言すればよい. この mathA という変数のたとえば teacher 部分の第
j 要素を指定するには, mathA.teacher[j] と書く. slot ならば mathA.slot で
ある.

　構造体を用いることによって, 関連するデータを一つにくくり, 全体に名前をつ
けて処理することができる. したがって, データの階層構造や相互関連を明確に表
示することができ, プログラムの仕組みをはっきりさせ, 理解を助けるという効果
がある. わかり易いプログラムを書くという観点から不可欠の道具である.

― ポインタとその利用 ―

　ポインタの自由な利用を許しているのが C 言語の一つの特徴であるが, それが
C の理解を困難にしている面もある. C の教科書には, ポインタの高度な利用法が
いろいろ書かれているが, 本書の目的には, 連結リストの構成のためのポインタの
生成法と, 関数の引数の受け渡しにおける知識があれば, ひとまず十分であろう.
後者についてはあとの「引数の受け渡し」のところで説明する.

　ポインタ変数は ＊ を付けて

```
    struct cell *ptr;
```

のように宣言される (これはポインタ ptr を定義している). *ptr はポインタ ptr
が指す番地に格納されている内容という意味であって, この場合それが cell とい

う構造体 (たとえば, 2.1 節の式 (2.4) のように定義されている) であることを示している. 逆に, ある変数 x が格納されている番地を示すには &x と書く. したがって, x を指すポインタ q を作るには q=&x とすればよい. また, *&x は x に等しく, &*ptr は ptr に等しい.

q がポインタ

```
int *q;
```

のように宣言されているならば, q が指す変数 (この場合は int 型) の内容は*q である. また, 上例の ptr のような構造体を指すポインタでは, 構造体 cell が本文の式 (2.4) のように定義されているとすると, ptr->element によって ptr が指す構造体の element 部分 (この場合はそのデータ型は int), あるいは ptr->next によってその next 部分 (そのデータ型は cell を指すポインタ) を示すことができる. これらは (*ptr).element および (*ptr).next と書いてもよい.

なお, 配列とポインタの関係については, C メモ「配列」のところを参照のこと.

― 変数領域の動的確保 ―

ポインタの動的な生成にともなって, それらが指す変数領域を確保することが要求される. この目的には malloc という命令を用い

```
ptr = (struct cell *)malloc(sizeof(struct cell));
```

のようにする. この例では, コンピュータは struct cell を格納するため, cell の大きさをもつ空きブロックを記憶領域から探し, その先頭番地をポインタ ptr に入れる. 連結リストに関するプログラムでは, このような利用法がいくつも見られるので参考にしていただきたい.

なお, 動的に確保した領域は, 不要になった場合ただちに解放しておくことが望ましい. そうしておかないと, 利用可能領域が減ったままになるからである. 上のように確保した領域を解放するには free(ptr); とすればよい.

― 配列 ―

配列は最もひんぱんに使われるデータ構造の一つである. 1 次元の配列はたとえば

```
    int a[10];
```

のように宣言される．これは配列 a の各要素が整数型で，最大 10 要素からなる配
列という意味である．なお，一般的なプログラムでは，具体的な 10 というような
値でなく，定数 N を用いて，`int a[N];` のように宣言しておくと状況に応じて N
を設定できるので便利である．このような用法を可能にするには N を別の所で設
定する機能が必要であり，C メモ「プリプロセッサ制御文」のところで説明する．

　配列のある要素，たとえば第 i 要素を指定するには a[i] のように書く．C では
配列の要素番号は 0 から始まる．したがって，上の例では $i = 0, 1, \ldots, 9$ の範囲内
でなければ誤りであり，注意しなければならない (プログラムのバグにはこの種の
ものが結構ある)．2 次元の配列は，たとえば，`int a[N][M];` のように宣言する．
このとき，a の第 ij 要素は a[i][j] のように指示できる．

　C では配列名をその配列の先頭をさすポインタとしても用いている (つぎの「引
数の受け渡し」のところで述べるように，通常の変数や構造体に対してはそのよ
うな使い方はできない; この点は C の理解をやや複雑にする要因でもある)．これ
は，とくに関数への引数の受け渡しのとき効力を発揮する．たとえば関数 fn が

```
    void fn(⋯, int *a, ⋯)
```

のように配列 a をポインタとして受けているとき，この関数を

```
    fn(⋯, a, ⋯)
```

と呼ぶことができる．(仮引数が `int *a` というポインタ型であるとき，a が int
型の変数を指すポインタ型であるか，あるいは int 型の要素をもつ配列であるか
は，fn を呼出したプログラムのデータ型の宣言に書かれている．) 関数 fn の中で
は，a[i] のように書けば，ポインタ a で指定された配列 a の第 i 要素の内容を意
味する．したがって，仮引数がポインタであることを意識する必要はない．やや複
雑な例で，a が前記の構造体 class を要素とする配列，

```
    struct class a[N];
```

である場合，関数 fn が fn(⋯, `struct class *a`, ⋯) のように a をポインタ
で受けているとすれば，その中では a[i].subject[k] のように書くことができる．

付記：C メモ 211

━ 文字列の処理 ━

応用によってはアルファベットや数字からなる文字列を扱うことがある．本書でも，ハッシュ表 (図 2.32, 図 2.34) などに用例がある．文字列は文字型の配列，

```
char str1[6], str2[10];
```

などに格納する．ただし，文字列はその最後に必ずヌル文字\0 が付される約束になっており，その 1 文字を加えたものが文字列の長さである．したがって，たとえば，上の str1 には 5 文字以内の文字列しか格納できない．文字列の配列も数字の配列と同様に扱うことができるが，文字列用の入出力ライブラリ関数を利用すると便利なことが多い．たとえば，strcpy(str1, "algo") は配列 str1 に文字列 algo をコピーする (この場合 algo は 4 文字なので，str1 の最初の部分に入る)．また，関数 strcmp(str1, str2) は，str1 の内容と str2 の内容を比較し，同じ文字列であれば 0, 前者が後者より辞書式順序で先 (後) であれば負 (正) の整数値を返す．この用例は図 2.34 にある．文字列の出力は，たとえば，

```
printf("STR1 = %s\n", str1);
```

とすると str1 の内容が出力される．なお，ヌル文字は出力されない．

━ 引数の受け渡し ━

すでに見てきたように，関数を記述するプログラムのヘッダには，関数値のデータ型，関数の名前，引数の名前とデータ型が書かれている．この部分の引数を仮引数という．たとえば，

```
void fun(int a, int *b, int c[], int *d, struct cell x,
struct cell *y);
```

とする．このような関数はプログラムの中で自由に呼び出し実行することができる．

```
main()
{
 int A, B;
 int C[N], D[N];
```

```
struct cell X, Y;
  ⋮
fun(A, &B, C, D, X, &Y);
  ⋮
}
```

この関数呼び出しに用いられている引数は**実引数**と呼ばれる．実引数では，この時点の変数の具体的な値が引き継がれて，それを用いた関数の実行に進むことになる．したがって，実引数には，変数名ではなく具体的な値を書くこともできる．実引数と仮引数の位置およびデータ型は 1 対 1 に対応しているので間違わないようにしなければならない．ただし，名前そのものは，上の例からもわかるように，同じである必要はない．

　引数の受け渡しには 2 種類あって，**値引数**と**変数引数**とに分けられる．前者は，関数呼び出しのとき実引数の値のみが関数に渡されて，受け取った側で対応する仮引数の変数がどのように処理されても，その変化は，その関数を呼んだ元のプログラムに影響を与えることはない．一方，変数引数は，変数そのものが渡されると解釈でき，その値が関数の計算の中で変化すると，その変化はそのまま元のプログラムの変数に反映される．

　C では基本的に値引数のメカニズムがとられている．上の例では，変数の受け渡し A ↔ int a, 構造体の受け渡し X ↔ struct cell x が値引数である．しかし，プログラムによっては変数引数を必要とする場合も生じる．この時には，対象とする変数ではなくそれを指すポインタを引き渡せば，実質的に変数引数と同じ効果を生むことができる．上の例では，&B ↔ int *b, &Y ↔ struct cell *y の対応がこれにあたる．

　「配列」のところで述べたように，配列名は，その配列を指すポインタの役割も兼ねそなえている．たとえば，D ↔ int *d の受け渡しはそのような例であって，配列名 D で関数呼び出しを行っているが，受けるのはポインタであり，変数引数の役割をする．なお，配列の場合は，C ↔ int c[] のように渡すこともでき，これも変数引数として動作する．いずれの場合も，関数 fun の中では d[i], c[j] ようにその要素を指定すればよい．

― プリプロセッサ制御文 ―

　ここで C のプログラムがどのように処理され実行されるのか簡単にみておこう. 他の高級言語と同様, C で書かれたプログラム (ソースコード (source code) という) は, まず C プリプロセッサで前処理された後, C コンパイラ (C compiler) によってコンパイルされる. その結果, アセンブリ言語コードが得られる. これは, さらにアセンブラ (assembler) によってオブジェクトコード (object code) へ変換される. これに, ライブラリのファイルを合わせた実行可能コードが最終的にコンピュータ上で実行されるのである.

　C のプログラムでは, すべての関数の外に文を書くことがある. 外部変数の宣言, 構造体の宣言などがそのような例である. その他にも, # で始まる文がいくつか書かれる. これらはプリプロセッサ制御文と呼ばれ, 上のプリプロセッサの段階で, あらかじめ実行しておくべき事柄の指示にあてられる. そのような例として, ここでは #define と #include のみ簡単に説明する.

　前者は,

```
#define N 100
```

のように書かれ (最後の ; はこの場合いらない), 定数 N (しばしば配列の最大サイズを表す) を 100 に設定することを指示する. プログラム内で N を用いて書かれている部分は, コンパイルに際しすべて 100 と置かれるので, このようにしておくと, プログラムの中身をその都度変更する必要がなく都合がよい.

　後者は,

```
#include <stdio.h>
#include <stdlib.h>
#include <math.h>
```

のように用いられる. これは, 実行の前に <…> 内のファイルを読み込んでおくことを命令するもので, stdio.h は標準入出力 (standard input/output) のヘッダファイル, stdlib.h は標準ライブラリ (standard library) のヘッダファイル, math.h は数学関数のヘッダファイルという意味である. 入出力のライブラリ関数 (たとえば図 1.6 で用いられている fopen など) を用いる場合は, あらかじめ #include <stdio.h> を書いておかねばならない. stdlib.h は, たとえば malloc

を用いる場合に, `math.h` は数学関数 `sin`, `cos`, `log`, `sqrt`, `fabs`, ⋯ などを用いる場合に必要である.

なお, プリプロセッサ文では, 文の終了時点において ; ではなく改行しておかねばならない. この点は他の文と異なるので注意が必要である.

また, プリプロセッサ文のあと, 関数のプログラムに移る前に, プログラムで使用するすべての関数を宣言するという部分 (すなわち関数のヘッダ) が入る. ただし, 本書のプログラム例をみれば要領がわかるので, 詳細は略す.

─ C のコンパイルと実行 ─

最後に, C のプログラムをコンパイルし実行する手順を簡単に説明しておこう. 図 1.6 のプログラムを例にとると, まず, このプログラムは適当なファイルに格納してあるものとする. その名前を, たとえば, ssum.c としよう. このファイルの拡張子は c でなければならない. つぎに, C のコンパイラを呼びこれを実行可能コードに直す. そのためには

```
%  gcc  ssum.c
```

とする. この % は使用コンピュータのプロンプトであって, コンピュータによって用いる記号は異なる. また, C のコンパイラもいろいろあって, gcc は私が使っているものであるが, cc とするのが多いかもしれない. コンパイラによって, C の文法が若干異なる場合があるので, 注意が必要である. コンパイルの結果の実行可能コードは a.out というファイルに置かれる. そこで, つぎに

```
%  a.out
```

とすれば, 計算が実行され, 結果が出力される. ただし, このとき実行に必要なデータファイルがあれば, そのファイルももちろん準備しておかねばならない. 図 1.6 のプログラムの例では, 解くべき問題例のデータが書いてある ssumdata がこれに当たる.

コンパイラの利用に際して種々のオプションが準備されている. たとえば, 数学関係のライブラリ関数を用いる場合には

```
% gcc -lm ssum.c
```

とする．その他，デバッグ関連のオプション，たくさんのファイルからなるプログラムの処理など，知っていると便利な事柄が多い．しかし，詳しくはＣの参考書に譲ることにして，ここでは最小限の知識にとどめておく．

演習問題：ヒントと略解

[第 1 章]

1.1　63.

1.2　ヒントは本文にある.

1.3　入力: 4 以上の偶数 n. 出力: オセロゲームにおいて先手が勝ちならば yes, 後手が勝ちならば no (反対でもよいが). ゲームのルールはアルゴリズムの開発には必要だが, 問題例の記述には不要. 入力長は $O(\log n)$. (1 語に入る程度の n を対象にするなら $O(1)$ としてもよい.)

1.4　$n = 8$ に限ると問題例は一つしかない. したがって入力データは不要. 初期パターンを設定する場合はそれが入力となる. しかし初期パターンの種類は有限個しかないので入力データ長は $O(1)$.

1.5　オーダーは $n \to \infty$ の時の漸近的挙動に注目するものであるから, n とともに最も速く増大する項を残せばよい. (a) $O(n^2)$, (b) $O(n^{\log n})$, (c) $O(2^n n^3 / \log n)$ ($\sin^2 n$ を付しても間違いではないが, $\sin^2 n \leq 1$ なので除くのが普通).

[第 2 章]

2.1　n 節点をもつ無向グラフは完全グラフであるとき最大数の枝をもつ. このとき各節点には $(n-1)$ 本の枝が接続するが, 各枝は両端点から 2 回数えられるので, 全体で $n(n-1)/2$ 本の枝がある. 無向木については, 節点数 k に対する帰納法を用いる. $k = 1$ のとき枝数は明らかに 0. 一般に節点数 k, 枝数 $k-1$ とし, そこに新しい節点とそれに接続する枝 1 本を, 連結性を保持するように, すでに存在している節点に結ぶ. その結果, 節点数 $k+1$ の木が得られ, 枝数は k である.

2.2　図 A.1 に postorder の主要部分のみ示す. inorder も同様に作ることができる (問題 3.2 に 2 分探索木の inorder によるなぞりのプログラムがあるので参考になる).

```
void postorder(int k, struct cell **S)     {
/* S[k]を根とする部分木の後順によるなぞり */    postorder(q->node, S);  /* 再帰呼び出し */
{                                            q = q->next;
 struct cell *q;                            }
                                           printf(" %d", k);         /* 節点 k の出力 */
 q = S[k];                                 return;
 while(q != NULL)                          }
```

図 A.1　postorder のプログラム例

2.3　省略.

2.4　プログラム例を図 A.2 に与える. 計算手間については省略.

```
struct cell *intersection(struct cell *A,
  struct cell *B)
/* 連結リストAとBの共通集合を連結リストCに
作り，Cへのポインタを出力する */
{
  struct cell *pa, *pb, *pc, *q;
  int a;

  pa = A; pc = NULL;
  while(pa != NULL)
  {     /* Aの各要素に対しBの要素の存在判定 */
    a = pa->element;
    pb = B;                       /* Bを走査 */
```

```
    while(pb!=NULL && a!=pb->element)
     pb = pb->next;
    if(pb!=NULL && a==pb->element)
    {              /* 共通要素をCに入れる */
      q = (struct cell *)malloc(sizeof(struct
       cell));
      q->next = pc; q->element = a;
      pc = q;
    }
    pa = pa->next;
  }
  return(pc);
}
```

図 A.2　連結リストによる集合の INTERSECTION のプログラム例

2.5　プログラム例を図 A.3 に与える．プログラムの while ループ内を一度通るごとにポインタ pa と pb は少なくとも一方がつぎのセルへ進むので，反復回数は $O(|A|+|B|)$ である．これより時間量に関する結果が出る．なお，詳しくは 5.1.1 節を参照のこと．

```
struct cell *intersection(struct cell *A,
  struct cell *B)
/* AとBが整列されている場合の共通集合Cの計
算（連結リストCへのポインタを返す） */
{
  struct cell *pa, *pb, *pc, *q;
  int a, b;

  pa = A; pb = B; pc = NULL;
  while(pa!=NULL && pb!=NULL)
  {       /* AとBをpaとpbにより探索 */
   if(pa->element == pb->element)
   {                  /* 共通要素発見 */
    q = (struct cell *)malloc(sizeof(struct
```

```
     cell));
    q->next = pc; q->element = pa->element;
    pc = q;
    pa = pa->next; pb = pb->next;
   }
   else                  /* 探索を進める */
   {
    if(pa->element < pb->element)
     pa = pa->next;
    else pb = pb->next;
   }
  }
  return(pc);
}
```

図 A.3　整列済みの連結リストによる INTERSECTION のプログラム例

2.6　N^2 の桁数は $2\log_a N$ であるが，これを B と K を用いて表せ．そのあと K で割ることは末尾の $\log_a K$ 桁を捨てること，$\mathrm{mod}\ B$ は末尾の $\log_a B$ 桁を残すこと，などに注意する．

2.7　一つのバケットにちょうど k 個入る確率は $\binom{M}{k}p^k q^{M-k}$（ただし，$p = 1/B$，$q = 1-p$），つまり 2 項分布．その平均値は

$$\sum_{k=0}^{M} k\binom{M}{k}p^k q^{M-k} = Mp(p+q)^{M-1} = M/B.$$

2.8 集合 S_i を表す木において，一つの葉節点と根 S_i を結ぶ路をたどると，併合のルールによって，節点を一つ昇るたびにその節点の子孫が作る集合の位数は倍以上となることを示せ．その結果，$|S_i| \leq N$ より，高さはたかだか $\lfloor \log_2 N \rfloor$ となる．

[第 3 章]

3.1 交換後の木がヒープの条件 (2) をみたすとはかぎらない．

3.2 2 分探索木では，一つの節点の要素 x に対し，左部分木の要素はすべて x より小さく，右部分木の要素はすべて x より大きいことに注意し，中順の定義を考えよ．なお，左部分木が NULL の場合は，x を出力してから右部分木へ進む．プログラム例を図 A.4 に与える（プログラム全体は図 2.24, 図 3.7 も参照のこと）．時間量は，n 要素を 2 分探索木に挿入するための $O(n \log n)$ 平均時間，さらに木のなぞりに $O(n)$ 時間を合わせ，$O(n \log n)$ 平均時間である．

```
void inorder(struct node *p)                              /* p が指す節点の出力 */
/* ポインタ p が指す node の子孫を中順で出力 */      if(p->right != NULL) inorder(p->right);
{                                                         /* 右の子孫のなぞり */
 if(p->left != NULL) inorder(p->left);      return;
                    /* 左の子孫のなぞり */    }
 printf(" element = %d,", p->element);
```

図 A.4 2 分探索木の中順によるなぞりのプログラム例

3.3 MEMBER は 3.2 節の INSERT と同様にできる．DELETE, MIN については，2 分探索木の高さの平均が $O(\log n)$ であることをまず示せ（ただし，これはやや面倒で，詳しくは，たとえば文献 1-5) 参照）．その後の時間量の評価は，3.2 節のヒープの場合と同様に考えればよい．

3.4 $|\phi_1| > 1$, $|\phi_2| < 1$ に注意して $f(h) \leq n$ を評価すればよい．

3.5 $S(w) = R$ の場合は，図 3.11(b) において β でなく γ の高さが 1 増える．それ以外は $S(w) = L$ の場合と同様．回転後については，それぞれの部分木の高さを評価すれば示せる．後半については，v の新しい状態が $s(v) = E$ の場合，v に対して INSERT による修正の (1) あるいは (3) が適用された訳であるから，v を根とする部分木の高さは変化せず，修正の手続きはここで終わっているはずである．

[第 4 章]

4.1 省略．

4.2 プログラム例を図 A.5 に与える．このプログラムのように各反復において，$A[i]$ を挿入する位置を探しつつ，$A[i-1]$ から $A[k+1]$ までを一つずつ右へずらすと最悪 $O(i)$ 時間かかる．$\sum_{i=1}^{n-1} O(i) = O(n^2)$ より，挿入ソートの手間は $O(n^2)$ である．A があらかじめ整列されている場合の解析については，このとき要素の移動が生じないことに注意．

220 | ヒントと略解

```
void insertionsort(int *A, int n)            a = A[i];
/* 配列 A[0],...,A[n-1] を挿入ソートにより整    k = i;
列 */                                         while(a<A[k-1] && k-1>=0)
{                                              {A[k] = A[k-1]; k = k-1;}
 int i, k, a;                                  A[k] = a;
                                              }
 for(i=1; i<n; i++)                          }
 {
```

図 A.5 挿入ソートのプログラム例

4.3　(a)　挿入ソートでは，各反復で $A[i]$ をそれより l だけ前の位置に挿入する場合，その場所を確保するため l 個の要素を一つずつ右へ移動させるのでどうしても $O(l)$ 時間かかる．これを h 個のグループに分けると，この時間を全体で $O(l/h)$ に短縮できる．そのあと，h の変化にともなって各要素がどのような動きをするかを考えること．

　(b)　プログラム例を図 A.6 に与える．

```
void shellsort(int *A, int n)                for(i=h; i<n; i++)
/* 配列 A[0],...,A[n-1] をシェルソートにより    {              /* G[i%h] へ挿入ソート */
整列 */                                        a = A[i];
{                                              j = i;
 int i, j, h, a;                               while(a<A[j-h] && j-h>=0)
                                               {A[j] = A[j-h]; j = j-h;}
 h = 1;                                        A[j] = a;
 do {h = 3*h+1;} while(h <= n);               }
                      /* 初期hの計算 */       }
 do                                           while(h > 1);
 {                                           }
  h = h/3;            /* この反復に使うh */
```

図 A.6　シェルソートのプログラム例

4.4　図 4.3 の構造体の配列 B を準備したのち，図 4.2 のバブルソートのプログラムにおいて，if(A[j] < A[j-1]) swap(j, j-1, A); のところを if(B[j].key < B[j-1].key) swap(j, j-1, B); とすればよい．ただし，swap は配列 B の要素の交換のプログラムに変更しておくこと．

4.5　アルファベットの文字列における空白の扱いは，整数の 0 の扱いと少し異なる．たとえば，abc と a を比べるとき，後者は $a\square\square$（ただし □ は空白）であると考え，□ は26 文字のアルファベットのどれよりも先行するという解釈で辞書式順序を定める必要がある．

4.6　i 桁目において，$K, K-1, \ldots, i+1$ 桁目の値が同じである領域それぞれでバケットソートを適用しなければならず，i 桁目の処理を $O(n)$ の手間で実行できない．

4.7　プログラム例を図 A.7 に与える．最終的に $A[iA[0]], A[iA[1]], \ldots, A[iA[n-1]]$ が整列順序である．基数ソートのプログラム図 4.6 も参考にすること．

ヒントと略解 | 221

```
main()
/* 2進数の基数ソートのテストプログラム */
{
 struct word A[N];
                /* K桁の2進数wordの配列 */
 int iA[N];            /* 配列Aの添字 */
 … データの入力 …
 biradixsort(A, iA, n);
 … 結果の出力 …
}


void biradixsort(struct word *A, int *iA,
 int n)
/* 2進数（構造体word）の配列A[0],...,A[n-1]
 を基数ソートにより整列 */
{
 int i, k, h, count, i0, i1;
 int iB[N];            /* 配列の添字 */

 for(i=0; i<n; i++) iA[i] = i; /* 初期化 */
```

```
for(k=K-1; k>=0; k--)
{
 count = 0;
 for(i=0; i<n; i++)
     /* k桁目の値が0である要素数を数える */
 {if(A[i].letter[k]==0) count = count+1;}
 i0 = 0; i1 = count;
 for(i=0; i<n; i++)
 {    /* k桁目の値に従いiAからiBへ移動 */
  if(A[iA[i]].letter[k] == 0)
                    /* k桁目は0 */
  {iB[i0] = iA[i]; i0 = i0+1;}
  else            /* k桁目は1 */
  {iB[i1] = iA[i]; i1 = i1+1;}
 }
 for(i=0; i<n; i++)    /* iBをiAへ移動 */
  iA[i] = iB[i];
}
 return;
}
```

図 A.7 2進数の基数ソートのプログラム例

4.8 A がすでに整列あるいは逆順に整列されていると, 分割のたびに大きさ1のグループと残りのグループに分かれることに注意. この改善策は, たとえば本文の軸要素の選択法 (b), また選択法 (c) の別法が図 A.8 にある (このプログラムが, どのような選定法を用いているか, 説明せよ).

```
int pivot(int i, int j, int *A)
/* A[i],...,A[j]から軸要素A[pv]を選びpvを
 出力 */
{
 int pv, k, h, s0, s1, s2;

 s0 = j-i; s1 = (s0+1)/2;
 if(s0%2 == 0) s2 = s1; else s2 = s1-1;
 h = 1;
 k = i+s1;
     /* s1とs2の交互のステップ幅でkを増加 */
 while(A[i]==A[k] && h<s0)
```

```
{
 if(h%2 == 1) k = k+s2;       /* 次のk */
 else k = k+s1;
 if(k > j) k = k-j+i-1;
             /* kがjを越える場合の修正 */
 h = h+1;
}
 if(A[i] > A[k]) pv = i;
 else if(A[i] < A[k]) pv = k;
 else pv = -1;
 return(pv);
}
```

図 A.8 クイックソートの軸要素選定法の別法

4.9 軸要素 a が i 番目の大きさである確率が $1/n$ であることに注意し, 4.5 節と同様の解析を行う. 平均時間量はやはり $O(n \log n)$ である.

4.10 省略. 図 4.10 を参考にして, ヒープソートにおける比較操作の順序を考えるとよい.

4.11 SELECT の説明の最後で述べたような 3 個の部分配列への partition を実行するには，図 4.12 内のプログラムにおいて，partition (i, j, a, A) によって k_1 を得たのち，partition $(k_1, j, a+1, A)$ を呼んで k_2 を得ればよい．なお，$k_3 = |j-i|+1-(k_1+k_2)$ である．他の部分は省略．(注．図 4.9 の partition(i, j, a, A) は，$A[i], \ldots, A[j]$ の中に a より小さいものが一つは存在すること，さらに a は $A[l]$ のどれかに等しいことを前提にプログラムされている．これらの前提はここでは成立しないので，プログラムを修正しておく必要がある．)

[第 5 章]
5.1 あらかじめ $A_i, i = 1, 2, \ldots, m$，をそれぞれ整列する．これに $O(\sum_i n_i \log n_i)$ 時間かかる．そのあと 5.1.1 節の共通要素の列挙のアルゴリズムを m 個の配列に一般化して適用すれば，$O(\sum_i n_i)$ 時間で可能 (ただし，m は定数としている)．両者を合わせて $O(\sum_i n_i \log n_i)$．一方，$A_2, A_3, \ldots, A_m$ をそれぞれハッシュ表 (2.4.2 節) に入れ，A_1 の各要素に対し，それが $A_2, A_3, \ldots, A_m$ のすべてに存在するかをチェックするというアルゴリズムも可能．この方法だと，ハッシュ表の準備に $O(\sum_{i=2}^m n_i)$ 時間，あとのチェックに平均 $O((m-1)n_1)$ 時間かかる．$n_1 \le n_i, i = 2, \ldots, m$，として一般性を失わないので，全体で平均 $O(\sum_i n_i)$ 時間．(なお，これらは 6.5 節の結合に対するマージスキャン法とハッシュジョイン法と本質的に同じである．)
5.2 たとえば，関数 $f(x) = 1 - \frac{1}{1+x}$ (if $x \ge 0$)，$-1 + \frac{1}{1-x}$ (if $x < 0$) に対し，$x^{(0)} = 1.0$ から始めよ．
5.3 この方法によれば，n 要素の整列に要するクイックソートの最悪時間 $T(n)$ に対し，$T(n) = 2T(n/2) + cn$ が成立する．したがって，5.2.3 節の結果を適用して $T(n) = cn \log n$ を得る．
5.4 5.2.3 節の議論より，(a) $\Theta(n^{\log_2 3})$，(b) $\Theta(n^2)$．
5.5 式 (5.10) を解いたのち，$y_{n-1}(p) = 1$ と $p \le b$ の両方をみたす最大の p を求めればよい．

[第 6 章]
6.1 $x^{(a)} < x^{(b)}$ に対し，$f'(x^{(a)}) > f'(x^{(b)})$ ならば，2 点 $f(x^{(a)})$ と $f(x^{(b)})$ を結ぶ線分 L_{ab} が区間 $[x^{(a)}, x^{(b)}]$ 内で $f(x)$ より下に来ることがあること (必要条件)，また L_{ab} が $f(x)$ の下に位置したり，あるいは $f(x)$ を横切れば，$f'(x^{(c)}) > f'(x^{(d)})$，$x^{(a)} \le x^{(c)} < x^{(d)} \le x^{(b)}$ をみたす $x^{(c)}, x^{(d)}$ が存在すること (十分条件) などを示せばよい．
6.2 最適解 $x = (2, 2, 2)$．
6.3 増分法の各反復において $\lambda = \max\{d_j(x_j)|x_j > 0, j \in \{0, 1, \ldots, n-1\}\}$ と置けば，常に条件 (6.7) をみたすことを示せ．ただし，条件 (6.6) をみたすとは限らない．したがって，反復によって条件 (6.6) が成立した時点で定理 6.1 の条件をすべて満足し，最適解が得られる．

6.4 (a) 各列 j に対し 2 分探索法で $p_j(\lambda) = (d_j(i) \leq \lambda$ をみたす最大の $i)$ を求める. $p(\lambda) = \sum_j p_j(\lambda)$ である. 計算手間は $j = 0, 1, \ldots, n-1$ の全体で $O(n \log N)$.

(b) $\bar{\lambda} = d_j(i)$ に対し $p(\bar{\lambda}) < N$ ならば (これは (a) によって $O(n \log N)$ 時間で判定できる), $p(\lambda) = N$ なる λ は $\lambda > \bar{\lambda}$ をみたす. また, $p(\bar{\lambda}) > N$ ならば, $\lambda < \bar{\lambda}$. この性質を用いて, $d_j(1), d_j(2), \ldots, d_j(N)$ 上で 2 分探索を実行する. 時間量は $O(n(\log N)^2)$.

(c) (b) の手順をすべての j に適用し, $p(\lambda) = N$ をみたす $\lambda = d_j(i)$ を見出すと, この $d_j(i)$ は N 番目の大きさ, 全時間量は $O(n^2(\log N)^2)$.

6.5 関数

$$g_k(y) = \min\{\sum_{j=0}^{k} f_j(x_j) \mid \sum_{j=0}^{k} x_j = y, \quad x_j : \text{非負整数}, \quad j = 0, 1, \ldots, k\}$$

を定義すると, つぎの動的計画法の漸化式によって $g_k(y)$ を求めることができる. $g_{n-1}(N)$ が求める最適値である.

$$g_0(y) = f_0(y), \quad y = 0, 1, \ldots, N,$$
$$g_k(y) = \min\{f_k(x_k) + g_{k-1}(y - x_k) \mid x_k = 0, 1, \ldots, y\}$$
$$k = 1, 2, \ldots, n-1, \quad y = 0, 1, \ldots, N.$$

6.6 以下のように

$$g_k(y) = \max\{\sum_{j=0}^{k} c_j x_j \mid \sum_{j=0}^{k} a_j x_j \leq y, \; x_j = 0 \text{ or } 1, \; j = 0, 1, \ldots, k\}$$

を定義すると, つぎの動的計画法の漸化式が成立する.

$$g_0(y) = \begin{cases} c_0, & y \geq a_0 \text{のとき} \\ 0, & \text{その他}, \end{cases}$$
$$y = 0, 1, \ldots, b,$$

$$g_k(y) = \begin{cases} \max\{g_{k-1}(y), \; c_k + g_{k-1}(y - a_k)\}, & y \geq a_k \text{のとき} \\ g_{k-1}(y), & \text{その他}, \end{cases}$$
$$k = 1, 2, \ldots, n-1, \quad y = 0, 1, \ldots, b.$$

$g_{n-1}(b)$ が求める最適値である.

6.7 プリム法によって得られた木が補題 6.1 の条件をみたすことを示せ.

6.8 たとえば図 A.9 では, 始点 $s = 0$ から節点 1 への最短路 $0 \rightarrow 2 \rightarrow 1$ を見つけることができない. その理由は, 負の枝が存在すると, ダイクストラ法の証明において, 式 (6.20) の $d(\pi) \geq d(\pi'')$ が成立しないからである.

6.9 ダイクストラ法の中で枝 $(u, v) \in E$ を有向枝と考え, (u, v) と (v, u) を区別するだけでよい. 動的計画法の式 (6.16) や最短路木の議論, さらにはダイクストラ法の正

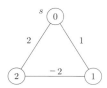

図 **A.9** ダイクストラ法が失敗する例

しさの証明もそのまま成立する (各自確かめよ).

6.10 ダイクストラ法の更新式 (6.18) がプリム法では式 (6.15) であることに注意して, 図 6.15 の dijkstra において, vadj をヒープに入れる部分と vadj の更新部分を図 A.10 のようにすればよい.

```
if(loc[vadj] == -1)
{              /* vadj をヒープに入れる */
  vh.d = E[p->edge].d; vh.node = vadj;
  edge[vadj] = p->edge;
  insert(vh, heap, loc, nh);
  nh = nh+1;
}
else  /* すでにヒープにある vadj の更新 */
{
```

```
j = loc[vadj];
if(heap[j].d > E[p->edge].d+ZERO)
{
  heap[j].d = E[p->edge].d;
  edge[vadj] = p->edge;
  upmin(j, heap, loc, nh);
}
}
```

図 **A.10** プリム法のダイクストラ法からの変更部分

6.11 2 連結性の定義に基づいて考えれば容易に証明できる.

6.12 補題 6.2 が成立しない場合, 枝 (u,x) は x への最初の走査枝であることを示せばよい. そうならば, (u,x) は $T(G)$ に含まれるはずである.

6.13 深さ優先探索 (図 6.21 のプログラム参照) にしたがえば, v への訪問は u のあとになることから当然である.

6.14 省略. 関節点は 3 個ある.

6.15 葉の数 k について節点数に関する帰納法を適用する. $k=1$ の場合は明らか. 一般に葉の数が k の場合の根付き木 T_k に対し補題を仮定し, 新しい葉を一つ加える. その葉が (i) T_k の葉に加えられる, (ii) T_k の子節点を 2 個以上もつ節点に加えられる, (iii) T_k の枝の途中に加えられる, それぞれの場合について帰納法の仮定が成立することを示せばよい. 枝数については, 問題 2.1 の結果から導く.

6.16 t_1 の接尾辞木と t_2 の接尾辞木を重ねて, 一つの接尾辞木 T を作る. ただし, t_1 の葉と t_2 の葉を区別する. T の節点で, その下に t_1 の葉と t_2 の葉の両方をもつものは t_1 と t_2 に共通する文字列に対応している. したがって, そのような性質をもつ深さ最大の節点 (これが葉の場合もある) を見つければよい.

ヒントと略解 | 225

6.17 いろいろな方法があるが，その一つの概略を与える．n 点のうち x 座標の最も小さな (最も左にある) 点を p_0 とすると p_0 は凸包の境界上の 1 点である (図 6.28 参照)．凸包の境界上 p_0 に時計回りで隣接する点を p_2 とすると，p_0 と p_2 を通る直線 l_{02} はつぎの性質をもつ．p_0 と p_2 以外の任意の点 q から見て，p_0 と p_2 は l_{02} 上時計回りに並んでいる．このような性質をもつ p_2 は，$O(n)$ の手間で求め得ることを示せ (少々工夫がいる)．以下，凸包の境界上の点を同様の手順でつぎつぎと定めていけばよい．凸包の境界上の点は，たかだか n 個であるので，全手間は $O(n^2)$ で抑えられる．

6.18 ボロノイ多角形 $P(i)$ と $P(i')$ に共通に存在するボロノイ辺上の点は，p_i と $p_{i'}$ への等距離の位置にある．したがって，ボロノイ頂点 v_j は，それを交点として与える 3 辺を共通辺としてもつ 3 つのボロノイ多角形 $P(i), P(i'), P(i'')$ (これらの任意の二つはそれぞれ 3 辺の一つを共有する) を考えると，p_i，$p_{i'}$，$p_{i''}$ と等距離にあることがわかる (外接円の中心)．あと，平面上の初等幾何学の知識を用いて証明することができる．

6.19 R_1 と R_3 の担当教官への射影をそれぞれとったのち，両者の共通部分をとり，その結果と R_2 への結合を "担当教官 = 教官" という条件で求める．

6.20 R_1 の属性 A_p と R_2 の属性 B_1 を用いて $R_1 \bowtie R_2$ を，さらに R_2 の属性 B_q と R_3 の属性 C_1 を用いて $R_2 \bowtie R_3$ を定義する．このとき，$(R_1 \bowtie R_2) \bowtie R_3$ と $R_1 \bowtie (R_2 \bowtie R_3)$ の出力は，R_1 の行 $(x_1, x_2, \ldots, x_p)$，R_2 の行 $(y_1, y_2, \ldots, y_q)$，R_3 の行 $(z_1, z_2, \ldots, z_r)$ の中で $x_p = y_1$，$y_q = z_1$ をみたすものを連結することによって得られる．この結果は，条件 $x_p = y_1$ を先に見るか，$y_q = z_1$ を先に見るかによらない．

問いの後半のため，$(R_1 \bowtie R_2) \bowtie R_3$ のマージスキャン法の計算量を考える．$R_1 \bowtie R_2$ の実行には $O(N_1 \log N_1 + N_2 \log N_2)$ 時間かかる．$R_1 \bowtie R_2$ の結果 N' 行の関係 R' が得られたとすると，$R' \bowtie R_3$ の部分には $O(N' \log N' + N_3 \log N_3)$ 時間かかる．$R_1 \bowtie (R_2 \bowtie R_3)$ についても同様に考えると，二つの方法の時間量は一般には異なることを示せる．

文　　　献

[第 1 章]

(アルゴリズムとデータ構造全般)

1-1)　A.V.Aho, J.E.Hopcroft and J.D.Ullman, The Design and Analysis of Computer Algorithms, Addison-Wesley, Reading Mass., 1974. (野崎昭弘, 野下浩平訳, アルゴリズムの設計と解析 I, II, サイエンス社, 1977.)

1-2)　A.V.Aho, J.E.Hopcroft and J.D.Ullman, Data Structures and Algorithms, Addison-Wesley, Reading Mass., 1983. (大野義夫訳, データ構造とアルゴリズム, 培風館, 1987.)

1-3)　浅野孝夫, アルゴリズムの基礎とデータ構造：数理と C プログラム, 近代科学社, 2017.

1-4)　S.Baase, Computer Algorithms: Introduction to Design and Analysis, Second Edition, Addison-Wesley, Reading Mass., 1988. (岩野和生, 加藤直樹, 永持仁訳, アルゴリズム入門―設計と解析―, アジソン・ウェスレイ・パブリッシャーズ・ジャパン, 1998.)

1-5)　T.H.Cormen, C.H.Leiserson and R.L.Rivest, Introduction to Algorithms, The MIT Press, 1990. (浅野哲夫, 岩野和生, 梅尾博司, 山下雅史, 和田幸一訳, アルゴリズムイントロダクション 1：数学的基礎とデータ構造, 同 2：アルゴリズムの設計と解析手法, 同 3：精選トピックス, 近代科学社, 1995.)

1-6)　平田富夫, アルゴリズムとデータ構造, 森北出版, 1990.

1-7)　茨木俊秀, アルゴリズムとデータ構造, 昭晃堂, 1989.

1-8)　五十嵐善英, 西谷泰昭, アルゴリズムの基礎, コロナ社, 1997.

1-9)　石畑清, アルゴリズムとデータ構造, 岩波書店, 1989.

1-10)　伊藤大雄, データ構造とアルゴリズム, コロナ社, 2017.

1-11)　紀平拓男, 春日伸弥, プログラミングの宝箱 アルゴリズムとデータ構造, ソフトバンククリエイティブ, 2011.

1-12)　D.E.Knuth, The Art of Computer Programming, Vol.I: Fundamental Algorithms, Addison-Wesley, Reading Mass., 1973. (広瀬健訳, 基本算法/ 基礎概念, サイエンス社, 1978, および, 米田信夫, 筧捷彦訳, 基本算法/ 情報構造, サイエンス社, 1978.)

1-13)　D.E.Knuth, The Art of Computer Programming, Vol.II: Seminumerical Algorithms, Addison-Wesley, Reading Mass., 1981. (渋谷政昭訳, 準数値算法/ 乱数, サイエンス社, 1981, および, 中川圭介訳, 準数値算法/ 算術演算, サイエンス社, 1986.)

文　献　227

1-14) T.G.Lewis and M.Z.Smith, Applying Data Structures, Houghton Mifflin Co., Boston, 1982. (浦昭二, 近藤頌子, 遠山元道訳, データ構造, 培風館, 1987.)

1-15) 大山達雄, アルゴリズム, 丸善, 1989.

1-16) R.Sedgewick, Algorithms, Addison-Wesley, Reading Mass., 1988. (野下浩平, 星守, 佐藤創, 田口東訳, アルゴリズム 1：基礎・整列, 同 2：探索・文字列・計算幾何, 同 3： グラフ・数理・トピックス, 近代科学社, 1990.)

1-17) 柴田望洋, C 言語で学ぶアルゴリズムとデータ構造, ソフトバンククリエイティブ, 2017.

1-18) S.S.Skiena, The Algorithm Design Manual, Springer and TELOS, New York, 1998.

1-19) 杉原厚吉, データ構造とアルゴリズム, 共立出版, 2001.

1-20) N.Wirth, Algorithm + Data Structure = Program, Prentice-Hall, Englewood Cliffs, N.J., 1976. (片山卓也訳, アルゴリズム＋データ構造＝プログラム, 日本コンピュータ協会, 1979.)

(C 言語および C++言語)

1-21) H.M.Deitel and P.J.Deitel, C How to Program, Prentice Hall, 1994. (小嶋隆一訳, C 言語プログラミング, プレンティスホール出版, 1998.)

1-22) S.C.Dewhurst and K.T.Stark, Programming in C++, Prentice Hall, 1995. (小山裕司訳, C++言語入門, アスキー出版局, 1995.)

1-23) L.Hancock, M.Krieger and S.Zamir, The C Primer, McGraw-Hill, 1991. (倉骨彰, 三浦明美訳, C 言語入門, アスキー出版社, 1992.)

1-24) B.W.Kernighan and D.M.Ritchie, The C Programming Language, Bell Telephone Laboratories, Inc., 1988. (石田晴久訳, プログラミング言語 C, 共立出版, 1989.)

1-25) S.Lippman, C++ Primer, 1991. (中山秀樹監訳, C++ プライマー, アジソンウェスレイ・トッパン, 1993.)

1-26) 三田典玄, 実習 C 言語, アスキー出版社, 1986.

1-27) 中山清喬, スッキリわかる C 言語入門, インプレス, 2018.

1-28) S.Oualline, Practical C Programming, O'Reilly and Associates, Inc., 1991. (望月康司監訳, 谷口功訳, C 実践プログラミング, オライリージャパン, 1998.)

1-29) 種田元樹, C 言語本格入門, 技術評論社, 2018.

(プログラムの設計と開発)

1-30) O-J.Dahl, E.W.Dijkstra and C.A.R.Hoare, Structured Programming, Academic Press, New York, 1972. (野下浩平, 川合慧, 武市正人訳, 構造化プログラミング, サイエンス社, 1975.)

228 文　献

1-31) 二村良彦, プログラム技法—PADによる構造化プログラミング, オーム社, 1984.

1-32) M.A.Jackson, Principles of Program Design, Academic Press, New York, 1975. (鳥居宏次訳, 構造的プログラム設計の原理, 日本コンピュータ協会, 1980.)

1-33) B.Meyer, Object-Oriented Software Construction, Prentice Hall, 1994. (酒匂寛訳, オブジェクト指向入門 第2版, 翔泳社, 2007.)

1-34) J-D.Warnier, Les Procédures de Traitement et leurs Données, Les Editions d'Organisation, Paris, 1971. (鈴木君子訳, ワーニエ・プログラミング法則集, 日本能率協会, 1975.)

1-35) N.Wirth, Systematic Programming: An Introduction, Prentice-Hall, Englewood Cliffs, N.J., 1973. (野下浩平, 筧捷彦, 武市正人訳, 系統的プログラミング／入門, 近代科学社, 1978.)

(並列および分散処理)

1-36) A.M.Gibbons and W.Rytter, Efficient Parallel Algorithms, Cambridge University Press, Cambridge, UK, 1988.

1-37) 亀田恒彦, 山下雅史, 分散アルゴリズム, 近代科学社, 1994.

1-38) 村岡洋一, 並列処理, 昭晃堂, 1986.

[第2章]

2-1) M.L.Fredman and J.Komlós, "Storing a sparse table with $O(1)$ worst case access time", J. ACM, 31, pp.538-544, 1984.

2-2) D.D.Sleater and R.E.Tarjan, "A data structure for dynamic trees", J. Computer and System Sciences, 26, pp.362-391, 1983.

2-3) R.E.Tarjan, "On the efficiency of a good but not linear set merging algorithm", J. ACM, 22, pp.215-225, 1975.

[第3, 4章]

(全般)

3-1) D.E.Knuth, The Art of Computer Programming, Vol.III: Sorting and Searching, Addison-Wesley, Reading Mass., 1973. (有澤誠, 和田英一 (監訳), The Art of Computer Programming (第3巻　日本語版) ソートと探索, アスキー社, 2015.)

3-2) 渋谷政昭, 山本毅雄, データ管理算法, 岩波書店, 1983.

3-3) 今野浩, カーマーカー特許とソフトウェア—数学は特許になるか—, 中公新書, 1995.

(平衡木)

3-4) G.M.Adel'son-Vel'skii and Y.M.Landis, "An algorithm for the organization of information", Dokl. Akad. Nauk SSSR, 146, pp.263-266, 1962 (English translation in Soviet Math. Dokl.3, pp.1259-1262, 1962).

3-5) R.Bayer and E.M.McCreight, "Organization and maintenance of large ordered indices", Acta Informatica, 1, pp.173-189, 1972.

3-6) M.L.Fredman and R.E.Tarjan, "Fibonacci heaps and their uses in improved network optimization algorithms", J. ACM, 34, pp.596-615, 1987.

3-7) L.J.Guibas and R.Sedgewick, "A dichromatic framework for balanced trees", Proc. 19th IEEE Symp. on Foundations of Computer Science (FOCS), pp.8-21, 1978.

3-8) D.D.Sleater and R.E.Tarjan, "Self-adjusting binary search trees", J. ACM, 32, pp.652-686, 1985.

(整列と第 p 要素の選択)

3-9) M.Blum, R.W.Floyd, V.R.Pratt, R.L.Rivest and R.E.Tarjan, "Time bounds for selection", J. Computer and System Science, 7, pp.448-461, 1972.

3-10) R.W.Floyd, "Algorithm 245: treesort 3", Comm. ACM, 7, p.701, 1964.

3-11) R.W.Floyd and R.L.Rivest, "Expected time bounds for selection", Comm. ACM, 18, pp.165-172, 1975.

3-12) L.R.Ford and S.M.Johnson, "A tournament problem", American Math. Monthly, 66, pp.387-389, 1959.

3-13) C.A.R.Hoare, "Quicksort", Computer J., 5, pp.10-15, 1962.

3-14) R.Motwani and P.Raghavan, Randomized Algorithms, Cambridge University Press, 1995.

3-15) D.L.Shell, "A high-speed sorting procedure", Comm. ACM, 2, pp.30-32, 1959.

3-16) J.W.J.Williams, "Algorithm 232: heapsort", Comm. ACM, 7, pp.347-348, 1964.

[第 5 章]

(ニュートン法, 数値解析)

5-1) 茨木俊秀, 最適化の数学, 共立出版, 2011.

5-2) 森正武, 数値計算プログラミング, 岩波書店, 1986.

5-3) 落合豊行, C 言語による数学解析, 近代科学社, 1988.

230 | 文　　献

(分割統治法と動的計画法)

5-4)　R.E.Bellman, Dynamic Programming, Princeton University Press, Princeton N.J., 1957. (小田中敏男訳, ダイナミックプログラミング, 東京図書, 1973.)

5-5)　R.E.Bellman, and S.E.Dreyfus, Applied Dynamic Programming, Princeton University Press, Princeton N.J., 1962. (小田中敏男, 有水彊訳, 応用ダイナミックプログラミング, 日科技連, 1962.)

5-6)　T.Ibaraki, Enumerative Approaches to Combinatorial Optimization, Annals of Operations Research, Vols.10 and 11, J.C.Baltzer A.G., Basel, 1987.

5-7)　A.Karatsuba and Y.Ofman, "Multiplication of multidigit numbers on automata", Dokl. Akad. Nauk SSSR, 145, pp.293-294, 1962.

5-8)　H.N.Psaraftis, M.M.Solomon, T.L.Magnanti and T.-P.Kim, "Routing and scheduling on a shoreline with release times", Management Science, 36, pp.213-223, 1990.

(素数判定法)

5-9)　M.Agrawal, N.Kayal and N.Saxena, "PRIMES is in P", Annals of Mathematics Second Series (Princeton University), 160, No. 2, pp. 781-793, 2004.

5-10)　R.Solovay and V.Strassen, "A fast Monte-Carlo test for primality", SIAM J. on Computing, 6, pp.84-85, 1977.

[第 6 章]

(資源配分問題, ナップザック問題および組合せ最適化全般)

6-1)　E.Balas and E.Zemel, "An algorithm for large zero-one knapsack problems", Operations Research, 28, pp.1130-1154, 1980.

6-2)　N.Christofides, A.Mingozzi, P.Toth, C.Sandi (eds.) , Combinatorial Optimization, John Wiley, Chichester, 1979.

6-3)　W.J.Cook, W.H.Cunningham, W.R.Pulleyblank and A.Schrijver, Combinatorial Optimization, Wiley-Interscience, New York, 1998.

6-4)　茨木俊秀, 離散最適化法とアルゴリズム, 岩波書店, 1993.

6-5)　T.Ibaraki and N.Katoh, Resource Allocation Problems: Algorithmic Approaches, The MIT Press, Cambridge, Mass., 1988.

6-6)　N.Karmarkar, "A new polynomial-time algorithm for linear programming", Combinatorica, 4, pp.373-395, 1984.

6-7)　S.Martello and P.Toth, Knapsack Problems, John Wiley & Sons, 1990.

(グラフとネットワーク)

6-8) 浅野孝夫, グラフ・ネットワークアルゴリズムの基礎; 数理と C プログラム, 近代科学社, 2017.

6-9) J.A.Bondy and U.S.R.Murty, Graph Theory with Applications, MacMillan Press, 1976. (立花俊一, 奈良和恵, 田澤新成訳, グラフ理論への入門, 共立出版, 1991.)

6-10) B.Chazelle, "A minimum spanning tree algorithm with inverse-Ackerman type complexity", J. ACM, 47, pp. 1028-1047, 2000.

6-11) E.W.Dijkstra, "A note on two problems in connexion with graphs", Numerische Mathematik, 1, pp.269-271, 1959.

6-12) M.L.Fredman and D.E.Willard, "Trans-dichotomous algorithm for minimum spanning trees and shortest paths", J. of Computer and System Sciences, 48, pp.533-551, 1994.

6-13) R.L.Graham and P.Hell, "On the history of the minimum spanning tree problem", Annals of the History of Computing, 7, pp.43-57, 1985.

6-14) 茨木俊秀, 永持仁, 石井利昌, グラフ理論ー連結構造とその応用, 朝倉書店, 2010.

6-15) 伊理正夫, 藤重悟, 大山達雄, グラフ・ネットワーク・マトロイド, 産業図書, 1986.

6-16) 伊理正夫, 白川功, 梶谷洋司, 篠田庄司ほか, 演習グラフ理論, コロナ社, 1983.

6-17) D.R.Karger, P.N.Klein and R.E.Tarjan, "A randomized linear-time algorithm to find minimum spanning trees", J. ACM, 42, pp.321-328, 1995.

6-18) J.B.Kruskal, "On the shortest spanning subtree of a graph and the traveling salesman problem", Proc. American Math. Society, 2, pp.48-50, 1956.

6-19) R.C.Prim, "Shortest connection networks and some generalizations", Bell System Technical Journal, 36, pp.1389-1401, 1957.

6-20) R.E.Tarjan, "Depth-first search and linear graph algorithms", SIAM J. Computing, 1, pp.146-160, 1972.

6-21) R.E.Tarjan, Data Structures and Network Algorithms, SIAM Publication, Philadelphia, 1983. (岩野和生訳, データ構造とネットワークアルゴリズム, マグロウヒル社, 1989.)

6-22) M.Thorup, "Undirected single source shortest paths in linear time", Proc. 38th Symposium on Foundations of Computer Science (FOCS), IEEE, 1997.

6-23) R.J. Wilson, Introduction to Graph Theory (4th edition), Prentice Hall, 1996. (西関隆夫, 西関裕子訳, グラフ理論入門, 近代科学社, 2001.)

(文字列照合)

6-24) A.Apostolico and Z.Galil (Editors), Pattern Matching Algorithms, Oxford University Press, New York, 1997.

6-25) D.Gusfield, Algorithms on Strings, Trees, and Sequences: Computer Science and Computational Biology, University of Cambridge Press, New York, 1997.

6-26) D.E.Knuth, J.H.Morris Jr. and V.R.Pratt, "Fast pattern matching in strings", SIAM J. Computing, 6, pp.323-350, 1977.

6-27) 定兼邦彦, 簡潔データ構造, 共立出版, 2018.

(計算幾何学)

6-28) 浅野哲夫, 計算幾何：理論の基礎から実装まで, 共立出版, 2007.

6-29) B.Delaunay, "Sur la sphèe vide", Izv. Akad. Nauk SSSR, Otdelenie Matematicheskii i Estestvennyka, 7, pp.793-800, 1934.

6-30) H.Edelsbrunner, Algorithms in Combinatorial Geometry, Springer-Verlag, Berlin 1987. (今井浩, 今井桂子訳, 組合せ幾何学のアルゴリズム, 共立出版, 1995.)

6-31) F.P.Preparata and M.I.Shamos, Computational Geometry - An Introduction, Springer-Verlag, New York, 1985.

6-32) 杉原厚吉, 計算幾何学, 朝倉書店, 2013.

6-33) G.Voronoi, "Nouvelles applications des paramètres continus à la théorie des formes quadratiques. Premier Mémoire: Sur quelques propriétés des formes quadratiques positives parfaites", J. Reine Angew. Math. 133, pp.97-178, 1907.

6-34) G.Voronoi, "Nouvelles applications des paramètres continus à la théorie des formes quadratiques. Deuxuème Mémoire: Recherches sur les parallélloèdres primitifs", J. Reine Angew. Math. 134, pp.198-287, 1908.

(データベース)

6-35) C.J.Date, An Introduction to Database Systems, Addison-Wesley, Reading Mass., 1981.

6-36) M.Kitsuregawa, H.Tanaka and T.Moto-oka, "Application of hash to database machine and its architecture", New Generation Computing, 1, pp.63-74, 1983.

6-37) 増永良文, リレーショナルデータベース入門 (第 3 版), サイエンス社, 2017.

6-38) 奥野幹也, 理論から学ぶデータベース実践入門, 技術評論社, 2005.

索　引

《和文索引》

あ　行

アーク (arc)　43
アセンブラ (assembler)　213
アセンブリ言語コード　213
値引数　212
アッカーマン関数 (Ackermann function)
　の逆関数　67
後入れ先出しリスト (last-in-first-out list)
　35
後順 (postorder)　48
アルゴリズム (algorithm)　**1**, 13
アルゴリズム特許　91

行きがけ順 (preorder)　48
位数 (cardinality)　53
1 次収束 (linear convergence)　131
ε-近似解 (ε-approximate solution)
　128

Wigner-Seitz セル (Wigner-Seitz cell)
　198

枝 (branch)　43
AVL 木 (AVL tree)　85
AVL 木の回転操作　88

大きなデータの整列　96
オセロゲーム　26
オーダー (O)　15
オーダー記法　15
オブジェクトコード (object code)　213
オブジェクト指向プログラミング (object

oriented programming)　22
親 (parent)　44

か　行

階乗 (factorial)　38
外心　185
階層構造 (hierarchical structure)　22
回転操作　87
外部記憶 (external memory)　24
外部整列 (external sorting)　**94**, 197
外部ハッシュ法 (open hashing, overflow
　hash, chaining)　56
外部変数　206
概要設計　20
帰りがけ順 (postorder)　48
確率アルゴリズム (probabilistic
　algorithm, randomized algorithm)
　116, **143**, 162
掛け算 (multiplication)　134
仮想記憶 (virtual memory)　24
合併 (union)　193
仮引数　211
関係 (relation)　191
関係代数 (relational algebra)　192
関係データベース (relational database)
　191
関数　203
関節点 (articulation node)　171, **173**
完全グラフ (complete graph)　43

木 (tree)　44
記憶レジスタ (memory registers)　2
基数ソート (radix sort)　93, 96, **98**,
　119

帰納性 (recursiveness)　2
木の高度なデータ構造　51
木の再帰的定義　45
木の高さ (tree height)　45
木のデータ構造　45
木のなぞり　**48**, 172
行 (関係の) (tuple)　191
境界線分 (edge)　184
共通集合 (intersection)　53
共通部分 (intersection)　193
共通要素の列挙　124
許容解 (feasible solution)　146

クイックソート (quick sort)　93, **103**,
　143, 159, 221
クイックソートの最悪時間　106
クイックソートの平均時間　107
空集合 (empty set)　53
空リスト (null list)　29
Knuth-Morris-Pratt 法　178
クラス (class)　22
クラスカル (Kruskal) のアルゴリズム
　12, **19**, 159
グラフ (graph)　4, **43**, **154**
グラフのデータ構造　154

計算可能 (computable)　2
計算幾何学 (computational geometry)
　182
計算手間 (time complexity)　15
計算の複雑さ　19
計算量 (computational complexity)
　14, **15**, 17, 19
計算量の下界　**19**, 109
計算量の上界　19
継承 (inherit)　22
結果の出力　204
結合 (join)　191
結合則 (associative law)　196
決定木 (decision tree)　109

弧 (arc)　43
子 (child)　44
構造化プログラミング (structured
　programming)　21
構造体　31, **207**
コッホ曲線　70
コーディング (coding)　20
コメント文　204
コンパイル　214

さ 行

差 (関係の) (difference)　193
最悪計算量 (worst case complexity)
　17
再帰方程式の漸近解　135
再帰呼び出し (recursive call)　**38**, 106,
　132, 188
最小木 (minimum spanning tree, MST)
　4, 12, 157
最大公約数 (GCD, greatest common di-
　visor)　**3**, 5
最短路 (shortest path)　163
最短路木 (shortest path tree)　164
最適解 (optimal solution)　146
最適化問題 (optimization problem)
　145
最適性の原理 (principle of optimality)
　135
先入れ先出しリスト (first-in-first-out list)
　40
索引 (index)　96
差集合 (difference)　53
算術演算子　205
算法　13

C　5, 25, 200, **203**
C++　22, 25, **200**
C コンパイラ (C compiler)　213, **214**
シェルソート (Shell sort)　94, **118**, 220
時間量 (time complexity)　15

軸要素 (pivot) **103**, 112
資源配分問題 (resource allocation problem) 145
辞書 (dictionary) 55
辞書式順序 (lexicographical order) 58
指数オーダー 26
自然結合 (natural join) 193
子孫 (descendant) **44**, 45
実行可能解 (feasible solution) 146
実行可能コード 213
実行文 203
実引数 212
質問 (query) 191
自動変数 206
シミュレーション (simulation) 143
射影 (projection) 192
ジャクソン法 25
集合 (set) 53
集合族 (family of sets) 53
集合族の併合 63
集合族の森表現 66
集合のデータ構造 54
主記憶 (main memory) 24
順序木 (ordered tree) 44
順序つき集合 (ordered set) 71
仕様記述 20
条件文 206
詳細設計 20
初等幾何学 182
真の子孫 45
真の先祖 45
真部分集合 (proper subset) 53

推移律 (transitivity) 71
スケジューリング問題 138
図式プログラミング言語 22
スタック (stack) 35
スターリング (J. Stirling) の近似式 111
ステップ数 14

制御カウンタ (control counter) 2
制御文 203, **205**
整数型 203
整数コード 56
整数部分 15
生成木 (spanning tree) 157
生成部分グラフ (induced subgraph) 44
静的変数 206
制約条件 (constraint) 146
整列 (sorting) 93
整列データの処理 123
整列ネットワーク 120
整列配列の併合 **123**, 195
積集合 (intersection) 53
接続行列 (incidence matrix) 154
節点 (node) 43
接尾辞 (suffix) 178
接尾辞木 (suffix tree) 178
セル (cell) 2, **29**
SELECT の所要時間 114
0-1 ナップサック問題 (0-1 knapsack problem) 152, **199**
全域木 (spanning tree) 157
漸化式 136
線形計画問題 91
線形順序 (linear order) 71
全順序 (total order) 71
全節点対最短路問題 170
先祖 (ancestor) 44
選択 (selection) 192

挿入ソート (insertion sort) 93, **118**, 219
増分法 (incremental method) **148**, 198
双方向リスト (doubly-linked list) 35
属性 (attribute) 191
素数判定法 143
ソースコード (source code) 213

ソフトウェア工学　20

た　行

ダイクストラ法　165
対数コストモデル　17
代入　8, **204**
第 p 要素の選択　111
互いに素 (disjoint)　53
高さ (木の)(height)　45
多項式 (オーダー) 時間 (polynomial (order) time)　20
段階的詳細化 (stepwise refinement)　21
単純閉路 (simple cycle)　44
単純路 (simple path)　44
単調関数の零点の計算　126
端点 (end nodes)　43

遂次的処理 (sequential processing)　23
中央値 (median)　111
チューリング機械 (Turing machine)　**2**, 14
長大数の掛け算　134
頂点 (グラフの)(vertex)　43
頂点 (ボロノイ図の)(vertex)　184
長男 (eldest brother)　44
直線の式　183

釣合い探索木 (balanced search tree)　71

Thiessen 多角形 (Thiessen polygon)　198
定数オーダー (constant order)　16
定数コストモデル　17
定数時間 (constant time)　16
テイラー展開 (Taylor's expansion)　130
Dirichlet 領域 (Dirichlet region)　198
テキスト (text)　177

データ型　30
データ構造 (data structure)　**4**, 29
データの入力　204
データ分析法　21
手続き (procedure)　1
デバッギング (debugging)　20
テープ　2
点 (point)　**43**, 183
天井 (ceiling)　15

等結合 (equijoin)　193
等号　204, **206**
動的木 (dynamic tree)　51
動的計画法 (dynamic programming)　**135**, 137, 163, 199
通りがけ順 (inorder)　48
凸 (convex)　146
凸関数 (convex function)　146
凸多角形　184
トップダウン作成法　21
凸包 (convex hull)　183
ドロネーの 3 角形分割 (Delaunay triangulation)　**186**, 198

な　行

内部整列 (internal sorting)　94
内部ハッシュ法 (closed hashing, open addressing)　56, **58**
内部ハッシュ法の計算手間　59
中順 (inorder)　**48**, 90, 219
流れ図 (flow chart)　22
なぞり (traverse)　48
ナップサック問題 (knapsack problem)　152
ならし時間量 (amortized time complexity)　**52**, 78

2-3 木　85
2 次収束 (quadratic convergence)　131
2 色木 (red-black tree)　85

2 進数の基数ソート　221
2 分木 (binary tree)　50
2 分探索 (binary search)
　125, 126, 127
2 分探索木 (binary search tree)　72, **78**
2 分探索木の計算手間　82
ニュートン法 (Newton method)　129
2 連結成分 (2-connected component)
　172

根 (root)　44
根付き木 (rooted tree)　44

は　行

葉 (leaf)　45
配達スケジューリング　138
バイトニック整列法　121
配列 (array)　**29**, 209
バケット (bucket)　56
バケットソート (bucket sort)　93, **96**
パターン (pattern)　177
ハッシュ関数 (hash function)　55
ハッシュジョイン (hash join) 法　195
ハッシュ表 (hash table)　**55**, 195
ハードウェア・アルゴリズム　120
バブルソート (bubble sort)
　93, **94**, 109
反射律 (reflexivity)　71
反対称律 (anti-symmetry)　71

B 木 (B tree)　84
B* 木 (B* tree)　85
B+ 木 (B+ tree)　84
比較可能性 (comparability)　71
引数　203
引数の受け渡し　211
非減少連続関数　126
ヒープ (heap)　**73**, 74, 149, 161, 168
ヒープ操作の計算手間　76
ヒープソート (heap sort)　93, **101**

標準入出力　213
標準ライブラリ　213
ビンソート (bin sort)　93

フィボナッチ数列 (Fibonacci sequence)
　85
フィボナッチヒープ (Fibonacci heap)
　78, 168
深さ (depth)　45
深さ優先探索 (depth-first search)　48,
　171, 173
プッシュダウンリスト (pushdown list)
　35
浮動小数点型　203
部分木 (subtree)　45
部分グラフ (subgraph)　43
部分集合 (subset)　53
部分和問題 (subset-sum problem,
　SUBSET-SUM)　**3**, 4, 8, 18, 136
普遍集合 (universal set)　54
フラクタル (fractal)　70
プリプロセッサ制御文　213
プリム法 (最小木)　**159**, 224
プログラム (program)　**1**, 203
プログラムの設計　20
プロンプト　214
分割 (軸要素による)　105
分割統治 (divide-and-conquer) 法
　131, 186
分離形 (separable)　146

平均計算量 (average complexity)　17
併合 (merge)　**53**, 63, 123, 187
並行処理 (concurrent processing)　24
併合ソート (merge sort)　93, **132**
平衡探索木 (balanced search tree)　71,
　72, **85**
並列計算機 (parallel computer)　24
並列処理 (parallel processing)　24
閉路 (cycle, circuit)　44

ページ (page)　24
ヘッダ (関数の)　203
ヘッダファイル　213
辺 (ボロノイ図の)(edge)　184
辺 (グラフの)(edge)　43
変数の記憶クラス　206
変数引数　212
変数領域の動的確保　209

Boyer-Moore 法　178
ポインタ (pointer)　**30**, 208, 210
補木 (cotree)　157
ボディ (関数の)　203
ボトムアップ作成法　21
ボロノイ図 (Voronoi diagram)
　184, 186, 198
ボロノイ多角形 (Voronoi polygon)
　184

ま　行

前順 (preorder)　48
マージスキャン法 (merge-scan method)
　195
マージ (併合) ソート (merge sort)　93,
　132
待ち行列 (queue)　40

無向木 (undirected tree)　44
無向グラフ (undirected graph)　43

メディアン (median)　111

目的関数 (objective function)　146
文字型　203
モジュール (module)　21
文字列 (string)　211
文字列照合問題 (string pattern matching
　problem)　177
森 (forest)　44
問題 (problem)　3

問題例 (problem instances)　3
問題例の規模　17

や　行

Jacobi の記号 (Jacobi's notation)　144

有限集合 (finite set)　53
有向木　44
有向グラフ (directed graph, digraph)
　43
優先度つき待ち行列 (priority queue)
　72
優先度列 (priority queue)　72
誘導部分グラフ (induced subgraph)
　44
床 (floor)　15
ユークリッドの互除法 (Euclid's
　algorithm)　**6**, 14, 18

要求定義　20
要素 (element)　53
欲張り法 (greedy method)　148

ら　行

ライブラリ関数　213
λ-定義可能性　1
ランダムアクセス (random access)　24

リスト (list)　29
領域量 (space complexity)　15
隣接行列 (adjacency matrix)　154
隣接リスト (adjacency list)　**156**, 168,
　172

累算器 (accumulator)　2

零点の計算　**126**, 129
列挙データ型　207
列挙法　8
連結グラフ (connected graph)　44

連結成分 (connected component)　　12,
　44
連結リスト (linked list)　　**30**, 34, 72
連続ナップサック問題 (continuous knap-
　sack problem)　　152

路 (path)　　44

路の圧縮 (path compression)　　66
路の長さ　　**44**, 168

わ　行

和集合 (union)　　53
ワーニエ法　　25

《欧文索引》

accumulator (累算器)　　2

Ackermann function (アッカーマン関数)　　67

ADDCOST　　52

adjacency list (隣接リスト)　　**156**, 168, 172

adjacency matrix (隣接行列)　　154

ALGOL　　34

algorithm (アルゴリズム)　　**1**, 13

amortized time complexity (ならし時間量)　　**52**, 78

ancestor (先祖)　　44

anti-symmetry (反対称律)　　71

arc (アーク, 弧)　　43

array (配列)　　**29**, 209

artic　　175

articulation node (関節点)　　171, **173**

assembler (アセンブラ)　　213

associative law (結合則)　　196

attribute (属性)　　191

average complexity (平均計算量)　　17

AVL tree (AVL 木)　　85

a.out　　214

balanced search tree (平衡探索木, 釣合い探索木)　　71, **85**

binary search (2 分探索)　　**125**, 126, 127

binary search tree (2 分探索木)　　72, **78**

binary tree (2 分木)　　50

bin sort (ビンソート)　　93

biradixsort　　221

Boyer-Moore method　　178

branch (枝)　　43

bsearch　　126

B tree (B 木)　　84

B* tree (B* 木)　　85

B+ tree (B+ 木)　　84

bubble sort (バブルソート)　　93, **94**, 109

bubblesort　　95

bucket (バケット)　　56

bucket sort (バケットソート)　　93, **96**

bucketsort　　101

C　　5, 25, 200, **203**

C++　　22, 25, **200**

cardinality (位数)　　53

C compiler (C コンパイラ)　　213

ceiling (天井)　　15

cell (セル)　　2, **29**

chaining (外部ハッシュ法)　　56

char　　203

child (子)　　44

circuit (閉路)　　44

class (クラス)　　22

closed hashing (内部ハッシュ法)　　56, **58**

coding (コーディング)　　20

comparability (比較可能性)　　71

complete graph (完全グラフ)　　43

computable (計算可能)　　2

computational complexity (計算量, 計算の複雑さ)　　14, **15**, 17, 19

computational geometry (計算幾何学)　　182

concurrent processing (並行処理)　　24

connected component (連結成分)　　12, **44**

connected graph (連結グラフ)　　44

constant order (定数オーダー)　　16

constant time (定数時間)　　16

constraint (制約条件)　　146

continuous knapsack problem (連続ナップサック問題)　　152

control counter (制御カウンタ)　　2

convex (凸)　　146

convex function (凸関数) 146

convex hull (凸包) 183

cotree (補木) 157

CREATE **34**, 36, 40

CUT 52

cycle (閉路) 44

data structure (データ構造) **4**, 29

debugging (デバッギング) 20

decision tree (決定木) 109

DECREASEKEY **78**, 161

Delaunay triangulation (ドロネーの 3 角
形分割) **186**, 198

DELETE **32**, 54, 55, 72, 78, 84

delete 32, 60, 81

DELETEMAX 102

deletemax 102

DELETEMIN **72**, 74

deletemin 74

DELETE* 77

depth (深さ) 45

depth-first search (深さ優先探索) 48,
171, 173

DEQUEUE 40

dequeue 41

descendant (子孫) **44**, 45

dfs 175

dictionary (辞書) 55

DIFFERENCE 54

difference (差 (関係の)) 193

difference (差集合) 53

digraph (有向グラフ) 43

dijkstra 168

directed graph (有向グラフ) 43

Dirichlet region (Dirichlet 領域) 198

disjoint (互いに素) 53

divide-and-conquer (分割統治) **131**,
186

doubly-linked list (双方向リスト) 35

do ⋯ while 205

downmax 102

downmin 75

dpssum 137

dynamic programming (動的計画法)
135, 137, 163, 199

dynamic tree (動的木) 51

edge (辺 (グラフの)) 43

edge (辺 (ボロノイ図の)) 184

eldest brother (長男) 44

element (要素) 53

EMPTY 54

empty set (空集合) 53

end nodes (端点) 43

ENQUEUE 40

enqueue 41

enum 207

equijoin (等結合) 193

Euclid's algorithm (ユークリッドの互除
法) **6**, 14, 18

exit(1) 8

external memory (外部記憶) 24

external sorting (外部整列) **94**, 197

fact 38

factorial (階乗) 38

family of sets (集合族) 53

feasible solution (実行可能解) 146

Fibonacci heap (フィボナッチヒープ)
78, 168

Fibonacci sequence (フィボナッチ数列)
85

FIFO (first-in-first-out) 40

FIND **33**, 63

FINDCOST 52

FINDROOT 52

findzero 128

finite set (有限集合) 53

first-in-first-out list (先入れ先出しリスト)
40

float   203
floor (床)   15
flow chart (流れ図)   22
fn   150
for   205
forest (森)   44
FORTRAN   **5**, 34
fractal (フラクタル)   70
free   32, **209**

gcc   214
gcd   8
GCD, greatest common divisor (最大公約数)   **3**, 5
graph (グラフ)   4, **43**, **154**
greedy method (欲張り法)   148

hash function (ハッシュ関数)   55
hash join (ハッシュジョイン)   195
hashjoin   196
hash table (ハッシュ表)   **55**, 195
heap (ヒープ)   **73**, 74, 149, 161, 168
heapify   102
heap sort (ヒープソート)   93, **101**
heapsort   102
height (木の高さ)   45
hierarchical structure (階層構造)   22

if … else   205
incidence matrix (接続行列)   154
incremental method (増分法)   **148**, 198
index (索引)   96
induced subgraph (生成部分グラフ, 誘導部分グラフ)   44
inherit (継承)   22
inorder (中順, 通りがけ順)   48, 90, 219
inorder   219
INSERT   **32**, 54, 55, 72, 75, 78, 84

insert   32, 57, 60, 76, 81, 101
insertion sort (挿入ソート)   93, **118**, 219
insertionsort   220
int   203
internal sorting (内部整列)   94
INTERSECTION   **54**, 218
intersection   218
intersection (共通集合, 積集合)   53
intersection (共通部分)   193

Jacobi's notation (Jacobi の記号)   144
join (結合)   191

knapsack problem (ナップサック問題)   152
Knuth-Morris-Pratt method   178
kruskal   12, 160

LAST   33
last-in-first-out list (後入れ先出しリスト)   35
LAZYSELECT   **116**, 143
leaf (葉)   45
lexicographical order (辞書式順序)   58
LIFO (last-in-first-out)   35
linear convergence (1 次収束)   131
linear order (線形順序)   71
LINK   52
linked list (連結リスト)   **30**, 34, 72
LISP   2
list (リスト)   29
LOCATE   33

main   7
main memory (主記憶)   24
MAKETREE   52
malloc   31, 209
math.h   213

median (メディアン, 中央値)　111
MEMBER　**54**, 55, 72, 78, 84
member　57, 60, 79
memory registers (記憶レジスタ)　2
merge (併合)　**53**, 63, 123, 187
MERGE　**54**, 63
merge　124
merge-scan method (マージスキャン法)　195
merge sort (マージ (併合) ソート)　93, **132**
mergesort　133
MIN　**72**, 78, 84
min　81
minimum spanning tree, MST (最小木)　**4**, 12, 157
module (モジュール)　21
multiplication (掛け算)　134

natural join (自然結合)　193
newton　130
Newton method (ニュートン法)　129
NEXT　33
next　9
node (節点)　43
NULL　30
null list (空リスト)　29

O (オーダー)　15
object code (オブジェクトコード)　213
objective function (目的関数)　146
object oriented programming (オブジェクト指向プログラミング)　22
off　81
open addressing (内部ハッシュ法)　56, **58**
open hashing (外部ハッシュ法)　56
optimal solution (最適解)　146
optimization problem (最適化問題)　145

ordered set (順序つき集合)　71
ordered tree (順序木)　44
OS (operating system)　24
overflow hash (外部ハッシュ法)　56

PAD (problem analysis diagram)　22
page (ページ)　24
parallel computer (並列計算機)　24
parallel processing (並列処理)　24
parent (親)　44
partition　105
PASCAL　5, **8**
path (路)　44
path compression (路の圧縮)　66
pattern (パターン)　177
pivot (軸要素)　**103**, 112
pivot　105, 221
point (点)　**43**, 183
pointer (ポインタ)　**30**, 208, 210
polynomial (order) time (多項式 (オーダー) 時間)　20
POP　36
pop　36, 38
postorder (後順, 帰りがけ順)　48
postorder　217
preorder (前順, 行きがけ順)　48
preorder　49
PREVIOUS　**33**, 35
principle of optimality (最適性の原理)　135
printf　204
priority queue (優先度つき待ち行列, 優先度列)　72
probabilistic algorithm (確率アルゴリズム)　116, **143**, 162
problem (問題)　3
problem instances (問題例)　3
procedure (手続き)　1
program (プログラム)　1
projection (射影)　192

proper subset (真部分集合)　53
PUSH　36
push　36, 38
pushdown list (プッシュダウンリスト)
　35

quadratic convergence (2次収束)　131
query (質問)　191
queue (待ち行列)　40
QUICKSELECT　**112**, 143
quick sort (クイックソート)　93, **103**,
　143, 159, 221
quicksort　106

radix sort (基数ソート)　93, **96**, 98,
　119
radixsort　101
RAM (random access machine)
　2, 14
random access (ランダムアクセス)　24
random access machine　**2**, 14
randomized algorithm (確率アルゴリズ
　ム)　116, **143**, 162
recursive call (再帰呼び出し)　**38**, 106,
　132, 188
recursiveness (帰納性)　2
red-black tree (2色木, 赤黒木)　85
reflexivity (反射律)　71
relation (関係)　191
relational algebra (関係代数)　192
relational database (関係データベース)
　191
resource　150
resource allocation problem (資源配分問
　題)　145
RETRIEVE　33
return　203
root (根)　44
rooted tree (根付き木)　44

SELECT　**112**, 153
select　114
selection (選択)　192
separable (分離形)　146
sequential processing (遂次的処理)　23
set (集合)　53
setmerge　65
Shell sort (シェルソート)
　94, **118**, 220
shellsort　220
shortest path (最短路)　163
SHORTEST-PATH (最短路問題)　163
shortest path tree (最短路木)　164
simple cycle (単純閉路)　44
simple path (単純路)　44
simulation (シミュレーション)　143
SIZE　52
sorting (整列)　93
source code (ソースコード)　213
space complexity (領域量)　15
spanning tree (全域木)　157
ssum　9
ssumdata　11
stack (スタック)　35
static　207
stdio.h　213
stdlib.h　213
stepwise refinement (段階的詳細化)
　21
strcmp　211
strcpy　211
string (文字列)　211
string pattern matching problem (文字
　列照合問題)　177
struct　31, **207**
structured programming (構造化プログ
　ラミング)　21
subgraph (部分グラフ)　43
subset (部分集合)　53

SUBSET-SUM (部分和問題)　**4**, 8, 18, 136

subset-sum problem (部分和問題)　**3**, 4, 8, 18, 136

subtree (部分木)　45

suffix (接尾辞)　178

suffix tree (接尾辞木)　178

`swap`　75, 160, 168

`switch`　206

Taylor's expansion (テイラー展開)　130

text (テキスト)　177

Thiessen polygon (Thiessen 多角形)　198

time complexity (時間量, 計算手間)　15

TOP　33, 36, 40

total order (全順序)　71

transitivity (推移律)　71

traverse (なぞり)　48

tree (木)　44

`treefind`　68

tree height (木の高さ)　45

`treemerge`　68

tuple (行 (関係の))　191

Turing machine (チューリング機械)　**2**, 14

undirected graph (無向グラフ)　43

undirected tree (無向木)　44

union (合併)　193

union (和集合)　53

UNION　54

universal set (普遍集合)　54

`upmin`　76

vertex (頂点 (グラフの))　43

vertex (頂点 (ボロノイ図の))　184

virtual memory (仮想記憶)　24

`void`　203

Voronoi diagram (ボロノイ図)　**184**, 186, 198

Voronoi polygon (ボロノイ多角形)　184

Wigner-Seitz cell (Wigner-Seitz セル)　198

worst case complexity (最悪計算量)　17

0-1 knapsack problem (0-1 ナップサック問題)　152, **199**

2-connected component (2 連結成分)　172

ε-approximate solution (ε-近似解)　128

Θ　15

λ-definability (λ-定義可能性)　1

Ω　15

`#define`　213

`#include`　213

`%c, %d, %f, %s`　204

`&&` (かつ)　206

`||` (あるいは)　206

`;`　203

$|\cdot|$　17, 127

$\lfloor \cdot \rfloor, \lceil \cdot \rceil$　15

`<=, ==, >=`　206

《人名索引》

カーマーカー (Karmarkar, N.)　91
クラスカル (Kruskal Jr., J. B.)　12
スターリング (Stirling, J.)　111
ダイクストラ (Dijkstra, E. W.)　25, 165
ドロネー (Delaunay, B.)　186
ビルト (Wirth, N.)　4
フィボナッチ (Fibonacci, L. P.)　85
プリム (Prim, R. C.)　159
ベルマン (Bellman, R.)　142
ボルブカ (Borůvka, O.)　197
マンデルブロ (Mandelbrot, B. B.)　70
ユークリッド (Euclid)　14
Adel'son-Vel'skii, G. M.　84
Bellman, R.　142
Borůvka, O. (ボルブカ)　197
Church, A.　1
Delaunay, B. (ドロネー)　186
Dijkstra, E. W. (ダイクストラ)　25, 165
Euclid (ユークリッド)　14

Fibonacci, L. P. (フィボナッチ)　85
Gödel, K.　2
Hoare, C. A. R.　117
Karmarkar, N. (カーマーカー)　91
Knuth, D. E.　25, 117, 142
Kruskal Jr., J. B. (クラスカル)　12
Landis, Y. M.　84
Mandelbrot, B. B. (マンデルブロ)　70
Markov, A. A.　2
Post, E.　2
Prim, R. C. (プリム)　159
Ritchie, D.　200
Shell, D. L.　117
Solovay, R.　143
Stirling, J. (スターリング)　111
Strassen, V.　143
Stroustrup, B.　200
Thompson, K.　200
Turing, A. M.　2
von Koch, H.　70
von Neumann, J.　142
Wirth, N. (ビルト)　4

〈著者略歴〉

茨木俊秀（いばらき　としひで）

京都大学工学博士

1965 年　京都大学大学院工学研究科修士課程修了
1969 年　京都大学工学部数理工学科助手，その後助教授
1983 年　豊橋技術科学大学情報工学系教授
1985 年　京都大学工学部数理工学科教授
1998 年　京都大学大学院情報学研究科数理工学専攻教授
2004 年　関西学院大学理工学部教授
2009 年　京都情報大学院大学教授，学長，現在に至る

本書の初版は，昭晃堂から発行され，2014 年にオーム社から再刊されています．

- 本書の内容に関する質問は，オーム社書籍編集局「（書名を明記）」係宛に，書状または FAX（03-3293-2824），E-mail（shoseki@ohmsha.co.jp）にてお願いします．お受けできる質問は本書で紹介した内容に限らせていただきます．なお，電話での質問にはお答えできませんので，あらかじめご了承ください．
- 万一，落丁・乱丁の場合は，送料当社負担でお取替えいたします．当社販売課宛にお送りください．
- 本書の一部の複写複製を希望される場合は，本書扉裏を参照してください．

JCOPY ＜出版者著作権管理機構 委託出版物＞

C によるアルゴリズムとデータ構造（改訂 2 版）

2014 年 9 月 15 日　　第　1　版第 1 刷発行
2019 年 5 月 30 日　　改訂 2 版第 1 刷発行
2019 年 11 月 30 日　　改訂 2 版第 2 刷発行

著　　者　茨木俊秀
発 行 者　村上和夫
発 行 所　株式会社オーム社
　　　　　郵便番号　101-8460
　　　　　東京都千代田区神田錦町3-1
　　　　　電話　03(3233)0641（代表）
　　　　　URL　https://www.ohmsha.co.jp/

© 茨木俊秀 *2019*

印刷・製本　三美印刷
ISBN978-4-274-22391-4　Printed in Japan

関連書籍のご案内

情報理論 改訂2版

今井秀樹 著

A5判／296頁／定価(本体3100円【税別】)

情報理論の全容を簡潔にまとめた名著

　本書は情報理論の全容を簡潔にまとめ，いまもなお名著として読み継がれる今井秀樹著「情報理論」の改訂版です．

　AIや機械学習が急激に発展する中において，情報伝達，蓄積の効率化，高信頼化に関する基礎理論である情報理論は，全学部の学生にとって必修といえるものになっています．

　本書では，数学的厳密さにはあまりとらわれず，図と例を多く用いて，直感的な理解が重視されています．また，例や演習問題に応用上，深い意味をもつものを取り上げ，具体的かつ実践的に理解できるよう構成しています．

　さらに，今回の改訂において著者自ら全体の見直しを行い，最新の知見の解説を追加するとともに，さらなるブラッシュアップを加えています．

　初学者の方にも，熟練の技術者の方にも，わかりやすく，参考となる書籍です．

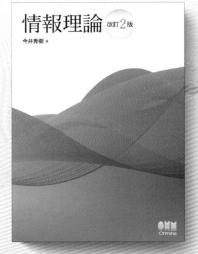

●主要目次

第1章　序論
第2章　情報理論の問題
第3章　情報源と通信路のモデル
第4章　情報源符号化とその限界
第5章　情報量とひずみ
第6章　通信路符号化の限界
第7章　通信路符号化法
第8章　アナログ情報源とアナログ通信路

もっと詳しい情報をお届けできます．
◎書店に商品がない場合または直接ご注文の場合も右記宛にご連絡ください．

ホームページ https://www.ohmsha.co.jp/
TEL/FAX TEL.03-3233-0643　FAX.03-3233-3440